锂离子电池储能测试与评价

官亦标　王　萌　苏岳锋　编著

科学出版社

北　京

内 容 简 介

随着可再生能源的发展，电化学储能电站的安全、可靠、高效和稳定运行成为电网调峰调频的关键。然而，目前国内外电化学储能应用现状凸显了质量与安全的迫切问题。锂离子电池具有不同于一般电力设备的特殊性，且储能电池与动力电池在应用需求、测试方法、关键性能、安全要求、标准适用等方面存在巨大差异。本书从电化学储能应用需求出发，结合电化学储能需求与锂离子电池特性和技术现状，从标准化和规范化角度分析电力储能用锂离子电池性能测试评价思路和方法，论述电力储能用电池管理系统、储能变流器、移动式电化学储能系统及电化学储能电站等的测试评价方法，期望通过构建一条从核心部件到系统的全环节质量与安全技术监督检验体系，为提升储能设备投运前标准化建设水平、降低全生命周期运行风险提供系统性技术支撑。

本书可为电化学储能产品及设备制造单位、用户单位、管理单位及高校、研究机构的锂离子电池储能相关人员提供技术参考。

图书在版编目（CIP）数据

锂离子电池储能测试与评价 / 官亦标，王萌，苏岳锋编著. -- 北京：科学出版社，2025. 7. -- ISBN 978-7-03-082925-2

Ⅰ. TM912

中国国家版本馆 CIP 数据核字第 2025072AS4 号

责任编辑：张淑晓 / 责任校对：郝璐璐
责任印制：徐晓晨 / 封面设计：润一文化
特邀编辑：孙 艳

科学出版社出版
北京东黄城根北街 16 号
邮政编码：100717
http://www.sciencep.com
北京中科印刷有限公司印刷
科学出版社发行 各地新华书店经销
*
2025 年 7 月第 一 版 开本：720 × 1000 1/16
2025 年 7 月第一次印刷 印张：18
字数：360 000

定价：138.00 元

（如有印装质量问题，我社负责调换）

前　　言

高效存储与转换是实现能源可持续发展的关键。锂离子电池作为电化学储能领域的核心部件，以其卓越的性能在全球范围内引领一场能源存储技术的革命。无论是电力系统的稳定运行，还是新能源汽车的动力供给，锂离子电池都扮演着不可或缺的角色。

本书专注于锂离子电池在电化学储能领域的应用，从锂离子电池储能的背景入手，系统介绍锂离子电池的测评技术、安全性分析和相关标准，旨在为读者提供全面的技术参考和测评实践指南。

书中对锂离子电池的电化学性能测试进行全面讨论，包括充放电性能、容量性能、倍率性能、高低温性能、能量和比能量、功率和比功率、储存性能及自放电、循环寿命、内阻等关键指标的测试方法。安全性能测试是本书的核心内容之一，详细讨论电气安全、机械安全、环境安全和热安全等多方面的测试方法，为读者提供全面的锂离子电池安全性能评估框架。此外，还关注电力储能用电池管理系统、储能变流器、移动式电化学储能系统、电化学储能电站等测评技术，探讨储能系统关键部件在实际运行中的性能指标和评价方法，并分析其对提高电化学储能系统设计、运行管理和安全性的影响。

本书适合电化学储能行业的专业人士、研究人员、工程师以及对电化学储能技术感兴趣的读者。我们希望本书能够成为您了解锂离子电池储能测评技术的重要参考资料，并为推动新能源技术的发展贡献力量。

本书的内容主要来源于我们团队多年的研究成果和实践经验，同时也参考了国内外锂离子电池领域的文献资料。在此，特别感谢我的团队成员及同行专家，他们的支持与指导，使本书的撰写得以顺利完成！此外，向所有被引用文献的作者表示由衷的敬意和感谢！

尽管我们尽力确保书中内容的准确性与全面性，但难免存在疏漏或不当之处，敬请批评指正。

官亦标

2024 年 12 月于北京

目　录

第1章 锂离子电池储能测评概述

1.1 背 景

随着全球能源结构的转型，可再生能源（如风能和太阳能）的大规模并网应用日益增多。在此背景下，锂离子电池储能技术因其高能量密度、长循环寿命等特点在电力系统中得到广泛应用，成为实现电网稳定运行与能源平衡的关键技术。然而，伴随着储能电站的快速发展，安全与可靠性问题日益成为制约其进一步发展的瓶颈。锂离子电池储能电站能否安全、可靠、高效运行，并顺利实现电网的调峰与调频，不仅是衡量电池储能技术成熟与否的重要标准，也是实现电网与储能平衡发展的核心关注点。

近年来，国内外锂离子电池储能电站安全事故频发，且呈现规模化趋势，给行业可持续发展带来严峻挑战。据不完全统计，2021～2024年全球公开报道的储能火灾事故超过70起。国内同样发生多起类似安全事故，安全问题成为电池储能行业长期关注的焦点。事故溯源发现，主要诱因集中在电池热失控和核心设备故障上，凸显了对储能系统质量严格把关的必要性。市场上一些未经储能标准检验的电池系统在实际应用中暴露出实际可用容量、能量效率及运行可靠性上的不足，严重影响储能电站的正常运行。

为提高电池储能的质量与安全管理，确保其高效稳定地服务于电网和能源系统，国家层面高度重视并相继出台了一系列指导性政策措施，旨在促进电池储能行业的健康有序发展。2017年9月，国家发展改革委、财政部、科学技术部、工业和信息化部、国家能源局五部门联合发布《关于促进储能技术与产业发展的指导意见》（发改能源〔2017〕1701号），明确提出“在确保安全的前提下发展储能，健全标准、检测和认证体系，确保产品质量和有序竞争”的基本原则；明确提出“完善储能产品标准和检测认证体系”的重点任务：“建立与国际接轨、涵盖储能规划设计、设备及试验、施工及验收、并网及检测、运行与维护等各应用环节的标准体系”“完善储能产品性能、安全性等检测认证标准，建立国家级储能检测认证机构，加强和完善储能产品全寿命周期质量监管”。2020年1月，国家能源局、应急管理部、国家市场监督管理总局联合发布《关于印发〈关于加强储能标准化工作的实施方案〉的通知》（国能综通科技〔2020〕3 号），明确提出“推动储能标准化示范”的重点任务：“开展储能标准化试点示范，促进企业运用标准化方式组织储能工程应用，发挥标准化对储能产业的支撑和引领作用”；明确提出“加强技术交流”的保障措施：“加强储能标准宣贯，促进储能重点标准贯彻落实。积极开展储能标准技术交流，推动储能标准应用实施和技术进步”。2021 年 7 月，国家发展改革委、国家能源局发布的《关于加快推动新型储能发展的指导意见》（发改能源规〔2021〕1051 号）中强调“完善优化储能项目管理程序，健全技术标准和检测认证体系，提升行业建设运行水平。推动建立安全技术标准及管理体系，强化消防安全管理，严守安全底线”；特别指出需要完善储能标准体系建设的顶层设计，修订不同应用场景下的储能标准，并建立健全储能全产业链技术标准体系；同时，推动新型储能检测和认证体系的完善，确保储能设备制造、建设安装、运行监测等环节均符合安全标准和管理体系要求。2022 年 10 月，国家能源局发布《能源碳达峰碳中和标准化提升行动计划》，提出加快完善新型储能技术标准，细化储能电站接入电网和应用场景类型，完善接入电网系统的安全设计、测试验收等标准，加快推动储能用锂电池安全、储能电站安全等新型储能安全强制性国家标准制定。2024 年 3 月，“新型储能”首次被正式写入政府工作报告，它在国家能源战略中的地位得到前所未有的提升。随着新型储能技术的快速发展和应用，建立健全的储能技术管理体系和标准也变得越来越迫切。这些政策和指导意见共同构建了一个促进储能技术进步、确保安全高效运营的框架。

储能系统一旦接入电网，即成为支撑电网稳定运行的核心要素。若没有提前形成一整套强制性的质量与安全技术监督管理要求，那么大量未经严格检测和质量把控的低质储能设备接入电网，无疑将给电网的安全生产运行带来重大隐患。因此，对涉及电网稳定运行的电网侧、电源侧及用户侧的储能系统，必须实行全链条、全环节的闭环管理。在电池储能设备投运前，对其质量与安全进行专业权威的全面技术监督检验，对于保障接入电网的储能设备安全可靠地发挥其既定功能和性能具有十分关键的作用。

此外，企业层面对储能设备检测及安全管控的重视程度也在不断提高。2019 年 2 月，国家电网有限公司印发《国家电网有限公司关于促进电化学储能健康有序发展的指导意见》（国家电网办〔2019〕176 号，简称《意见》），《意见》中第二部分明确提出“规范管理”的基本原则：“建立健全储能管理体系，明确规划设计、系统接入、建设运行、设备维护等各环节管理要求”；《意见》中第三部分明确提出“规范接入系统和调控管理”的具体意见：“依据《电化学储能系统接入电网技术规定》等技术标准，做好储能设备入网检测和现场调试验收等工作”；《意见》中第三部分明确提出“严守储能安全红线”的具体意见：“高度重视储能应用的安全风险，明确安全责任主体，细分安全责任界面，建立健全储能安全管理制度体系，建立储能安全风险评估和防控机制，加快建设储能检测认证服务平台，全面提升储能安全防护水平”，以保障储能系统的安全运行和高效服务。

通过制定和实施一系列规范管理措施，强化技术标准的应用与推广，储能系统的质量和安全监管得到显著提升，从而为电网的稳定运行提供坚实的技术支持和保障。

1.2　锂离子电池储能系统常用基本术语

在锂离子电池储能系统中，各组件的设计、性能及其相互作用直接影响整个系统的效率和安全性。本节对这些基本术语进行明确的解释，并强调每个组件在保证系统质量和安全中的关键作用。

电池单体是能够进行化学能和电能相互转换，实现充放电的基本单元，一般由正极、负极、隔膜、电解液和壳体等组成。电池单体的制造技术水平和性能，尤其是循环性能和安全性，是确保电池储能系统整体质量和安全的基础。因此，对电池单体的严格检验是保障电池储能电站整体质量与安全的首要步骤。

电池模块是由多个电池单体通过串联、并联或串并联方式连接，只有一对正负极输出端子的电池组合体。作为电池储能系统中的最小模块化单元，电池模块反映了电池分选配组及模块化制造的技术水平。电池模块的性能，尤其是循环稳定性和安全性等核心性能参数直接决定了电池储能系统的运行可靠性与安全阈值。

电池簇由多个电池模块通过串联、并联或串并联方式连接组成。电池簇是电池储能系统的功能化单元，直接反映电池系统集成和电池管理技术的水平。电池簇的性能，包括初始充放电能量及能量效率，是系统整体性能的关键。对电池簇的检验旨在保障电池工作参数及性能指标的逐级正确传递，同时确保电池簇层级的设计和制造水平。

电池管理系统是检测电池的电、热等参数，并具有相应的控制、保护和通信等功能的装置。电池管理系统是信息采集与交互、电池状态管理和控制的核心单元。其功能和性能的精确性与可靠性是系统整体性能发挥的关键，直接影响电池管理的应用水平。通过对电池管理系统的精确控制和保护策略的检验，可以确保电池系统的稳定运行和长期可靠性。

储能变流器是储能系统中能够进行整流或逆变，实现对电能存储设备充放电的功率变换设备。作为电池储能系统的功率转换单元，储能变流器的性能直接决定系统的功率调节、能量转换效率及整体可靠性。

电化学储能系统是利用电化学反应进行能量转换和存储的综合系统。电化学储能系统在电池储能电站中可作为最小的独立运行单元，其集成与管理技术水平反映了整个系统的成熟度。电化学储能系统的核心性能，如能量转换效率、循环寿命及电网适应能力等是影响电站运行经济性与安全性的关键。

电化学储能电站是使用电化学储能介质进行大规模能量存储的设施。主要服务于电网的调频、调峰、能量备份和提高可再生能源发电的稳定性。通常包括电池存储区、控制中心、变流器和其他辅助设备。电站设计关注重点能效管理、安全保护和长期稳定运行。电化学储能电站的运行状态直接影响电网的供电可靠性、稳定性与经济性，因此对电化学储能电站开展全面、严格的质量与性能检验，成为保障电力系统安全高效运行的关键环节。

1.3　锂离子电池储能测评基本要求

锂离子电池储能系统作为电力系统中的关键技术，承担着调节电网负荷和提高能源利用效率的重要任务。随着该技术在电网中的应用日益增加，其安全性和可靠性成为公众和行业高度关注的焦点。对于电网而言，电池储能系统作为一种新生事物，目前尚未能被视为完全可靠和成熟的标准化设备。其潜在风险一旦爆发，将对相关方乃至整个行业造成重大影响。

锂离子电池具有不同于传统电力设备（物理器件）的特殊性，必须对其进行更为严格的监管和测评。与动力电池（用于电动车辆的电池）相比，储能电池在应用需求、测试方法、关键性能、安全要求以及标准的适用性方面存在显著的差异。因此，动力电池行业的应用管理经验不能直接套用于储能行业。长期以来，对电池储能设备的监管并未严格遵循和执行专门的储能标准，缺乏事前预防、事中监控和事后评估的全环节闭环监管。这种监管缺失给电池储能电站的安全、可靠和高效稳定运行带来了巨大隐患。

为了加强电池储能设备的质量与安全管控，提升其投运前的标准化与规范化水平，并降低运行过程中的安全和质量风险，需要对储能电池、电池管理系统、储能变流器等核心部件以及整个电池储能系统实施全面、深入的质量与安全技术监督检验。其中包括产品型式试验、产品性能等级评价、到货抽检、电池储能系统并网检测及运行考核检测等环节。

（1）型式试验是通过对供应商自行送样的产品进行性能检测，检验供应商是否有能力制造出符合国家标准要求的储能电池等核心部件。电池的基本性能、循环性能以及安全性能从根源上决定储能电站的质量和安全水平。型式试验可为用户提供全面且准确的数据支撑，为电池技术选型和设备采购评审提供可信的标准化技术信息，有效解决储能电池应用过程中的有效信息不足、信息不对称等痛点问题。

（2）产品性能等级评价是在型式试验检验合格的基础上，通过对制造商进行工厂检查（包括生产线产品抽检）和获证后监督的方式，以性能等级划分的形式结合翔实的性能数据，全方位展现和辨识储能电池等核心部件产品的质量和安全技术水平，直接体现储能产品不同维度技术水平。该体系通过量化分级可为电网企业、产品采购方等提供技术筛选依据，有效缓解信息不对称导致的选型难题。

（3）到货抽检是检验供应商实际供货产品是否满足国家标准中短周期关键试验项目要求，以及其性能是否与型式试验送检产品一致的关键环节。由于电池的特殊性，电池单体、电池模块、电池簇、电池系统等的产品设计、原材料、生产工艺、品控以及工作参数的任何改变都可能对电池综合性能产生巨大影响。因此，到货抽检对于用户来说是把控电池质量和安全极其重要的环节，是对供应商保证电池质量与安全的关键约束手段。

（4）电池储能系统并网检测是验证电池实际运行参数与检测参数的一致性的重要步骤，进一步验证储能系统关键指标是否满足采购要求，验证储能系统是否满足国家标准的并网性能要求。此检测过程是规范储能设备接入电网的先决条件。

（5）电池储能系统运行考核检测聚焦于核查系统运行过程中电池实际运行参数与型式试验参数的一致性，检验电池储能系统的充放电能量衰减率、能量效率等关键指标是否满足合同约定。此环节是对供应商主动保证电池质保期内质量与安全的关键约束手段。

这些检测与评估措施确保电池储能系统从核心部件到整体系统的每个环节都受到严格的质量和安全监控。通过引入全链条、全环节的闭环管理，可以指导储能行业朝着严格执行储能标准的规范化、健康、可持续发展方向前进，为电力系统的稳定运行和可再生能源的大规模应用提供坚实保障。

第2章 电力储能用锂离子电池测试与评价

随着可再生能源大规模应用的蓬勃发展，锂离子电池作为一种高效能量存储与转换装置，在电力储能领域扮演着日益重要的角色。然而，锂离子电池的安全性及性能稳定性问题一直是制约其更广泛应用的关键因素。为此，全球范围内都在积极开展锂离子电池的测试与评价工作，以期通过科学、系统的研究，为电池技术的持续进步和市场应用提供有力支撑。

锂离子电池测试与评价是确保其在电力储能领域应用安全和效能的关键步骤，旨在探索电池的电化学特性、循环寿命、能量密度及其在各种条件下的安全表现，揭示潜在的缺陷，优化电池设计，并确保其在实际应用中的稳定性和可靠性。

随着科技的不断进步和市场需求的不断变化，锂离子电池测试与评价呈现出以下发展趋势：①方法创新与完善，为适应电池材料与结构的创新，测试与评价方法也在持续优化以适应这些变化；②标准国际化与统一化，推动测试与评价标准的全球统一化，以促进全球电池产业的交流与合作；③技术智能化与自动化，通过智能化与自动化技术提升测试效率和精度，从而提高整体测试工作的效率和准确性；④全生命周期管理，将测试与评价贯穿电池研发、制造与应用全阶段，实现全生命周期的优化管理。

锂离子电池的测试与评价对于推动其在电力储能领域的安全应用和性能提升至关重要，而创新的方法、统一的标准、智能化的技术以及全生命周期的管理，将共同助力锂离子电池技术的不断进步和市场的广泛拓展。

2.1 锂离子电池安全事故分析

在全球能源结构转型和低碳发展战略的推动下，电化学储能技术及新能源汽车行业迅速崛起。锂离子电池作为这两大领域的核心技术，因其高能量密度、长使用寿命和优异的电化学性能而广泛应用于储能电站和新能源汽车中，不仅助力于电网的稳定运行和可再生能源的高效利用，也推动了汽车行业的绿色转型。

然而，随着锂离子电池储能电站的规模化发展和新能源汽车的普及，相关的安全事故频繁发生，引起社会各界的高度关注。锂离子电池的热失控、结构不稳定或操作失误等问题，可能引发严重的安全事故，如火灾或爆炸，对人员安全和环境造成威胁，不仅暴露现有技术和管理中的漏洞，也对行业的持续健康发展提出挑战。本节将从宏观角度出发，通过梳理和分析国内外锂离子电池储能电站和新能源汽车的安全事故案例探讨事故原因。

2.1.1　全球视角下的安全事故统计分析

随着锂离子电池储能技术和新能源汽车市场的蓬勃兴起，全球范围内与此相关的安全事故也逐渐引起人们的关注。特别是在北美和亚洲地区，尤其是美国和中国，由于锂离子电池储能和新能源汽车行业的迅猛发展，这些地区的安全事故也显得尤为突出。自2015年以来，伴随相关技术的广泛推广和市场规模的持续扩大，安全事故的发生频率显著上升。此现象反映出在行业快速发展的同时，增强安全管理和技术监管的紧迫性及必要性。

事故类型主要包括火灾、爆炸、电池泄漏、电池失效、触电等。其中，火灾和爆炸事故最为常见，占总事故数的大半。电池设计缺陷是导致安全事故发生的主要原因之一，包括电池结构不稳定、内部短路和过度充电等问题。此外，操作和维护的不当也是引发安全事故的关键因素，如不规范的操作、缺乏必要的维护和监管、操作人员技术不足等都有可能导致严重的安全事故。系统管理失误，如电池管理系统（BMS）的设计缺陷或故障、安全防护措施的不足等，同样是引起事故的重要原因。外部环境因素（如高温和高湿）也会加速电池衰退，增加发生安全事故的风险。

影响锂离子电池储能和新能源汽车安全性的因素复杂，对于行业从业者和监管部门来说，为了确保锂离子电池技术的安全应用和行业的健康发展，了解这些影响因素并采取相应的预防措施至关重要。

2.1.2　国内外储能电站安全事故概述

随着可再生能源的大规模应用，储能电站作为关键的能源储存和调节手段，其重要性日益凸显。根据中国电力企业联合会和国家电化学储能电站安全监测信息平台最新统计，截至2024年底，全国累计投运电站1473座、总装机62.13GW/141.37GW·h（在运1373座、总装机61.55GW/140.22GW·h）。其中，2024年全国电力安全生产委员会20家企业成员单位新增投运电站515座、总装机37.13GW/90.51GW·h，同比增长超100%。与以往项目相比，单个储能电站的规模得到大幅提升，百兆瓦级储能项目成为业内新常态。

尽管储能电站数量在全球范围内持续增多，为能源存储带来了巨大潜力，但随之而来的安全问题也日益凸显，引起广泛关注。据中关村储能产业技术联盟（CNESA）不完全统计，2011～2024年间，全球已累计记录储能安全事故超过70起。即便经过十多年的技术进步，2024年仍至少发生了9起储能安全事故。随着储能装机容量的迅速攀升，潜在的安全隐患也在不断积聚，安全问题成为制约锂离子电池储能产业持续健康发展的关键因素，亟待行业内外共同关注并寻求有效解决方案。

锂离子电池在发生火灾时与普通火灾显著不同。锂离子电池自身为高能量聚集体，一旦发生热失控，极易触发周围电池的连锁反应，导致火势迅猛蔓延，不仅燃烧剧烈、热辐射强烈，而且产生的有毒烟雾浓厚，给人员疏散和扑救带来极大困难。此外，锂离子电池火灾的复燃风险高，灭火后的监控和管理同样至关重要。由于储能系统的特殊应用场景，其安全事故可能会导致灾难性的后果，对人员安全、环境保护和社会稳定构成重大威胁。

近年来，全球范围内储能电站安全事故频发，对人们的生命财产安全构成严重威胁。这些事故不仅暴露储能电站安全管理方面存在的漏洞，也突显行业在安全性能提升方面的迫切需求。表2-1汇总了2021～2024年发生的一些锂离子电池储能项目安全事故。

表2-1　2021～2024年一些锂离子电池储能项目安全事故

序号	时间	发生地点	事故描述	事故原因
1	2021.4	北京丰台区大红门储能电站	施工调试中发生火灾，导致人员伤亡和财产损失	电池单体内部短路，引发电池及电池模组热失控
2	2021.4	韩国忠清南道光储项目	发生储能火灾事故，烧毁太阳能发电设施	起火点是储能单元，但具体原因未披露
3	2021.7	澳大利亚维多利亚电池储能项目	设备调试期间发生火灾，两个储能系统被烧毁	冷却系统泄漏造成短路继而引发火灾
4	2021.9	美国加利福尼亚州Moss Landing储能电站	电池过热	热管理系统错误启动，导致喷淋降温，造成电池损坏
5	2022.2	中国江西上饶某储能项目	电池舱剧烈燃烧	设备淋雨后线路短路引发热失控
6	2022.2	美国加利福尼亚州Moss Landing储能电站	10个电池组完全熔化并触发火警	电池过充电导致热失控
7	2022.3	德国南部	户用储能系统爆炸	技术缺陷引发火灾和爆炸
8	2022.4	美国亚利桑那州盐河变电站	储能设施火灾持续5天，影响变电站运行	可能与电池热失控、设备故障或维护管理问题有关
9	2022.5	德国卡尔夫区	户用光伏储能系统爆炸，造成财产损失	技术原因导致电池着火并引发爆炸

续表

序号	时间	发生地点	事故描述	事故原因
10	2022.9	美国加利福尼亚州Megapack储能电池设备	电池组过热和热失控	安装不当的通风罩导致Megapack顶部的伞阀脱落，形成进水点
11	2022.10	中国海南天能电力100MW光伏项目储能电站	电池舱储能电池发生起火	事故原因未披露
12	2023.4	瑞典哥德堡工业园	锂离子电池集装箱中一个电池单元起火	冷却装置的压力测试引起电池冷却液泄漏，导致电池短路
13	2023.5	美国纽约州东汉普顿	5MW储能中心锂离子电池储能系统起火	与电池故障或电气问题有关
14	2023.6	美国纽约州沃里克	两个锂离子电池储能电站在暴风雨中发生火灾	暴风雨导致设备损坏或电气故障
15	2023.7	美国纽约州杰斐逊县肖蒙村	储能柜着火	使用中的锂离子电池故障
16	2023.7	中国台湾省台中市龙井区	户外集装箱储能柜设备排烟口有明火冒出	与电池内部电池芯失效或外部辅助系统故障有关
17	2023.8	法国西南部Saucats	锂离子电池储能柜发生火灾	未明确，可能与电池或系统故障有关
18	2023.9	美国加利福尼亚州山谷中心	139MW/560MW·h储能设施起火，为该电站发生的第二次事故	未明确，可能与电池或系统故障有关
19	2023.9	澳大利亚昆士兰州Bouldercombe电池储能项目	特斯拉Megapack 2.0储能系统发生火灾	冷却系统泄漏造成短路
20	2023.10	美国爱达荷州梅尔巴变电站	8个独立单元电池着火，多个电池簇被烧毁	电池簇短路或电气故障
21	2024.4	德国尼尔莫尔商业区	储能集装箱发生带有火焰闪光的爆炸，两名消防员受伤	未明确，可能与电池或系统故障有关
22	2024.5	美国加利福尼亚州Gateway储能电站	储能电站起火并多次复燃	初步分析可能与电池芯老旧、安全设计和热失控管理不合理等因素有关
23	2024.6	德国图林根州Suncycle工程测试中心电池储能系统	储能系统起火	技术缺陷
24	2024.9	美国加利福尼亚州埃斯孔迪多市储能项目	集装箱式电池储能系统起火	事故原因未披露
25	2024.9	新加坡阿里云数据中心	锂离子电池爆炸，造成多家科技公司服务中断	锂离子电池爆炸导致火灾及高温
26	2024.11	德国北莱茵-威斯特法伦州Werne地区家庭光伏储能系统	储能系统起火	事故原因未披露
27	2024.12	荷兰泰尔堡的特斯拉电池储能设施	储能系统起火	事故原因未披露

从上述案例中，我们可以梳理出储能电站事故的几个核心特点：

（1）事故频率与严重性上升：随着储能电站的大规模部署和技术更新，安全事故的发生频率和严重性均呈现上升趋势，通常与电站数量的快速增长、技术迭代速度以及运维经验相对不足密切相关。

（2）锂离子电池的热失控风险：锂离子电池作为能量聚集体，在事故发生时可能引发剧烈的火灾和爆炸，其热失控过程难以控制，火势蔓延迅速，并产生有毒烟雾和气体，对人员和环境构成重大威胁。

（3）储能系统火灾复燃现象普遍：由于锂离子电池内部化学反应在火灾时可能未完全耗尽，以及外部条件的变化（如温度、氧气供应等），已扑灭的火灾存在复燃甚至爆炸的风险，直至电池能量耗尽，加大了灭火工作的难度和危险性。

（4）事故原因复杂多样：事故原因涉及电池质量、电气系统故障、人为操作失误、外部环境因素等多个方面，这些因素相互作用使得事故的预防和控制变得更为复杂和困难。

储能电站事故的发生通常源于复杂的内外因素。深入分析国内外的典型事故案例揭示，事故主因集中在以下两个关键方面：①电池芯热失控，电池芯的热失控现象是触发储能电站火灾或爆炸的常见原因，电池芯一旦发生热失控，内部化学反应加速，迅速释放大量热能，导致电池芯温度急剧上升，进而损害电池芯并向相邻电池及模组扩散，触发更广泛的火灾乃至爆炸事件；②辅助系统故障，储能电站的辅助系统（如电气安全装置、冷却系统等）的故障也是事故频发的重要原因。

由于三元锂离子电池具有较高的能量密度，在储能电站刚开始应用阶段普遍倾向于使用这类电池。三元锂离子电池虽然有效地提升了电池的能量密度，但同时也降低了其热稳定性，使得电池在过热或过充电等异常情况下容易发生热失控，从而增加了安全风险。因此，近几年储能电站倾向采用磷酸铁锂电池。然而，磷酸铁锂电池也并非绝对安全。以 2021 年北京丰台区大红门储能电站事故为例，该事故造成 3 人死亡、1 人受伤以及巨额财产损失，而当时使用的正是磷酸铁锂电池。

无论使用何种类型的电池，储能电站都需要进行全面细致的安全管理和风险评估，以确保其安全稳定运行。仅依赖电池类型的选择不足以保障储能电站的安全，必须从电池质量、系统设计、运维管理、安全标准等多个层面出发，构建和完善综合的安全管理体系。需要深入的机理研究、技术创新和严格的法规标准来共同推动储能电站行业的安全发展。

2.1.3 国内外新能源汽车安全事故概述

随着新能源汽车市场的迅速增长，新能源汽车的安全事故数量也呈现出显著上升趋势，不仅令车辆的性能和质量受到质疑，更重要的是，这些事故直接关系到公众的生命与财产安全。新能源汽车的安全事故往往涉及电池热失控、电气系统故障和充电设备问题等多个方面，其中电池热失控是尤为突出的问题。新能源汽车普遍采用的是高能量密度的锂离子电池，一旦电池内部发生短路、过热等异常情况，极易引发热失控，进而导致火灾甚至爆炸。

为了深入了解新能源汽车安全事故的特点和原因，对近五年来国内外的新能源汽车安全事故案例进行系统的回顾和分析。这些案例涵盖多个品牌和不同地区的新能源汽车，通过这些案例能够全面地理解新能源汽车安全事故的背景、成因和影响，为优化车辆安全性设计和预防事故的措施提供有益的支撑和参考。表 2-2 是 2019～2024 年由锂离子电池引起的部分新能源汽车安全事故。

表 2-2　2019～2024 年由锂离子电池引起的部分新能源汽车安全事故表

序号	时间	事故地点	事故描述	事故原因
1	2019.4	中国陕西西安	蔚来 ES8 在服务中心维修时突然着火	底盘受撞击，电池包外壳变形导致短路着火
2	2019.3	美国佛蒙特州	特斯拉 Model X 在冰面上发生火灾	撞击硬物损坏电池组，起火燃烧
3	2019.7	中国湖北武汉洪山区	吉利帝豪电动车充电时发生自燃，冒出大量浓烟	详细原因尚未披露
4	2020.12	韩国首尔	特斯拉 Model X 撞墙后电池起火	电池系统出现故障
5	2021.2	中国广东肇庆	小鹏 P7 自燃	电池自燃
6	2021.8	中国广东广州	特斯拉在地下车库自燃	起火原因疑似电池系统出现故障
7	2022.1	韩国首尔	现代 Ioniq 5 充电时起火燃烧，造成人员伤亡和财产损失	详细原因尚未披露
8	2023.2	美国加利福尼亚州	特斯拉 Model S 撞消防车，驾驶员死亡，消防车受损	待查证，涉及车辆控制系统
9	2023.8	中国四川成都	特斯拉失控撞路桩后起火	详细原因尚未披露
10	2023.8	中国浙江义乌	蔚来 ES8 撞路柱后起火，驾驶员死亡	详细原因尚未披露
11	2023.10	中国浙江	小鹏新能源汽车撞石头后电池热失控起火	电池受到外力撞击，导致热失控起火
12	2024.5	中国陕西西安	新能源汽车充电时燃烧	详细原因尚未披露
13	2024.8	韩国仁川	新能源汽车自燃，导致 140 辆车受损	详细原因尚未披露
14	2024.9	中国浙江温州	新能源汽车充电时燃烧	详细原因尚未披露

从近年来国内外新能源汽车起火事故来看，主要发生场景包括充电过程、碰撞后以及静置停放等情形。在这些起火的新能源汽车案例中，绝大多数新能源汽

车使用了三元锂离子电池，虽然此类电池可以在一定程度上满足纯电动车的高续驶里程需求，但触发热失控的温度较低，在一定温度条件下三元锂离子电池内部充分自燃，且火势会迅速蔓延，难以扑灭。

随着新能源汽车的销量和保有量增加，预防安全事故发生的迫切性不断提升。加强新能源汽车用动力电池的安全监管、完善相关安全标准和法规体系、提高事故应对和处置能力，是确保新能源汽车安全运行的关键措施。这些措施需结合深入的机理研究、技术创新，以及严格的法规标准，共同推动新能源汽车行业的安全发展。

2.1.4 锂离子电池安全事故发生机理

1. 热失控发生诱因

锂离子电池的安全事故通常由复杂的内部机制触发，其中热失控是核心问题。热失控的本质是电池内部热量积累超过散热能力，导致温度急剧上升，最终可能引发起火或爆炸。研究指出，机械滥用、电滥用和热滥用是引发热失控的三大核心原因，它们相互影响，彼此关系如图 2-1 所示[1]。这三种滥用方式相互关联，形成连锁反应，加剧电池的安全风险。内部短路是锂离子电池单体以及电池组中热失控的主要原因，各种滥用行为均可能导致电池内部短路，电能被快速释放，内部温度迅速升高，最终引发热失控[2]。

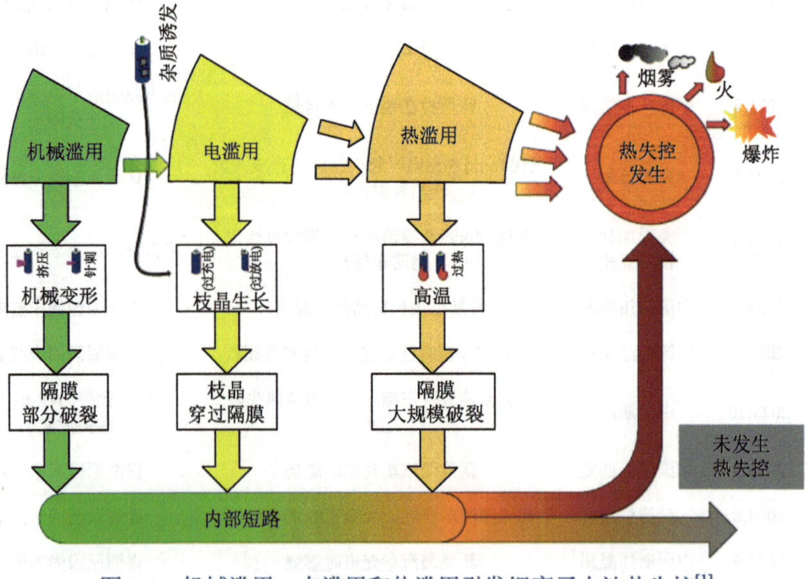

图 2-1 机械滥用、电滥用和热滥用引发锂离子电池热失控[1]

1）机械滥用

机械滥用主要指锂离子电池在受到外力，如挤压、碰撞等作用时发生变形，可能导致内部结构破坏，进而引发电池内部短路和热失控。在新能源汽车中，机械滥用是一个常见的热失控诱因，因为车辆碰撞或事故可能导致电池组变形，进而引起隔膜破裂、正负极短路或电解液泄漏，从而导致火灾。锂离子电池因机械滥用导致的失效过程如图 2-2 所示[3]。

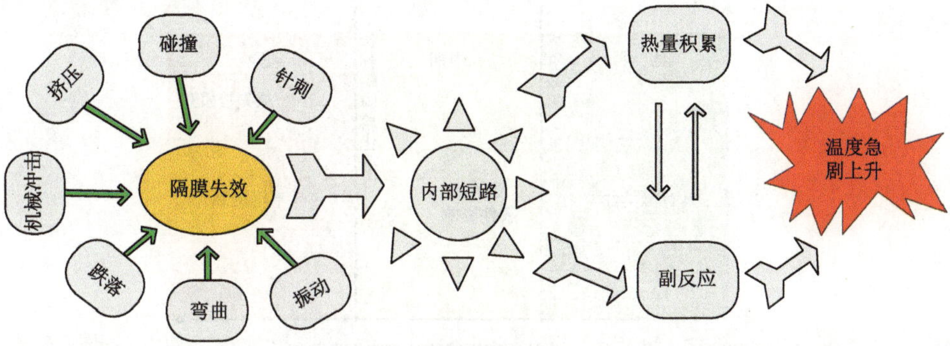

图 2-2　锂离子电池因机械滥用而导致的失效过程图[3]

内部短路是由电池隔膜功能失效导致的电池正、负极之间的直接接触，该过程常伴随焦耳热骤增与局部温升，被认为是热失控事件的主要触发因素之一。研究显示，内部短路普遍存在于各类电池滥用场景，尤其是在机械滥用和热滥用的情况中更为常见，是锂离子电池热失控的根本原因[3]。

研究发现，当锂离子电池由机械弯曲而变形时，电池变形程度越大，其短路面积越大，导致焦耳热的剧烈增加，从而引发电池温度的快速上升，且温度上升归因于固体电解质界面（SEI）膜分解所产生的热量以及正极与电解液反应释放的热量[4]。研究将机械滥用导致的电池热失控过程分为五个阶段：变形、气体释放、产生活化、稳定燃烧和灭火。有研究将锂离子电池的内部短路总结为 4 种短路类型：铜集流体和铝集流体之间的短路、铜集流体与正极活性材料之间的短路、铝集流体与负极活性材料之间的短路、正极活性材料与负极活性材料之间的短路[5]。

根据文献资料[1, 6]，内部短路的演变过程可以明确划分为初期、中期和末期三个阶段。在初期阶段，电池表现为缓慢自放电，不伴随显著放热，电池温度基本保持不变；随着内部短路发展至中期，短路现象愈发显著，伴随电池电压急剧下降及温度快速升高，此时由于短路引起的大电流导致产热功率增大，电池温度显著升高；当电池温度超过隔膜的失效温度阈值，内部短路进入末期，此阶段隔膜失效，大量热量释放，最终触发热失控连锁反应，导致电池发生热失控，如图 2-3 所示[1]。

2）电滥用

电滥用主要包括外部短路、过充电和过放电等。在这些条件下，电池可能经历非预期的高电流放电、能量过载或电池电压降至危险水平，从而导致温度剧增、内部压力上升等，进而触发热失控或爆炸。

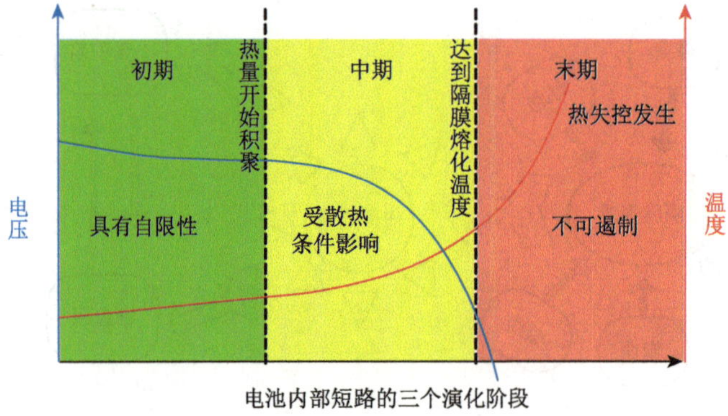

电压	缓慢下降	下降明显	下降至0V
热量	较低的自放电，无明显产热	焦耳热明显增加	焦耳热和化学反应热都急剧增加
预警	电信号	电热耦合方式	热失控发生

图 2-3　锂离子电池内部短路演变过程的三个阶段[1]

外部短路通常是由电池发生线路连接错误、浸水、沾污或维护不当等原因造成的。此时电池会以其所能提供的最大电流放电，电池内部由于焦耳热迅速升温，短路连接线会被电流熔烧，电池内部反应剧烈。在动力电池的使用过程中，外部短路导致热失控发生的情况比较常见，当电池组内混入导电介质或因振动导致电池组错位接触到非绝缘组件时，均会引发外部短路。在短路早期阶段，电池温度主要由焦耳热决定，随着温度的升高，蒸发的电解液积聚在电池内部，导致电池膨胀并喷出可燃气体，从而引起热失控。研究发现 $LiFePO_4$ 电池在外部短路条件下热失控发生与否、电池的升温速率与短路电流和电池初始荷电状态（SOC）有关[7]。Spotnitz 等[8]研究外部短路引起热失控的机制，认为欧姆热引发电池内部温度升高和外电路电流增加是引发热失控的主要原因。

过充电是电滥用中的另一个重要因素，通常是由于电池管理系统（BMS）无法正确监测电池单体电压所致。过充电会导致电池充入过多能量，从而增加热失控的风险。相较于外部短路诱发电池热失控，过充电诱发的电池热失控现象要更加严重，研究发现欧姆热是过充电过程中的一个主要热源[1]。过充电时，电池内部锂离子过量嵌入负极，可能导致锂枝晶的形成，刺穿隔膜并引发内部短路。同时，正极材料在过充电条件下会发生结构变化，放出氧气和热量，加速电解液的分解，导致电池内部压力骤增，产生大量热量，最终可能引发热失控。热失控一旦发生，电池温度会急剧上升，可能引发爆炸和火灾等安全事故。当电池在满 SOC 以上过充电时，电池内部开始发生副反应，电池温度增长得更快，电池开始膨胀，最后隔膜破裂导致热失控[9]。电池的发热率由过充电电流密度决定，过充电电流会影响单位时间的发热率，最终增加爆炸的风险，如图 2-4 所示。

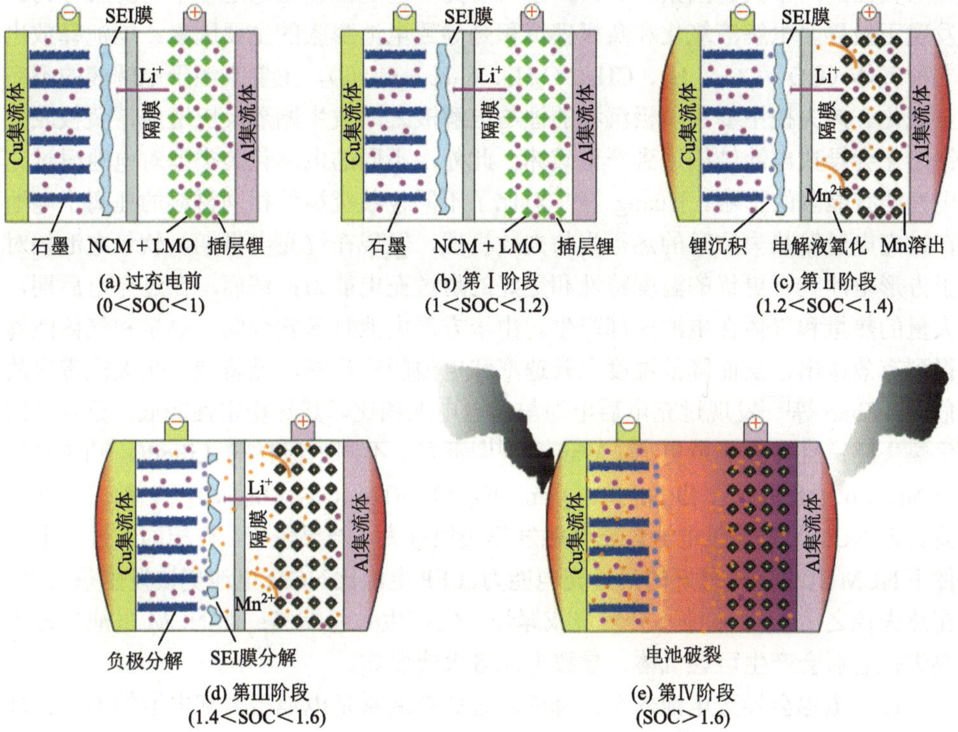

图 2-4　锂离子电池过充电阶段演变示意图[9]

Lin 等[10]揭示了过充电会导致过量的锂离子迁移到负极诱导锂枝晶生长，正极则因锂离子重度脱出而引发晶格塌陷并释放大量 O_2，O_2 在较高温度下更容易与电解液发生反应进而释放出更多气体，并伴随释放大量热。锂离子电池在过充电状态下，正极的锂离子会过度脱出，导致正极材料的结构受到破坏。这种结构破坏会引起正极电势的迅速增加以及内阻的急剧上升，产生大量的欧姆热，导致电池温度迅速上升，进而引发 SEI 膜的分解，电极材料与电解液发生反应，进一步加剧电池的放热过程。同时，高温还会引发电解液的氧化反应，隔膜熔化，导致电池内部短路，进一步加剧热失控，待电池温度升高到极限值，引发火灾或爆炸等安全事故。Ye 等[11]研究了商用 $LiCoO_2 + Li(Ni_{0.5}Co_{0.2}Mn_{0.3})O_2/C + SiO_x$ 电池在不同充电倍率下的热积累和故障机制，发现在充电速率低于 1.0C 下，副反应为热失控贡献了 80%的热量；在热失控之前，正极侧的内部热量释放显著高于负极侧的内部热量释放。正极在过充电过程中经历了电解液氧化、过渡金属溶解和相变，但其在 250℃之前保持热稳定，因此在热失控之前对电池发热的贡献很小；然而负极在过充电过程中，其表面会发生严重的锂沉积，导致负极的热稳定性下降，加速电池温度上升。此外，在过充电过程中，电池外壳的破裂和隔膜的熔化是引发热失控的两个关键因素[12]。Xu 等[13]研究了电池在过充电过程中的膨胀行为，发现正极界面电解液氧化和负极锂沉积是导致电池膨胀的主要因素；电池释放出七种气体（CO、CO_2、H_2、CH_4、C_2H_4、C_2H_6、C_3H_8），主要来源于电解液的不完全氧化。热失控主要由负极沉积的锂与电解液之间发生剧烈反应造成，负极表面锂熔化会导致电池结构遭到严重破坏。此外，不同的电池包装类型对电池耐过充电性能有显著的影响。Huang 等[14]对比了不同包装类型的相同材料的锂离子电池在过充电触发热失控时的热行为与失效机理，发现在过充电早期，软包电池相对于方形电池具有更优的温度特性和更好的耐过充电能力；然而，在过充电后期，大量的热量和气体在电池内部产生。由于方形电池具备安全阀，热量和气体能够得到有效排出，从而降低温度上升速率和电池的变形率，显著减小热失控带来的危害。Zhao 等[15]发现过充电后电池与满电电池相比，其热稳定性降低，更容易发生热失控，且释放热量更高。Wang 等[16]研究了不同正极材料 $LiFePO_4$（LFP）、$Li(Ni_{1/3}Co_{1/3}Mn_{1/3})O_2$、$Li(Ni_{0.6}Co_{0.2}Mn_{0.2})O_2$ 和 $Li(Ni_{0.8}Co_{0.1}Mn_{0.1})O_2$（三种三元材料简称为 NCM）的软包电池过充电触发热失控行为，结果表明，在相同的过充电条件下 NCM 电池具有更好的耐过充电能力，LFP 电池比 NCM 电池更快发生热失控，在热失控之后 LFP 电池不会燃烧或爆炸，仅产生大量烟气；而 NCM 电池在发生热失控之后会产生可燃气体，导致电池着火或爆炸。

过放电也会导致电池安全性降低。过放电通常是电池组内部电池的不一致性造成 BMS 无法正常检测到某一电池单体的电压，使得电压最低的电池发生过放电。在电池发生过放电时，大量锂离子从负极脱出嵌入正极，长时间的低电压状态还会导致锂离子无法重新嵌入负极，造成电池容量永久性损失。过放电导致正极电位不断降低而负极电位不断升高，负极铜集流体开始发生溶解，溶解的铜离子通过隔膜移动到正极并沉积形成铜枝晶，造成电池内部短路的发生。

Zhang 等[17]研究浅过放电对电池热失控行为的影响，发现 SEI 膜分解和镀铜是浅过放电过程中的主要降解机制；SEI 膜再生消耗活性锂和电解液、镀覆在阴极二次粒子上的含铜物质严重阻碍了锂离子的嵌入、阳极活性材料的脱落导致电荷存储能力的损失，这些是电池容量下降的主要原因。随着过放电深度的加深，电池退化的严重程度增加，使电池阻抗增加。因此，随着过放电深度的加深，热量的产生变得更加显著，同时由于再生的 SEI 膜热稳定性降低，电池热稳定性也降低。Guo 等[18]研究发现电池过放电到–12%SOC 时，铜集流体溶解的铜离子会在正极侧形成具有低电位的铜枝晶，不断生长的铜枝晶极易刺穿隔膜导致严重的内部短路。过放电导致锂离子电池热失控的过程涉及电池电压的持续下降、负极电位的上升导致 SEI 膜破裂，以及铜离子在正极沉积形成内部短路[3]。过放电过程中，负极电位升高至铜开始溶解的临界点，进而铜离子在正极表面沉积并最终穿透隔膜，形成内部短路。此系列反应导致电池内部温度急剧上升，引发热失控，严重威胁安全。

上述过放电诱导内部短路的过程如图 2-5 所示。铜集流体的溶解是一个至关重要的临界点。在临界点之前，过放电对电池的影响很小，过放电的电池具有自我修复的能力，没有热失控和明显容量衰减迹象。然而，在临界点之后，过放电的电池失去自我修复能力，发生不可逆热失控[19]。

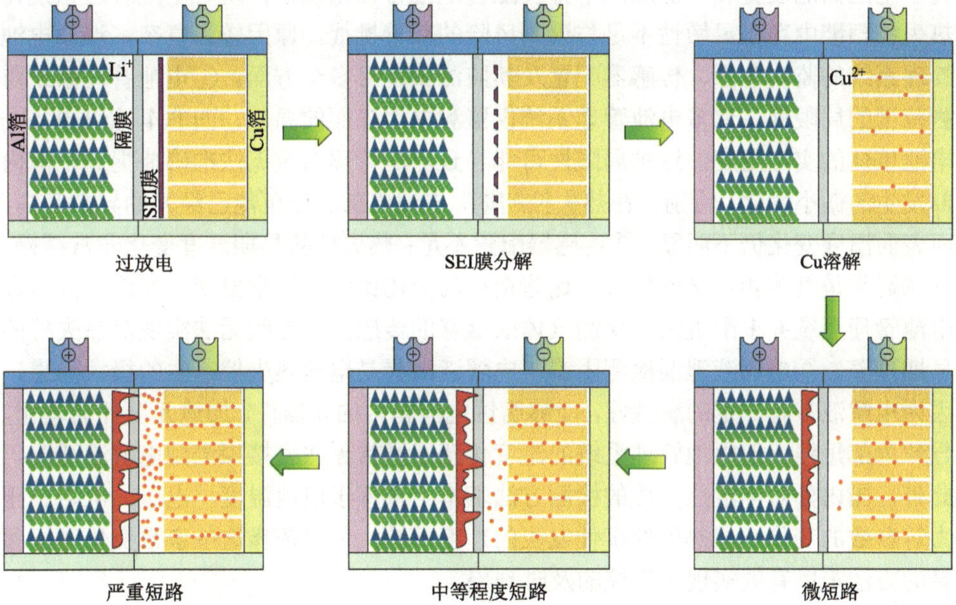

图 2-5　锂离子电池过放电诱导内部短路示意图[19]

3）热滥用

热滥用是导致锂离子电池热失控的关键触发条件之一。在储能电站事故中，热滥用通常由电池单体接触到异常高温或过热环境引起，导致电池内部化学反应加速进而触发热失控。此类热失控现象不仅限于单个电池，热量还会迅速传播到同一模组中的其他电池，造成整个模组的热蔓延和扩散，加剧事故的严重性。热滥用很少独立存在，往往是通过机械滥用和电滥用发展而来并且最终触发热失控。

Huang 等[20]研究认为对于完全充电的电池，在 300W 和 400W 过热条件下，触发热失控的临界热能可能是一个常数，加热板的加热功率只影响电池触发到热失控所需的时间。此外，化学热贡献随着加热功率的增加而略有上升；触发热失控的临界电能和临界自发热随着过充电率的增加而略有下降。在相对开放的环境中，过热引起的热失控比过充电引起的热失控传播得更快，主要是因为过热引起的电池的温度和升温速率高于过充电引起的，直接导致过热引起的加热功率高于过充电引起的加热功率。Hou 等[21]对热滥用条件下 NCM811/石墨体系电池释氧过程对热失控的影响进行研究。结果表明，在热滥用条件下，电池内部会发生一系列复杂的化学反应，导致电池温度升高和内部压力增加。约 41%从阴极释放的氧在阴极/电解液界面与碳酸乙烯酯发生放热反应，产生的热量约占总产热量的 16%，加速了电池的自发加热并触发热失控。

除电池本身的原因导致热失控外，还有电池热失控预警失效的因素。虽然锂离子电池储能装置和新能源汽车都会配备电池管理系统，但现有电池管理系统在热失控预警中存在灵敏性不足与误判风险的双重挑战。原因较为复杂，涉及电池管理系统的监测范围、传感器配置及其监测精度等多个方面。①电池管理系统监测范围的局限性：许多电池管理系统仅监测电池表面的温度，而非电池组内每个电池单体的实际温度。这种局限性可能导致电池管理系统无法准确捕捉到电池内部发生的微小变化，特别是在热失控初期，电池内部温度可能已经开始异常升高，而表面温度变化仍不明显。②传感器配置不足：热失控的早期温度变化非常缓慢，征兆通常是气体和烟雾的生成，这些指标的变化比温度更早出现。然而，大多数电池管理系统并未配置用于检测气体或烟雾的传感器，导致无法实现对热失控的早期预警。③电解液泄漏检测困难：电解液泄漏是电池热失控产生的极大隐患，因为电解液带有一定的腐蚀性，能够腐蚀电池箱内的元器件，加速元器件的老化，导致内部短路。但电池管理系统的温度传感器通常无法直接探测到电解液泄漏。此外，国内外对电池热失控的检测方法基本上依赖于电池温度、电压、电阻、压力等参数的变化。但热失控事件发生的速度极快，使得依靠这些参数变化进行预警的方法难以有效实现热失控的及时预警。

2. 热失控机理

由于电解液的耐热性较差，正负极和电解液在高温下容易发生热分解并触发连锁反应。随着电池内部温度的升高，电池组分经历从初始的不稳定物质分解到 SEI 膜破裂、电解液与 $LiPF_6$ 热分解，最终隔膜熔化引发内部短路和剧烈放热。该系列反应导致电池内部气体和热量迅速积累，触发正极材料分解和电解液氧化释放更多热量和气体[22]。具体而言，电池在热失控过程中会发生以下反应：SEI 膜分解、正/负极材料和电解液之间的反应、电解液分解、隔膜熔化、电极活性材料和黏结剂之间的反应，并且在此过程中伴随着内部短路发生、热量产生、气体释放等现象。

（1）SEI膜分解。在热失控过程中，SEI膜分解反应是热失控早期发生的主要反应。当电池温度升高到70～90℃时，负极SEI膜开始破裂分解，同时释放热量和气体[2]。产生的热量推动温度上升，氧气氧化电解液，加剧副反应[3, 23]。虽然此过程产生的热量相对较少，但它对电池热失控发生具有决定性作用。由于SEI膜的主要组成是无机物（Li_2CO_3、LiF、$Li_2C_2O_4$等）和有机聚合物（RO—COOLi、ROLi等），其分解产生的主要气体组分为CO_2、C_2H_4和O_2[2, 24]。这些气体会进一步加剧电池内部短路和温度升高，从而加速热失控进程。但是，此时电池温度较低，不会发生燃爆现象。主要的分解反应为[2, 25]

$$(CH_2OCOOLi)_2 \longrightarrow Li_2CO_3 + C_2H_4 + CO_2 + \frac{1}{2}O_2$$

$$2Li + (CH_2OCOOLi)_2 \longrightarrow 2Li_2CO_3 + C_2H_4$$

（2）负极与电解液反应。当电池温度升高到约140℃时，负极表面SEI膜几乎完全分解，导致锂化石墨负极直接暴露在电解液中。锂化石墨与电解液中的有机溶剂，如碳酸乙烯酯（EC）、碳酸丙烯酯（PC）、碳酸二甲酯（DMC）等发生副反应，进一步升高电池温度，并生成可燃性烷烯类气体，包括甲烷（CH_4）、乙烯（C_2H_4）、丙烯（C_3H_6）、乙烷（C_2H_6）、丙烷（C_3H_8）等。此类气体的产生不仅增加电池内部压力，还加剧热失控的危险性。其主要反应为[26]

$$2Li + C_3H_4O_3 \longrightarrow Li_2CO_3 + C_2H_4$$

$$2Li + C_3H_6O_3 \longrightarrow Li_2CO_3 + C_2H_6$$

$$2Li + C_4H_6O_3 \longrightarrow Li_2CO_3 + C_3H_6$$

嵌锂程度越大，负极与电解液反应时释放的热量就越多，反应也越剧烈。此外，锂化石墨负极与黏结剂之间也会发生反应，进一步产生热量。Hou等[27]研究指出，基于高浓度双氟磺酰亚胺锂（LiFSI）电解液的锂离子电池在热失控过程中，LiFSI与锂化石墨之间的还原反应是主要的热量来源。失去SEI膜保护的负极与电解液发生放热反应，随着温度的升高，$LiPF_6$在约110℃发生热分解[28]，所产生的大量氢氟酸加速了SEI膜分解。由于失去了SEI膜的保护，负极与电解液之间的反应更加剧烈，产生更多的热量导致电池温度进一步升高到150℃。

（3）隔膜熔化。当电池内部温度不断升高时，隔膜开始熔化和收缩。常见的隔膜是聚乙烯（PE）和聚丙烯（PP），聚乙烯隔膜的熔点约为135℃，聚丙烯隔膜的熔点稍高，约为166℃。当电池内部温度接近或达到隔膜熔点时，隔膜会开始收缩、闭孔甚至熔化。这个过程首先会导致锂离子电池中离子传输受阻，因为隔膜上的孔道变得不再连续或完全堵塞，电池的内阻会急剧增加，产生大量的欧姆热。欧姆热的产生又会加速电池内部温度的升高，最终隔膜熔化，导致正极和负极之间大面积接触，引发电池内部短路并剧烈放热，产生大量焦耳热导致温度急剧升高。

（4）正极材料热分解。正极材料在热失控过程中起着重要作用，被认为对热失控产热影响最大。特别是过渡金属氧化物［如 $LiCoO_2$、$Li(Ni_xCo_yMn_z)O_2$ 等］，在过度脱锂状态下，其结构稳定性会变差[29, 30]。在 180～300℃时，正极开始发生分解反应并与电解液发生一系列复杂的化学反应，释放大量反应热，同时正极材料热分解会释放氧气，不仅增加电池内部压力，还会与电解液中的有机溶剂发生氧化反应，放出更多的热量和气体，电池发生热失控[25, 29, 31]。

$$Li_xCoO_2 \longrightarrow xLiCoO_2 + \frac{1-x}{3}Co_3O_4 + \frac{1-x}{3}O_2$$

$$NCM(R\bar{3}m) \longrightarrow (Mn,Ni)O(Fm\bar{3}m) + CoO + Ni + O_2$$

$$Li_{1-x}FePO_4 \longrightarrow (1-x)LiFePO_4 + \frac{x}{2}Fe_2P_2O_7 + \frac{x}{4}O_2$$

（5）电解液热分解。锂离子电池所使用的有机电解液在高温下通常稳定性差，当电池内部温度达到 200℃以上时，上述过程中释放的氧气（O_2）会与电解液、锂化石墨负极等发生反应释放大量的热量，从而导致温度进一步升高。此外，电解液中的 $LiPF_6$ 在高温条件下开始分解形成 LiF 和 PF_5。同时，电解液中的有机溶剂，如碳酸乙烯酯（EC）、碳酸二甲酯（DMC）、碳酸甲乙酯（EMC）等会与释放的氧气发生反应，最终产生大量 CO_2、烯烃类气体以及 POF_3 等气体。此类气体的产生不仅增加电池内部的压力，还可能引发电池的爆炸。主要反应为[25]

$$5O_2 + 2EC \longrightarrow 6CO_2 + 4H_2O \text{ (完全氧化)}$$

$$O_2 + EC \longrightarrow 3CO + 2H_2O \text{ (不完全氧化)}$$

$$2Li + 2EC \longrightarrow LiO(CH_2)_4OLi + 2CO_2$$

$$LiPF_6 \longrightarrow LiF + PF_5$$

$$LiO(CH_2)_4OLi + PF_5 \longrightarrow LiO(CH_2)_4F + LiF + POF_3$$

$$PF_5 + H_2O \longrightarrow POF_3 + 2HF$$

（6）黏结剂反应。电解液热分解反应所释放的热量会进一步使电池温度升高。当温度超过 260℃时，正/负极与黏结剂（如聚偏二氟乙烯 PVDF、羧甲基纤维素 CMC）等发生反应，除释放热量外，还放出大量 H_2 进一步增加电池内部压力[32, 33]。

$$-CH_2-CF_2- \longrightarrow -CH{=}CF- + HF$$

$$-CH_2-CF_2- + Li \longrightarrow LiF + -CH{=}CF- + \frac{1}{2}H_2$$

$$CMC-OH + Li \longrightarrow CMC-OLi + \frac{1}{2}H_2$$

锂离子电池热失控产气组分和浓度受到电池材料的影响，包括正极材料、电解液组分等。Golubkov 等[34]使用气相色谱对不同正极材料（NCM、LCO/NCM、LFP）的 18650 型电池在热失控过程中的气体释放情况进行分析，发现虽然电池正极材料的种类会影响热失控所产生的气体总量，但是热失控所产生气体的主要成分却相似，主要包括 CO、CO_2、H_2、HF、C_3H_6、CH_4、C_3H_8、C_4H_{10} 等，其中 CO、CO_2 和 H_2 三种气体的释放量最多，超过气体总量的 70%。Yuan 等[35]对使用 NCM、LFP 和 $Li_4Ti_5O_{12}$ 三种电极的电池热失控气体释放行为进行研究，发现 LFP 热失控产气以 CO_2 和 H_2 为主，$Li_4Ti_5O_{12}$ 热失控产气以 CO_2 为主，而 NCM 热失控产生的 CO 最多。Yang 等[36]发现 $LiFePO_4$ 电池热失控后产生的气体中 H_2 和 CO_2 占比最高，均占总气体产量的 30%以上。Qi 等[37]对比过热、过充电和挤压条件触发锂离子电池热失控，发现不同触发方式所带来的放热量存在明显差异，过热＜过充电＜挤压。锂离子电池热失控机理示意图如图 2-6 所示[38]。

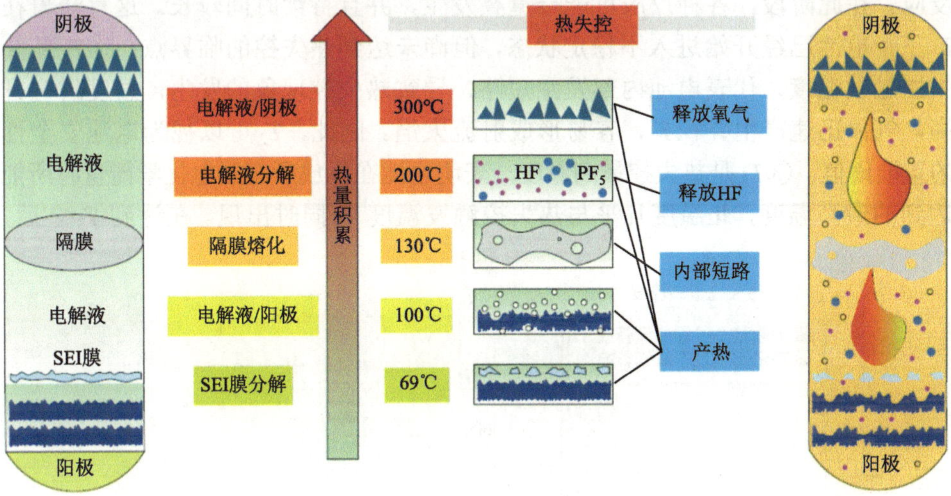

图 2-6　锂离子电池热失控机理示意图[38]

3. 热失控演变过程

锂离子电池从热失控到火灾爆炸的演变过程是一个复杂的物理及化学现象，通常可以分为四个主要阶段：

（1）初始热失控阶段：在过充电、过放电或高温等滥用条件下，电池内部开始发生异常放热反应，导致电池温度升高。同时，电池内部短路、电化学反应或分解反应会释放可燃和有毒气体。此阶段是热失控的起始点，标志着电池安全性的丧失。

（2）压力积累与释放阶段：随着内部温度升高和放热反应的持续进行，电池内部产生的热量和气体压力逐渐增加。当压力达到电池壳体的承受极限时，安全阀会被打开，释放内部的高温高压气体。在此过程中，电池可能会发出异响或喷出高温高压气体。

（3）高温高压气体喷射与火源形成阶段：在安全阀打开后，高温高压气体会迅速从电池内部喷出。这些气体主要包含可燃的电解质蒸气、氢气和其他易燃成分。当这些高温高压气体遇到外部点火源（如明火、电火花等）时，就会发生燃烧反应，形成喷射火焰和高温可燃且有毒的混合气体。

（4）火灾爆炸阶段：在高温混合气体积聚到一定程度后，如果遇到足够的点火能量或合适的燃烧条件（如氧气浓度、温度等），就会发生大规模的火灾甚至爆炸。此阶段对储能电站的安全构成严重威胁，可能导致人员伤亡和财产损失。

Feng 等[39]研究揭示热失控过程中的三个关键特征温度：T_1、T_2、T_3，如图 2-7 所示。①T_1 为自产热起始温度，标志着电池内部活性物质开始发生明显的放热反应。在此阶段，各种反应可能会重叠发生，并且持续时间较长。这意味着在 T_1 下，电池已经开始进入不稳定状态，但尚未达到热失控的临界点。②T_2 是热失控触发温度，代表电池内部发生短路，导致热失控现象的发生，温度瞬时升高，气体迅速产生并积累，容易形成射流火焰。因此，T_2 可以视为电池安全性的重要阈值。③T_3 是热失控最高温度，表明电池在释放所有热电化学能量时所能达到的最高温度，此温度几乎与热失控触发温度 T_2 同时出现。在达到 T_3 之后，

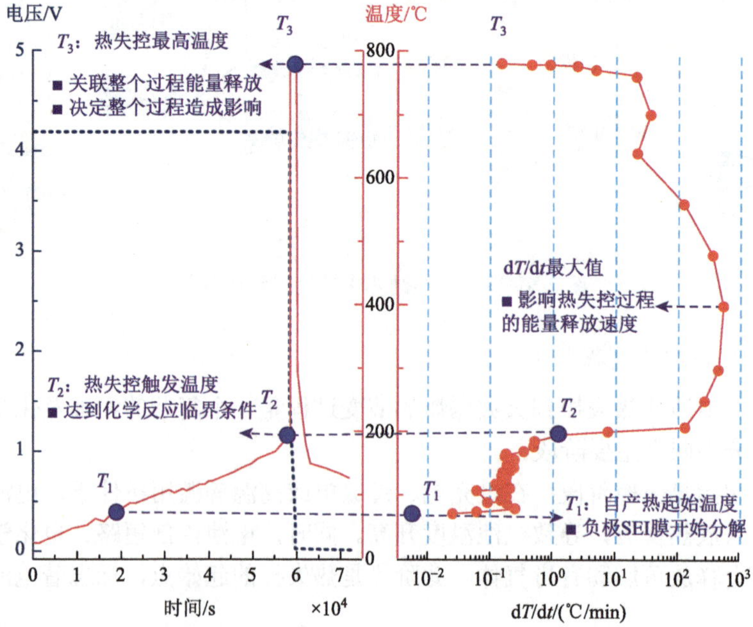

图 2-7　锂离子电池热失控过程的三个关键特征温度[39]

电池会进入火灾初期阶段，对周围环境和人员构成严重威胁。根据这些特征温度规律，可将热失控划分为三个时期：$T_1 \sim T_2$ 为热失控早期，$T_2 \sim T_3$ 为热失控发生期，T_3 之后为火灾初期。如果在热失控早期（$T_1 \sim T_2$ 阶段）能够识别出热失控演变的信号，就可以及时采取措施进行干预，从而避免火灾事故发生。

在储能舱内，电池模组紧密排列成簇，这种结构使热量容易在模组之间传递。当某个电池模组由于内部短路、过充电、过放电等原因发生热失控时，其产生的高温会迅速传递给相邻的模组，诱发热失控。这种连锁反应迅速蔓延，使整个储能舱内的电池模组陷入高温状态，进一步加剧火灾和爆炸的风险。在热失控过程中，电池释放出大量可燃气体，包括 CO、H_2、烷烃类气体，以及电解液蒸气。这些气体与空气中的氧气混合后，一旦达到燃点，就会剧烈燃烧。燃烧产生的烟雾不仅会降低可见度，影响救援工作，还可能含有有毒物质，对人员的呼吸系统造成伤害。此外，如果燃烧得不到有效控制，还可能引发爆炸，对储能电站及周边环境造成毁灭性的破坏。

电池内部副反应是引发锂离子电池热失控的关键因素之一。副反应在过充电、过放电、高温暴露或物理损伤等滥用条件下，导致电池内部热量积累，释放大量热量和气体。这些高温高压气体可能会通过电池的安全阀或其他薄弱点喷出，形成射流火或爆燃现象，不仅对电池本身的安全构成威胁，还可能对周围的环境和人员造成严重的危害。锂离子电池储能系统热失控演变过程如图 2-8 所示[40]。

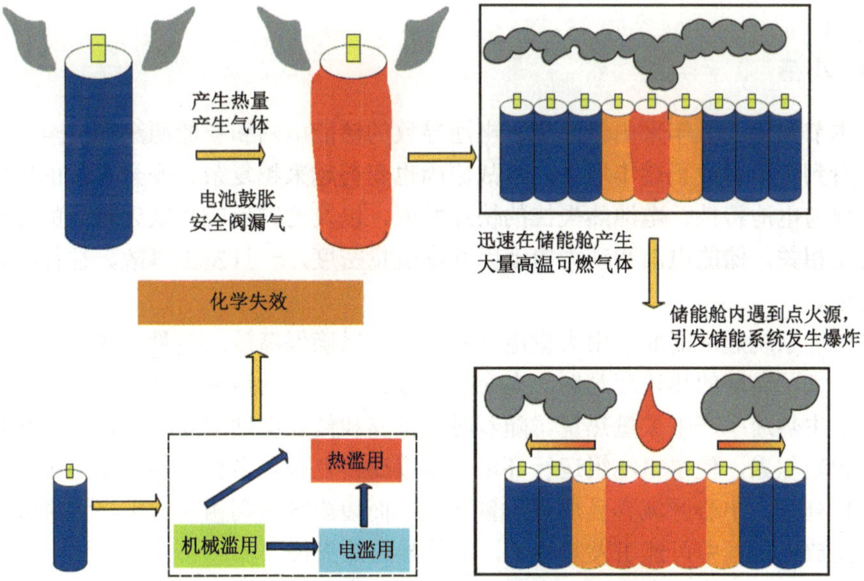

图 2-8　锂离子电池储能系统热失控演变过程[40]

综上，锂离子电池储能电站的热失控是一个复杂且危险的过程，始于电池内部热量的积累和气体的产生。副反应不仅导致电池温度升高，还导致电池内部压力逐渐增大。当热量和气体达到一定程度时，电池的安全阀会打开，大量气体迅速喷出，并与空气混合，该过程可能会因高速率泄气产生的电火花而引发燃烧。对于储能电站而言，一旦局部电池发生燃烧，会产生大量高温、可燃且有毒的混合烟气。烟气在受限空间内流动并积聚，当可燃气体浓度达到一定程度并遇到点火源时，就会发生爆炸。基于这些特性，锂离子电池储能电站的热失控演变过程可以划分为六个主要阶段：放热、产气、增压、喷烟、喷射起火和燃烧爆炸。六个阶段相互关联，共同构成了热失控的完整过程，如图 2-9 所示[40]。

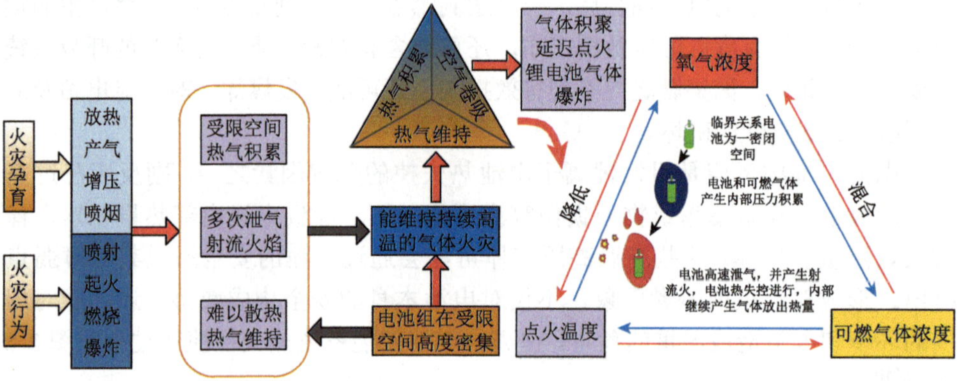

图 2-9　热失控演变过程示意图[40]

2.1.5　小结

本节概述了近年来由于锂离子电池导致的储能电站和新能源汽车安全事故，不难看到安全事故正逐年增多，事故原因也变得越来越复杂。安全事故的发生机理主要与电池特性、电池热失控的快速发展，以及连锁反应和缺乏有效的提前预警密切相关。储能电池和动力电池因其高能量密度，一旦发生事故，往往导致严重后果。

储能系统通常需要使用大量电池密集排列以确保高效的能量存储，这种密集布局带来了显著的热管理难题。在充放电过程中，不同倍率的操作会导致电池以不同的生热速率产生大量热量。随着时间推移和储能电站空间限制，这些热量会不均匀地积累，使得电池组运行环境的温度变得复杂且多变。特别是当大量电池紧密排列时，中心区域容易形成热量聚集，而边缘区域则相对较少，这种温差在连续充放电过程中可能引发热积累，最终导致热失控。

热失控是储能电站电池安全的关键触发因素，可能由以下原因引起：①电池组内温度分布不均，特别是在连续充放电过程中，电池单体间的温差可能变得极大；②热量在电池组内部积累，如果散热措施不足，这种热积累可能达到危险水平；③电池材料本身的热性能，如果材料热稳定性不足，也可能加剧热失控的风险。因此，为确保储能电站的电池安全，必须重视以下几点：①实施有效的散热措施，防止热量在电池组内部过度积累；②设计合理的电池布局和间距，以优化热量分布并减少温差；③选择具有优质热性能的电池材料，以提高电池的热稳定性。只有在设计中充分考虑这些因素，才能有效降低热失控风险，从而提升储能系统的整体安全性。

在深入分析电池安全事故原因后发现，锂离子电池的性能不稳定和安全行为难以准确预测是造成事故频发的主要原因。为了确保锂离子电池系统的安全与可靠，对其进行全面、精确的性能测试显得尤为重要。2.2 节将重点探讨锂离子电池电化学性能测试的相关内容，以期通过科学、有效的方法来预防和减少电池安全事故的发生，为锂离子电池技术进一步发展提供坚实保障。

2.2　锂离子电池电化学性能测试

锂离子电池的电化学性能直接关系到使用设备的工作效率和寿命。主要包括充放电性能及容量、倍率性能、高低温性能、能量、功率、储存性能、循环寿命和内阻等。这些性能指标的优劣决定了锂离子电池在实际应用中的性能表现和市场竞争力。因此，对锂离子电池的电化学性能进行全面而深入的测试，对推动储能技术发展具有重要意义。

2.2.1　充放电性能测试

充电性能测试通过将电池的正、负极分别连接外部电源的正、负极，并采用特定的充电方式，将外电路的电能转化为化学能储存于电池中。充电过程中电池的充电电压或电流随时间的变化规律被详细记录。常用的充电方法包括恒电流充电、恒电位充电、恒流恒压充电、恒功率充电及多阶段电流充电等，其中恒流恒压充电是目前最广泛采用的方法。在这种方法中，先以固定倍率电流充电至电池达到充电截止电压，然后切换为恒压充电，直到充电电流减至预设的微小值（如 1/20C）或达到特定的充电时间后停止充电。这种方法避免了恒流充电的不足，使电池充入的容量尽可能多，同时也避免恒压充电初期电流过高对电池造成损伤。

放电性能测试旨在评估电池将化学能转换为电能的能力。测试过程中，电池通过特定的放电方式进行能量释放，同时记录放电过程中电池电压随时间的变化。常见的电池放电方法主要有恒电流放电、恒电阻放电、恒电压放电、连续放电和间歇放电等。恒电流放电法使电池按恒定的电流放电，以保证电器设备的正常工作；连续放电法是使电池在指定的电流下持续放电，直至其电压降低到预设的放电截止电压；间歇放电则是让电池在指定的电流下放电一段时间，间歇一定时间后再继续放电，如此反复直至电池电压降至放电截止电压。在实际测试中，恒电流放电法因其操作简便、结果可靠而被广泛采用，并常与连续放电或间歇放电法结合使用，以更全面地评估电池的放电性能[41]。

电池的充放电截止电压因电池类型和测试条件而异。例如，磷酸铁锂电池的充电截止电压和放电截止电压通常分别设定为3.65V和2.5V，而三元电池分别在4.2V和2.8V左右。在实际操作中，电池充放电性能受到多种因素的影响，包括充放电电流、环境温度以及充放电截止电压等。因此，在评估电池充放电性能时，应明确标注充放电条件，以确保结果的一致性和可比性。

GB/T 36276—2023《电力储能用锂离子电池》规定的电池初始化充放电测试，包括在（25±2）℃条件下电池静置5h后，以恒定功率进行充电至电池的充电截止条件，随后静置10min，再以恒定功率放电至放电截止条件。这种标准化测试流程有助于评估电池的基本性能，并为电池的进一步分析和应用提供参考标准。

2.2.2 容量性能测试

电池的放电容量是指在特定放电条件下电池所能释放的总电量，通过对放电过程中电流对时间的积分来确定，通常以安时（A·h）或毫安时（mA·h）为单位表示。在探讨化学电源的容量时，通常将其分为理论容量和实际容量。理论容量是基于法拉第（Faraday）定律计算得出，代表在理想情况下，当电极中所有活性物质完全参与电化学反应时能够提供的最大电量[41]。而实际容量则是在具体放电条件下电池实际释放的电量。需要注意的是，由于电池内部存在的欧姆内阻和电极极化等现象，电池的实际容量通常低于其理论容量。

电池的容量测定方法与其放电性能测试方法基本一致，通常采用恒电流放电法，在测得放电曲线后通过放电电流对放电时间的积分即可计算出电池的实际容量[41]。恒电流放电法测得的实际容量与充放电条件有着密切关系。这些条件包括充放电电流、环境温度、充放电电压范围等，任何因素的变化都可能导致同一电池实际放电容量测试结果产生差异。因此，在进行电池容量测定时，必须严格控制并明确标注充放电条件，以确保测量结果的准确性和可比性。

2.2.3 倍率性能测试

倍率性能测试是评估电池在不同充放电电流条件下充放电能力的重要指标。放电倍率通常表示为C值，定义为电池放电电流与其额定容量的比例。例如，倍率1C意味着电池在1h内放电完其额定容量。电池的倍率性能显著影响其在各类应用场景下的续航时间和功率输出能力。放电电流的增加会导致电池放电容量降低，主要是电极/电解质界面的极化以及锂离子在电极内部的浓差扩散极化所致。

为评估电池的倍率性能，一般先将电池以固定的充电倍率（如 0.2C）充至满电，然后通过不同的放电倍率（如 0.3C、0.5C、1C、2C 等）进行放电测试，并记录不同条件下的容量和电压数据。电池的倍率性能优劣直接关系到其在需要高功率输出的应用场合（如电动汽车的快速加速和快充功能）的适用性。因此，在电池的研发和选择过程中，倍率性能的测试和优化至关重要，以确保电池产品能满足特定应用场景的需求。

电池倍率性能受多种因素影响，其中关键因素包括电极活性材料特性、电解液类型、隔膜特性、导电剂分布及电极结构设计等。

（1）电极活性材料特性：正、负极活性材料的结构和比表面积对电池的倍率性能至关重要。能够提供锂离子快速脱嵌通道、比表面积较大的材料可以促进锂离子迁移速率，从而提高倍率性能。

（2）电解液类型：电解液作为锂离子的传输介质，其离子传导性对电池性能有显著影响。采用具有高离子导电性的超导电解液能够加速锂离子在液相及电极界面的迁移，进而提升电池的倍率性能。

（3）隔膜特性：隔膜的孔隙率和孔径大小直接关系到其对锂离子传输的阻碍程度。高孔隙率和适宜孔径的隔膜能够提供良好的离子传输通道，有利于锂离子的快速迁移，从而提高倍率性能。

（4）导电剂分布：导电剂在电池电极中起到传递电子的作用。理想的导电剂分布是均匀分散在电极活性材料物质中，以确保电子能够快速、顺畅地传递。

（5）电极结构设计：采用多极耳或无极耳的电极结构能够提高电极的电流负载能力，减少内部电阻，有利于降低电池在高倍率充放电过程中的温升和电压降，从而保持较好的倍率性能。

根据 GB/T 36276—2023，电池单体倍率性能测试如下：以 P_{rc} 恒定功率充电至电池单体充电截止条件后，再以 P_{rd} 恒定功率放电至电池单体放电截止条件；以 $2P_{rc}$ 恒定功率充电至电池单体充电截止条件，再以 P_{rc} 恒定功率充电至电池单体充电截止条件；以 $2P_{rd}$ 恒定功率放电至电池单体放电截止条件，再以 P_{rd} 恒定功率放电至电池单体放电截止条件；以 $2P_{rc}$ 恒定功率充电至电池单体充电截止条件，再以 $2P_{rd}$ 恒定功率放电至电池单体放电截止条件。该测试旨在评估电池在不同倍率下的充放电特性，计算出电池在不同功率下的充放电能量效率。综合这些测试和分析，可以深入分析电池在高功率输出应用中的表现，并为电池的研发和优化提供科学依据，确保电池产品能够满足特定应用场景的需求。

2.2.4　高低温性能测试

电池作为一种关键的能源储存元件，在实际应用场景多变的使用条件下，需展现出良好的温度适应性以确保其电性能的稳定输出。高低温性能测试是评估电池在不同环境温度下维持电性能稳定输出的能力。环境温度对电池的电压、充电效率以及放电容量均有显著影响。

在低温环境下，锂离子电池性能显著降低。低温增加电解液黏度并降低电导率，从而削弱充放电能力。SEI 膜的阻抗在低温下增大，减缓了锂离子在电极材料中的迁移速率，进而限制了电池的放电容量和电压。特别是在低温充电时，负极可能发生金属锂的析出，此部分锂不再参与后续电化学反应，从而造成电池容量损失。反之，在高温环境中，虽然电池的放电电压和容量可能得到提升，但过高的温度会加速电池老化，特别是正极材料中过渡金属离子溶解和结构衰退，此类变化会恶化电池循环性能并降低其热稳定性[42, 43]。因此，温度控制对锂离子电池的性能和寿命管理至关重要。

高低温性能测试的方法与常规的充放电性能测试基本相同，主要的区别在于部分或全部的测试过程需要在特定温度的恒温箱中进行。在实际应用中，为了更全面地了解电池在实际工作环境中的表现，常常测量电池在高低温环境下以不同充放电倍率进行充放电的性能。

GB/T 36276—2023 规定了在特定高低温度（45℃和 5℃）下进行的性能测试，用以计算电池在这些温度条件下的能量效率。此测试帮助评估电池对温度变化的适应能力及在不同环境条件下的可靠性和稳定性。

2.2.5　能量和比能量测试

电池的能量和比能量测试是关键指标，用于评估电池在一定条件下对外所能输出的电能，通常以瓦时（W·h）为单位。电池的能量可以分为理论能量和实际能量。理论能量（W_0）是基于电池在理想条件下，即电池的放电过程处于平衡状态，放电电压等于电动势（E_0）时，活性物质完全利用时电池所能输出的最大能量。理论能量的数值等于电池理论容量与电动势的乘积，表达为 $W_0 = C_0E_0$。实际能量（W）则是电池在一定放电条件下实际能够输出的能量，它等于电池的实际放电容量与平均工作电压的乘积，表达为 $W = CE$[41]。实际能量更真实地反映了电池在具体应用场景下的性能。

电池比能量，也称为能量密度，指的是单位质量或单位体积的电池所能输出的能量，分为质量比能量（W·h/kg）和体积比能量（W·h/L）。类似地，电池比能量也可分为理论比能量（W_0'）和实际比能量（W'）。在实际应用中，主要关注电池的实际能量和实际比能量。通过实际能量计算公式 $W = CE$ 可知，只需测得化学电源的实际放电容量和其平均工作电压，即可计算出实际能量。实际放电容量可以通过前面提到的充放电测试方法求得，而平均工作电压则常由中点电压或中值电压估算。比能量则可以通过实际能量与化学电源质量或体积的比值来计算[41]。

2.2.6　功率和比功率测试

电池功率（P）是指电池在特定放电条件下单位时间内所输出的能量，以瓦（W）或千瓦（kW）为单位。比功率则是指单位质量或单位体积的电池所能输出的功率，通常以 W/kg（质量比功率）或 W/L（体积比功率）为单位。与电池能量和比能量相似，电池功率和比功率也可以分为理论功率（P_0）、实际功率（P）和理论比功率、实际比功率，理论功率的计算公式为 $P_0 = I_0 E_0$，实际功率的计算公式为 $P = IE$。

理论功率是基于理想状态下的最大电能输出计算得到，与电池的理论性能相关。实际功率则反映电池在实际使用条件下单位时间内的最大能量输出能力，其通过电池在确定的放电电流和平均工作电压下的性能测试获得。在电池性能评估中，实际功率和实际比功率具有重要意义，直接关系到电池在实际应用中的性能。为了得到实际功率和实际比功率，需要测量电池在实际放电过程中的放电电流 I，并确定其对应的平均工作电压 E（通常使用中点电压或中值电压作为近似值），然后通过计算放电电流与平均工作电压的乘积可求得实际功率。实际比功率是将电池的实际功率与其质量或体积相除得到的比值，反映电池单位质量或体积的功率输出能力。

GB/T 36276—2023 中规定的电池单体功率特性测试步骤为电池性能评估提供了一套详细的方法。通过在恒定的环境温度下系统地进行充放电循环，揭示了电池在全负荷（100%额定功率的放电）到低负荷（以额定功率的 5%为步长，逐次降低充放电功率，直至达到 5%额定功率）运行的性能变化，准确测试电池在各级功率输出下的能量效率和稳定性。这种方法不仅确保了数据的准确性和可靠性，而且提供了电池性能随功率变化的分析视角。最终，通过计算和分析不同功率条件下的充放电能量效率，可以深入了解电池在实际应用中的性能表现。

2.2.7　储存性能及自放电测试

电池的储存性能指的是电池在开路状态下，在一定的温度和湿度等条件下经过一段时间搁置后，其电压和容量等性能参数的变化，反映了电池在非工作状态下性能保持能力。通常，电池在储存期间的电压和容量会逐步下降。这种现象主要是电池的自放电引起。引起自放电的原因有多方面，如电极腐蚀、活性物质溶解，以及电击伤歧化反应等。另外，在储存过程中，活性物质的钝化、电池内部部分材料的分解变质等都会引起电池储存性能的衰退[41]。

在高温条件下储存的锂离子电池，特别是使用三元材料的电池，会经历过渡金属的溶解，尤其是锰元素，这会损坏电池内部的 SEI 膜，消耗活性锂，并最终导致电池容量下降和阻抗增加，对电池的性能产生不利影响[44]。电池自放电速率常用指定时间内容量降低的百分数来表示[45]：

$$自放电速率=\frac{储存前的放电容量-储存后的放电容量}{储存前的放电容量}\times 100\% \quad (2\text{-}1)$$

自放电速率是量化描述电池在储存过程中容量损失速率的关键参数。自放电速率低意味着容量损失较慢，荷电保持能力较强，储存能量保持更佳。这一指标对于评估电池长期储存性能至关重要。

根据 GB/T 36276—2023，电池的储存性能测试包括对电池进行初始充电，然后进行恒功率放电，直到放电能量达到初始放电能量的 50%，接着在 50℃下储存 30 天。储存后，电池在常温 25℃下静置 5h 后进行最终充放电测试。通过比较储存前后的充放电能量，可以计算出电池的充放电能量恢复率，进而评估其储存性能。

2.2.8 循环寿命测试

电池的循环寿命是衡量其长期使用可行性的关键指标，包括使用寿命、充放电寿命和储存寿命。其中，使用寿命指电池从首次使用到不能满足指定性能要求为止所经历的总运行时间；充放电寿命，也就是通常所说的电池的寿命，指电池在一定充放电条件下，其容量下降至规定百分比（如 80%）的初始容量之前所能承受的充放电循环次数；储存寿命则是指电池在失效前在非工作状态下的搁置时间[41]。

在实际研究工作中，为了更全面地了解电池在实际工作环境中的性能，常会测量电池在不同环境或不同充放电条件下的循环寿命，通常涉及在特定环境条件下，用特定的充电电流、放电电流和充放电时间间隔对电池进行反复充放电，直到到达预设的终点条件。电池循环寿命的测试方法与之前的充放电性能测试方法类似，关键区别在于循环寿命测试需要反复进行充放电测试，直到电池容量降至规定值。对于不同种类或用途的电池，寿命终点的规定会有所不同。

循环寿命测试本质上是对电池在多次充放电过程中活性锂逐渐损耗情况的一种衡量。当锂离子电池首次进行充放电时，电解液会与负极表面的特定点位及缺陷结构发生反应，进而形成一层特殊的薄膜——SEI 膜。这层纳米厚薄膜的形成会消耗一部分活性锂。在后续的充放电过程中锂离子的持续消耗、过渡金属的混排和溶解，以及电池内部微观裂纹的产生都会加速容量下降。锂离子电池在循环使用过程中容量逐渐衰减的原因主要包括以下几个方面：①三元材料中阳离子发生混排现象。由于 Ni^{2+} 与 Li^{+} 半径相近，在放电时 Li^{+} 释放，Ni^{2+} 可能占据原本属于 Li^{+} 的位置，导致部分 Li^{+} 无法重新嵌入晶格中。②Li^{+} 反复脱出与嵌入会使晶体体积发生收缩和膨胀，引发晶间或晶内的裂纹。电解液一旦渗入这些裂纹，就会增加界面处的副反应，进而加速活性锂的消耗，导致电池容量逐渐下降。③循环过程中过渡金属溶解也会导致 SEI 膜分解，从而需要消耗更多的活性锂来重新构建 SEI 膜。④电池内部的水与锂盐 $LiPF_6$ 之间的反应会产生固体沉淀物 LiF 和有害物质 HF。其中，LiF 会增加电池内阻（SEI 膜厚度增加），而 HF 则会破坏 SEI 膜结构，使其在电池循环过程中不断经历重建和修复的过程，从而严重影响电池的循环性能。因此，要提高锂离子电池的循环性能，就需要深入理解并控制这些影响因素，通过改进材料、优化电池结构和调整充放电策略等手段减缓活性锂的消耗和电池内部结构的损伤。

在 GB/T 36276—2023 中，循环性能测试包括在标准温度 25℃下进行初始放电，然后在较高温度 45℃下进行 1000 次充放电循环测试，以模拟电池在高负荷工作条件下的性能表现。通过这种方法，可以详细了解电池在长期运行中的稳定性和可靠性，为电池技术的改进和优化提供重要信息。

2.2.9　内阻测试

电池内阻（R_i）是指当电流通过电池时所受到电池本身的阻力，其单位为毫欧（mΩ）。电池内阻分为欧姆内阻（R_Ω）和极化内阻（R_f）。欧姆内阻源于电池的物理电阻，主要是由电极、电解液、隔膜的电阻及各部件的接触电阻构成。极化内阻则与电池在进行电化学反应时电极的极化现象相关，包括电化学极化和浓差极化所引起的电阻[46]。电解液降解、正负电极以及集流体腐蚀均引发电池欧姆内阻的增大。另外电解液降解发生的副反应会降低离子扩散速率，加剧电池的极化现象，引起极化内阻增加。电池充放电过程导致 SEI 在负极活性物质表层的不断生长，进而加剧欧姆内阻的增加。由于内阻的存在，电池的实际工作电压总是低于电池的电动势或开路电压。电池内阻的大小对电池工作电压有显著影响，较大的内阻会导致较高的充电电压和较低的放电电压，反之亦然。

电池的内阻与普通的电阻器件不同，它是有源元件，其阻值会随着电流、温度、荷电状态等因素的变化而变化，因此常规的万用表无法准确测量电池的内阻。目前常用的测量电池内阻的方法有直流内阻法（DCIR）和交流内阻法（ACIR）。DCIR 通过测量电池在直流负载下的电压响应来确定内阻值。具体而言，测量电池在施加一个小的直流脉冲前后的电压变化，进而计算得到内阻。DCIR 可以提供电池欧姆内阻与极化内阻的信息，对于分析电池在实际负载条件下的表现非常有用。ACIR 采用交流小信号在特定频率下对电池进行测试，通过测量电池的电压响应来评估其内阻。ACIR 通常在高频范围内进行，主要反映电池的欧姆内阻，常用来快速评估电池状态和预测其性能表现。

电化学阻抗谱法（EIS）由于测试操作相对简单，常被用来测试电池交流内阻。EIS 通过在一定频率范围内施加小振幅正弦波的电流或电压信号来激励电化学系统，因为不同类型的阻抗对于交流信号的响应速度不同，所以从高频到低频对电池进行扰动时，会得到一段频率域内不同频率点下的阻抗谱图，根据阻抗谱图建立相应的等效电路模型，拟合等效电路得到阻抗值[47]。这种方法可以得到欧姆阻抗、SEI膜界面阻抗、电荷转移阻抗等。目前，市场上有多种专门用于测量内阻的仪器供实际生产检测选用。这些仪器大多采用交流法测量电池的内阻，利用电池等效于有源电阻的特点，通过向被测电池施加恒定大小和频率的交流电流（一般为1kHz，50mA），然后对其进行电压采样、整流滤波等处理，从而精确测得电池内阻值。电池内阻与其测试时所处的充放电状态密切相关，状态不同的电池有着不同的内阻。因此，在标注内阻时应同时说明测试电池的荷电状态[45]。

对于大型电池组，交流内阻测试并不方便，因此常使用直流内阻评价电池内阻。目前常用混合脉冲功率特性（HPPC）测试。HPPC源于美国FreedomCAR项目，在电池可用的充电和电压范围内，使用一个包括放电和反馈脉冲的测试制度来确定其动态功率能力，可以在放电、搁置和反馈充电运行过程中电压采样时间的电压特性曲线中得到电池内阻[48]。HPPC的原理是通过对电池施加较大的电流，持续较短的时间，根据施加电流前后电池电压的变化来计算电池的欧姆内阻。由于电流通过时间较短，电池还未发生完全极化，此时电池两段的电压变化主要来自于电池欧姆内阻的作用。HPPC测试法是将电池每隔10%SOC以固定的脉冲对电池进行充电和放电，首先将电池充满电，再使用恒流脉冲测试电池，记录电压、电流数据，静置1h后将电池放电10%SOC，反复测试直至消耗90%SOC，此方法可以得出电池在不同SOC下的内阻，但所用时间相对较长。

2.3 锂离子电池安全性能测试

综合性能优异的锂离子电池，不仅需具备优良的电化学性能，如充放电性能、倍率性能、循环性能、高低温适应性等，还必须在使用及搁置期间具有良好的安全性能。锂离子电池的安全性备受关注，其具有高能量密度同时伴随着潜在的安全风险，如发生热失控时会释放大量热能，引发火灾或爆炸。为确保电池的安全性，通常会采用一系列严格的安全测试，这些测试旨在评估电池的安全性能，并确保在极端情况下仍具有一定的安全保障。常用的安全性能检测技术包括电气安全性能测试、机械安全性能测试、环境安全性能测试和热安全性能测试四类，以模拟电池在实际使用中可能遇到的极端条件。

此类安全测试不仅确保电池在正常操作条件下的安全性，还评估电池在极端或异常条件下的性能和反应，可以全面了解电池在潜在危险情况下的行为，预防可能导致火灾、爆炸或其他安全事故的风险，有助于帮助制造商优化电池设计、选择更安全的材料，并实施有效的安全防护措施，从而提高电池产品的整体安全性。

2.3.1　电气安全性能测试

1. 过充电性能测试

过充电性能测试是评估电池在电池管理系统失效时的安全性。在过充电状态下，电池可能会经历多种潜在危险的化学反应，如电解液的分解、负极的锂金属析出和正极材料的过度氧化，这些反应都可能触发热失控。例如，过充电时，碳酸乙烯酯等有机电解液组分可能在正极表面发生氧化分解，而负极可能发生锂金属析出，形成锂枝晶，增加短路和热失控的风险。这些化学反应会导致电池温度急剧升高，促使电解液分解并产生气体，增加电池内部压力，最终导致电池膨胀或破裂，甚至发生燃烧或爆炸。特别是在过充电过程中，正极材料的结构变化和氧气的释放可能会加剧电池的热失控现象，尤其是当电池内部压力达到一定阈值，触发安全阀，电池内部化学物质与空气接触，可能进一步产生大量热量，引发严重的热失控事件[49]。

电池过充电测试需要严格控制充电电流，并设定过充电截止条件。依据 GB/T 36276—2023，电池过充电性能测试方法要求将电池充电至电池单体充电截止电压的 1.5 倍，或者充电时间达到 1h 时终止充电，并在之后 1h 内观察电池反应。如果电池在测试过程中没有发生爆炸或起火，且不在防爆阀或泄压点之外的位置发生破裂，则认为通过此测试。

考虑到常见的电池单体充放电设备电压量程大多为 0～5V，且为了满足不同电压等级的电池组过充电测试的需求，在过充电试验时需要配置电压量程范围较大的充放电设备和防爆试验箱。

2. 过放电性能测试

过放电性能测试是锂离子电池电滥用条件下的重要安全性能评估，通过设置特定的放电电流和截止条件，评估电池在过放电时的行为和安全性。

在过放电情况下，电池负极材料会发生过度脱锂，导致 SEI 膜分解。SEI 膜是在电池充电过程中，电解液与负极材料反应形成的一层保护膜，防止电解液进一步分解。然而，在过放电的条件下，这层膜会被破坏，产生如 CO、CO_2 等气体。当电池在过放电后重新充电时，负极表面会重新生成 SEI 膜，增加电池的内阻，降低充放电效率，并导致电池容量逐渐衰减。此外，再生的 SEI 膜还会带来容量的衰减。由于 SEI 膜的形成和分解是一个动态过程，每次过放电和再充电都可能导致 SEI 膜的结构和厚度发生变化。这种变化会占据负极表面的活性位点，减少锂离子可以嵌入和脱出的位置，从而导致电池容量下降。

根据 GB/T 36276—2023，过放电性能测试应当在移除电池的过放电保护线路或装置后进行。以恒电流放电至电压达到 0V 或时间达到 1h 时停止放电，观察 1h，应不漏液、不冒烟、不起火、不爆炸，以及不在防爆阀或泄压点之外的位置发生破裂。

3. 外部短路性能测试

外部短路性能测试是评估锂离子电池在外部直接短路情况下安全性的关键测试。该测试模拟储能系统在运输、安装、维护或操作过程中可能遇到的意外短路情况，从而评估电池在极端条件下的安全性。

在外部短路测试中，将电池的正、负极通过一个低阻值（通常 20mΩ 以内）的电阻直接连接，电池电能快速释放，产生大电流，从而引起电池内部温度急剧上升。根据定值电阻的大小可以控制短路电流的大小，从数十安到数百安，甚至数千安，由于大电流，锂离子电池内会积累大量热量，若热量不能有效扩散，则很容易引发锂离子电池热失控。这种快速的放电过程导致电池可能遭遇温度升高、内部压力增加，甚至可能导致电池膨胀或破裂，极端情况下可能引发火灾或爆炸。外部短路是一个快速的放电过程，电流首先达到峰值，随后快速衰减到一定的电流值并保持一段时间，当电池完全放电后，电流降至零。这种峰值—平台—跌落曲线即为外部短路的典型特征曲线。

能否通过短路测试主要受到短路电流大小的影响，短路电流越大，则锂离子电池热量产生的速率越快，而锂离子电池热量扩散速率不会有太大的变化，因此也就意味着在锂离子电池内部积累更多的热量，温度上升更多，可能导致隔膜收缩，正、负极短路等严重的问题，继而引起锂离子电池热失控。影响锂离子电池短路电流的因素主要是短路电阻的阻值，还受到锂离子电池内阻和荷电状态等因素的影响。在短路放电的过程中，热量主要由外电路的短路电阻和电池内阻产生，根据焦耳热的公式 $P = I^2R$，在电流相同的情况下，发热功率与电阻成正比，在电池能量一定的情况下，阻值大的部分自然会产生更多的热量。短路过程中的欧姆电阻发热是造成电池温度过高的主要原因。

外部短路试验需要短路试验测试系统并配置防爆试验箱。测试系统主要控制参数为短路电流，当短路电流能满足试验最大电流要求时，设备提供不同电压等级的电池对应的不同短路电流，保证电池接近短路状态。试验用的电池多为满充状态的电池，模拟电池在极端情况下发生外部短路的安全风险。

实际测试时，首先去除电池附加的短路保护线路或装置，随后对电池单体或电池组进行充电。根据 GB/T 36276—2023，对外部线路电阻要求更高，以 1mΩ 外部线路短路 10min，除了不起火、不爆炸外，还要求不在防爆阀或泄压点之外的位置发生破裂。严格的测试标准确保电池在遭遇外部短路时的安全性和可靠性，是电池设计和制造中不可或缺的安全性评估部分。

2.3.2　机械安全性能测试

机械安全性能测试模拟电池在实际使用或意外情况下遭遇的物理冲击，主要聚焦于评估电池在承受挤压、跌落、振动、针刺等情形下的安全性能。此类测试旨在保证电池即便在极端机械条件下也不会产生危险。

1. 挤压性能测试

挤压性能测试是通过直接对锂离子电池施加外部机械力来评估其安全性能的方法。在挤压过程中，电池在受到外力作用时可能发生变形，导致其内部各组成部分承受机械应力，从而引发两种主要的热失控情况。首先，当挤压力导致电池发生显著变形时，电池内部的隔膜可能会遭受破裂。隔膜的破损会导致正、负极极片之间直接接触，从而引发电池内部的短路反应。这种反应与针刺试验时的情况类似，即电池内部产生大量的热量和气体，最终可能导致电池起火或爆炸。其次，当电池受到挤压发生变形后，正、负极极耳可能会相互接触，形成电池的外部短路。这种外部短路现象会导致电流迅速增大，产生大量热量，并引发局部高温，足以熔化集流体、隔膜等部件，最终导致电池热失控。

为了确保电池的安全性能，国家标准对电池挤压性能测试提出了严格的要求，包括挤压速度、挤压力、挤压时间等方面。通过遵循这些标准进行测试，可以更有效地评估电池在受到挤压时的安全性能，并为电池的设计和生产提供有价值的参考信息。

根据 GB/T 36276—2023，电池单体的挤压试验要求如下：完成初始化充电的电池单体放置于挤压台，面积最大的外表面正对挤压头，选取半径为 75mm、长度大于样品被挤压面尺寸的半圆柱体作为挤压头，挤压初始速度为 5mm/s；挤压力达到 50kN 时保持 10min，然后停止挤压并观察 1h。此过程中电池应不漏液、不冒烟、不爆炸、不起火，不在防爆阀或泄压点之外的位置发生破裂。该测试重点确保电池在遭受严重挤压时仍能维持结构和功能完整性，从而保障其在实际应用中的安全性。

动力电池的挤压测试主要是模拟车辆在发生碰撞、翻车等严重事故时，电池可能会受到机械外力直接作用发生变形。根据交通事故统计，一般发生碰撞时，车辆变形大，易损伤电池。根据 GB 38031—2025《电动汽车用动力蓄电池安全要求》，测试选择标准充电后的电池，对于电池单体，挤压方向是垂直于电池单体极板方向施压，或与电池单体在整车布局上最容易受到挤压的方向相同，挤压板是半径 75mm 的半圆柱体，半圆柱体长度大于被挤压电池单体的尺寸，挤压速度不大于 2mm/s，挤压程度是电压达到 0V 或变形量达到 15%或挤压力达到 100kN 或 1000 倍试验对象重量后停止挤压，保持 10min，在试验环境温度下观察 1h，过程中应不起火、不爆炸。当试验对象是电池包或系统时，挤压程度需要挤压力达到

100kN 或挤压变形量达到挤压方向的整体尺寸的 30%时停止挤压；对于带车身结构件进行挤压的情况，应以挤压力达到 100kN 作为截止条件。保持 10min，在试验环境温度下观察 2h，过程中应不起火、不爆炸；试验后的绝缘电阻应不小于 100Ω/V；若有交流电路，绝缘电阻应不小于 500Ω/V。选择最大挤压力 100kN 作为试验条件，能够较好地覆盖实际情况。电池单体电压达到 0V 时，表明电池能量已经完全释放，不会再造成较大的危害；电池包或系统变形量达到 30%时，电池已经发生很大的变形，基本能够覆盖事故形态。

对比 GB 38031—2025 和 GB/T 36276—2023 可以发现，由于锂离子电池应用场景的不同，在挤压测试具体要求上存在差异。①挤压力不同：电力储能用锂离子电池通常处于相对静态的环境中，不太可能受到很大的机械力，因此其挤压力要求相对较低（50kN）；而动力电池在挤压测试中之所以有更高的挤压力要求，是因为它们被设计用于电动汽车，这些车辆在运行过程中可能会遭遇严重的碰撞或翻车事故，在这些极端情况下，电池可能会受到非常大的机械力作用，需要更高的耐挤压能力（100kN）或挤压变形量（30%）来确保安全。②观察时间不同：对于电力储能用锂离子电池，由于其应用场景相对静态和低风险，因此观察时间较短（1h）；对于电池包或系统观察时间较长（2h），因为在严重事故中，即使碰撞结束后，电池内部可能仍然存在潜在的短路、热失控等风险，需要更长的观察时间以确保安全，也为司乘人员在事故发生后提供足够的逃生时间并可降低二次事故的风险。

2. 跌落性能测试

跌落性能测试是指将处于一定荷电状态的电池按规定的高度和角度跌落于坚硬、平整的水平面上，评定电池自由跌落情况下承受的垂直冲击的能力和外壳对电池内部的保护能力，主要用来模拟电池在安装、移动或发生事故过程中可能遭遇的意外跌落冲击。影响跌落测试的主要因素有电池 SOC、跌落高度及跌落角度。进行跌落测试选用充满电的电池，此时电池电压最高，能量最大，模拟电池在极端条件下发生安全风险的概率。跌落高度随着电池单体、电池组的不同而不同，一般不超过 2m。跌落角度选择将电池正、负极向下进行测试。

根据 GB/T 36276—2023，电池单体在完成初始化充电后进行跌落测试，使样品正极或负极朝下从 1.5m 高度处自由跌落到水泥地面，观察 1h，要求该过程中不冒烟、不起火、不爆炸、不在防爆阀或泄压点之外的位置发生破裂。对于电池模块，其跌落高度上升为 2m，要求过程中不起火、不爆炸。此测试标准对电池外壳和内部结构提出高要求，确保电池在受到重大物理冲击后仍能保持安全性和完整性，从而防止安全事故的发生。

3. 振动性能测试

振动性能测试针对锂离子电池在实际应用中，特别是在车辆运输和行驶过程中遭遇的振动环境而设计。通过在 X、Y、Z 三个方向上施加随机和定频振动，测试电池在强烈振动环境下是否能保持完整性，确保不发生漏液、冒烟、起火或爆炸等安全问题。

GB/T 36276—2023 对电池模块的振动试验要求如下：完成初始化充电的电池模块置于振动试验装置上并固定，根据随机振动波谱参数在 X、Y、Z 轴三个方向分别进行随机振动，观察 1h，再依次进行绝缘性能试验和耐压性能试验。要求不漏液、不冒烟、不起火、不爆炸，绝缘性和耐压性也满足对应测试要求。通过测试评估电池的绝缘性和耐压性，可以确保电池即使在极端条件下也能保持良好的性能和安全性。

根据 GB 38031—2025，将测试对象安装在振动台上，每个方向分别施加随机和定频振动载荷，加载顺序宜为 Z 轴随机、Z 轴定频、Y 轴随机、Y 轴定频、X 轴随机、X 轴定频。试验过程中，监控试验对象内部最小监控单元的状态，如电压和温度等。振动测试后观察 2h，蓄电池包应无泄漏、外壳破裂、起火或爆炸现象。试验后的绝缘电阻值不小于 100Ω/V；若有交流电路，绝缘阻抗应不小于 500Ω/V。从 Z 方向开始振动，主要是因为 Z 方向的条件一般比 Y 方向严苛，Y 方向的条件一般比 X 方向严苛，先从最严苛的方向开始做，能够在最短的时间内发现问题，避免不必要的测试费用及时间上的浪费。当然，并不是每个电池结构在 Z 方向都最严苛，即使载荷严苛，如果设计的强度足够也会安全。可以通过仿真分析来确定哪个方向最弱，然后从这个方向开始测试。在长时间振动过程中，模块电池的绝缘片容易出现位移或损伤，导致正、负极极耳接触或者与电池包外壳接触，从而形成短路并引起热失控。此外，在振动过程中电池连接部分会产生较强的应力，即使焊接点十分牢固的极耳也有可能因应力集中而断裂[50]。在长时间的振动影响下，电池的内部结构和连接部分会承受显著应力，振动测试有助于发现可能导致短路或热失控的潜在弱点。因此，振动性能测试是评估电池在动态和不稳定条件下的可靠性和安全性的关键环节。

4. 针刺性能测试

针刺性能测试旨在模拟锂离子电池因锂沉积、制造缺陷或其他原因导致的内部短路，以及针状物刺穿电池的情形。测试时，通常选用满电状态的电池，因为高荷电状态会加剧内部短路时的电流强度，从而更真实地反映电池在极端条件下的安全性能。试验过程中，采用直径特定的耐高温钢针，确保其表面光洁无瑕疵，以排除表面导电性能对测试结果的影响。钢针以预设速度垂直刺穿电池极板，引发内部短路。

锂离子电池在经受针刺时，内部短路的发生是一个迅速而复杂的过程。首先内部短路使整个电池电量迅速在短路点释放，这部分能量最终转化为热能，而转换生成的热能难以及时扩散，使短路点局部温度急剧上升，引发电池内部的一系列连锁反应，使得 SEI 膜分解和隔膜熔化，该过程进一步产生更多的热量，并促使电解液分解，以及负极的还原反应和正极的氧化反应。这些反应加剧热量的产生，导致电池热失控的发生。

针刺性能测试是评估锂离子电池安全性的重要手段，它主要研究电池荷电状态、针刺速率以及针刺位置等因素对电池安全性的影响。测试中需要详细记录的参数主要包括锂离子电池在针刺过程中不同位置的温度变化、电压变化、自加热速率以及热失控起始温度等。这些参数对于分析电池在针刺过程中的内部反应以及热失控的触发机制至关重要，为电池的安全设计和改进提供了重要依据。

2.3.3 环境安全性能测试

1. 盐雾性能测试

盐雾性能测试旨在评估电池在含有盐分和潮湿环境下（如海边城市）的耐腐蚀性能。盐雾环境是一种模拟海洋大气或工业大气中常见的高湿度、高盐分环境，对电池的外壳、连接件和密封件等部件的耐腐蚀性能提出挑战。在盐雾性能测试中，电池通常会被放置在盐雾试验箱内，暴露在一定浓度的盐雾环境中，经过一定时间的试验后，观察电池表面是否出现破裂、漏液等现象，并评估其对电池安全性的影响。

根据 GB/T 36276—2023，电池模块的盐雾性能测试要求如下：电池模块完成初始化充电后置于盐雾试验装置内，试验装置的水箱内注入（5±1）%氯化钠溶液，试验装置内温度达到（35±2）℃时启动喷雾程序，喷雾时间达到 2h 时停止喷雾；设置试验温度和相对湿度，当试验温度达到（40±2）℃、相对湿度达到（93±3）%时启动储存程序，储存时间达到 22h 时停止储存；重复上述喷雾和储存步骤达 4 次。再次设置试验温度和相对湿度，当装置内温度达到（23±2）℃、相对湿度达到（50±3）%时启动储存程序，储存时间达到 3d 时停止储存。重复上述喷雾和储存步骤达 4 次，观察 1h。要求外壳不破裂、不漏液、不起火、不爆炸，绝缘性能和耐压性能也要满足要求。在测试期间，电池被反复暴露于盐雾环境中，以评估其在这种侵蚀性环境下的耐久性。测试后，需要检查电池外壳是否有破裂、漏液等破坏性变化，并评估其电气绝缘性和耐压性能是否符合安全要求。

根据 GB 38031—2025，将电池包或系统放入盐雾箱内，盐溶液采用（50±5）g/L 的氯化钠溶液，35℃下其 pH 在 6.5～7.2 之间；试验对象放入盐雾箱进行循环测试 24h，在 35℃下对试验对象喷雾 8h，然后静置 16h，在第一个循环的第 4h 和第 5h 之间进行低压上电监控，共进行 6 个循环。要求样品不出现泄漏、外壳破裂、起火或爆炸现象；试验后的绝缘电阻应不小于 100Ω/V；若有交流电路，绝缘电阻应不小于 500Ω/V。通过盐雾性能测试，可以有效评估电池在潮湿和含盐环境中的稳定性和耐用性，确保电池即使在这种恶劣环境下也能维持其结构完整性和电气性能。

2. 交变湿热性能测试

交变湿热性能测试是一项重要的环境安全性能测试，旨在评估锂离子电池模块在经历温度和湿度叠加下的稳定性和可靠性。测试通过模拟电池在实际使用环境中可能遇到的极端湿热条件，确保电池能在不同的环境下保持良好的性能和安全性。

根据 GB/T 36276—2023，完成初始化充电的电池模块置于环境模拟装置中，在试验温度达到（50±2）℃、相对湿度达到（95±3）%时保持当前温湿度下静置 6h；再次设置温湿度，在温度达到（25±2）℃、相对湿度达到（95±3）%时保持当前温湿度下静置 6h。重复上述步骤直至交变循环次数达到 6 次，设置温湿度，温度达到（25±2）℃、相对湿度达到（70±3）%时保持当前温湿度，观察 1h。要求外壳不破裂、不漏液、不起火、不爆炸，绝缘性和耐压性能也要满足国家标准要求。

3. 高海拔绝缘性测试

高海拔绝缘性测试是针对电力储能用锂离子电池在高海拔地区使用时可能面临的绝缘性能挑战而设计的一项测试，主要目的是评估电池在高海拔条件下的绝缘性能，以确保电池在实际使用中不会发生短路、漏电等安全问题。高海拔地区由于空气稀薄，大气压力降低，可能导致电气设备的绝缘性能下降。因此，对于在这些地区使用的锂离子电池，进行高海拔绝缘性测试至关重要。测试通常包括在不同海拔下对电池的绝缘电阻等参数进行测量，以评估其绝缘性能是否满足要求，确保电池系统在高海拔环境下的可靠运行。

根据 GB/T 36276—2023，高海拔绝缘性测试对象是电池模块和电池簇。以电池模块为例，完成初始充电的电池模块置于低气压试验装置，将电池模块的正极、外部裸露可导电部分与绝缘耐压试验装置连接，关闭电池模块的绝缘电阻监测功能，按参数表设置气压值，在（25±2）℃下静置 6h，按规定参数施加电压，持续 1min，记录正极与外部裸露可导电部分绝缘电阻、试验电压，断开绝缘耐压试验装置与电池模块的连接；将电池模块的负极、外部裸露可导电部分与绝缘耐压试验装置连接，按规定参数施加电压，持续 1min，记录负极与外部裸露可导电部分绝缘电阻、试验电压，断开绝缘耐压试验装置与电池模块的连接，恢复至正常大气压，取出试验样品；分别计算正负极与外部裸露可导电部分绝缘电阻和电池模块标称电压的比值。测试过程中，需监测电池模块的绝缘电阻，并在特定的低气压值下持续特定时间，以评估其在高海拔条件下的绝缘性能。通过施加测试电压，并测量电池正负极与外部裸露可导电部分的绝缘电阻，测试确定电池模块的绝缘性是否满足标准要求。

4. 高海拔耐压性测试

高海拔环境的低气压和稀薄空气会降低电池绝缘性能，增加电气设备的击穿风险。这种环境可能导致锂离子电池面临击穿、短路或性能衰退的风险。高海拔耐压性测试目的是验证电池在模拟的高海拔、低气压环境中的电气安全性能，准确地评估电池在高海拔条件下的耐压能力，并及时发现潜在的安全隐患。

根据 GB/T 36276—2023，电池模块的高海拔耐压性测试按以下步骤执行：完成初始化充电的电池模块置于低气压试验装置中，将电池模块的正极、外部裸露可导电部分与绝缘耐压试验装置连接，依据试验样品最大应用海拔，设置试验气压值，在（25±2）℃下静置 6h，施加直流试验电压，以小于或等于 50%试验电压开始，10s 之内增加至试验电压并保持 60s，记录参数和现象，断开绝缘耐压试验装置与电池模块的连接；将电池模块的负极、外部裸露可导电部分与绝缘耐压试验装置连接，施加直流试验电压，以小于或等于 50%试验电压开始，10s 之内增加至试验电压并保持 60s，记录参数和现象，断开绝缘耐压试验装置与电池模块的连接；将电池模块的正极、外部裸露可导电部分与绝缘耐压试验装置连接，施加频率为 45～62Hz 的正弦交流试验电压，保持 60s，记录数据及现象，断开绝缘耐压试验装置与电池模块的连接；将电池模块的负极、外部裸露可导电部分与绝缘耐压试验装置连接，施加频率为 45～62Hz 的正弦交流试验电压，保持 60s，记录数据及现象，断开绝缘耐压试验装置与电池模块的连接，恢复至正常大气压，取出试验样品。要求不发生击穿或闪络现象，直流耐压漏电流小于 10mA。

测试过程详细规定了测试环境的温度、气压设定值，以及电压的施加方法。电池模块在规定的低气压和温度条件下静置，随后分别进行直流和交流耐压测试。测试要求电压从小于或等于 50%的试验电压开始逐步增加，直至达到规定的试验电压，并维持一定时间。此过程旨在模拟电池在实际使用中可能经历的压力变化，并确保电池能够在这些条件下安全运行，不发生电气击穿或闪络。此测试通过记录电池在测试过程中的电压、电流和温度变化，可以评估其耐压性能，从而确保电池在高海拔地区的使用安全。此外，测试还要求直流耐压漏电流小于 10mA，以确保电池的良好绝缘状态。这些严格的测试标准有助于防止高海拔使用环境对电池性能的潜在负面影响，确保电池在这些条件下的稳定和安全性能。

5. 加热测试

加热测试是评估锂离子电池在高温环境下的热稳定性和安全性能。通过模拟电池在极端高温条件下的工作状态，揭示电池在遭受过热时的反应和潜在安全风险，如热失控、短路、起火或爆炸等危险情况。

该测试在动力电池评测中常见。由于电动汽车中的动力电池在运行和充电过程中会产生热量，特别是在高温季节或长时间大功率输出时，电池温度可能急剧升高，如果电池无法承受这样的高温，就会发生热失控甚至爆炸等危险情况。因此，加热试验对于保障电动汽车动力电池的安全至关重要。而对于储能电池，虽然其在使用过程中也可能面临高温环境的挑战，但实际上储能电站储能集装箱内都配有温度调节系统，相对于电动汽车动力电池来说，储能电池对高温运行环境的要求相对较低。因此，在 GB/T 36276—2023 中并没有像 GB 38031—2025 那样有明确的加热试验要求。

根据 GB 38031—2025，锂离子电池单体充电后放入温度箱加热，温度箱会以 5℃/min 的速率升温至 130℃，该温度远超过常规使用环境下的温度，是对电池耐高温性能的严峻考验。在达到目标温度后，电池需要在此高温下保持 30min。此步骤旨在观察电池在持续高温下的稳定性和安全性。试验的关键在于观察电池在极端条件下的反应。国家标准明确要求，在加热测试后，电池应不起火、不爆炸，这是评判电池安全性的重要指标。若电池在此测试中发生起火或爆炸，将直接判定为不合格，因为这意味着在实际使用中，一旦电池遇到高温环境，可能会引发安全事故。完成高温加热测试后，还需要在试验环境温度下对电池进行 1h 的观察。此步骤是为了确认电池在经历高温后的稳定性和恢复能力。若在此阶段电池未出现起火或爆炸等，则可认为电池通过这项安全测试。该测试项目通过模拟极端高温环境来检验电池的稳定性和安全性，确保电动汽车用动力蓄电池在实际使用中的可靠性。

6. 温度循环测试

温度循环试验用于评估电池系统在不同温度条件下或环境温度快速变化时的可靠性，模拟电池在实际使用中可能经历的温度变化，特别是在极端气候条件下的应用。

根据 GB 38031—2025，温度循环试验的具体步骤包括将充电后的电池放入温度箱中，并按照规定的温度和温度变化速率进行调节。在此过程中，电池会经历室温—低温—室温—高温—室温的循环，以模拟日常使用中的温度变化。整个试验共循环 5 次，并在试验结束后对电池进行 1h 的观察，电池应不起火、不爆炸。该测试详细列出温度循环试验中各个阶段的温度和时间参数，以及温度变化速率，旨在模拟实际使用中可能遇到的温度变化情况，并确保试验的有效性和可重复性。通过严格的温度循环试验，可以筛查出潜在的安全隐患，确保电池在实际使用中的安全性。

2.3.4　热安全性能测试

1. 绝热温升特性测试

绝热温升特性测试用于评估锂离子电池在绝热（即无热交换）条件下的温升

特性，以了解其在不同温度条件下的热行为和安全性能，从而避免热失控、起火或爆炸等危险情况的发生。在绝热温升测试中，电池单体样品被放置在特制的绝热模拟装置内，以确保测试过程中电池与环境之间几乎没有热交换。测试过程中，电池会经历一系列预定的加热步骤，从初始温度逐渐升温至设定的终止温度。在每个温度阶段，电池都会保持一段时间以达到热平衡，并记录其表面温度和温升速率。此测试的关键在于模拟电池在极端条件下的热行为，特别是当电池内部发生异常放热反应时。通过监测电池的温升情况和温升速率，可评估电池的热稳定性和安全性能。

绝热温升测试常用加速绝热量热仪（ARC）装置进行测试。ARC 可以保持反应样品在绝热条件下进行加热，直到 ARC 检测到放热反应。ARC 量热法用于热失控评估，以提供绝热条件下放热反应的瞬态温度和压力数据，可直接测量热失控下电池的放热起始温度（T_{onset}）、最高温度（$T_{\max}$）、高压釜最大压力（$P_{\max}$）、高压釜最终压力（P_{final}）和最大速率时间（TMR）的数据。通过绝热量热法中加热-等待-搜索的逻辑，放热反应通常被定义为当 ARC 获取的数据大于 0.02℃/min 的阈值自热速率时触发热失控加速模式[51]。

根据 GB/T 36276—2023，绝热温升特性试验按以下步骤进行：完成初始化充电的电池单体置于绝热模拟装置内，连接温度数据采样线，设置绝热模拟装置试验起始温度为 40℃、试验温升步长为 5℃、试验终止温度为 130℃、温度数据采样周期为 0.01min；加热试验样品至表面温度达到 40℃时保持当前温度，静置 5h，记录时间和温度；继续加热试验样品至表面温度达到 45℃时保持当前温度，静置 1h，记录时间和温度；控制试验装置恒定当前温度 20min，记录时间、温度，计算温升速率；以 5℃为步长逐次递增试验样品表面温度至 130℃，停止加热，待试验样品表面温度恢复至室温，拆除数据采样线取出样品。要求电池单体绝热温升特性要满足下列要求：表面温度小于或等于电池单体高温一级报警温度时，温升速率小于 0.02℃/min；不起火、不爆炸，不在防爆阀或泄压点之外的位置发生破裂。

2. 热失控性能测试

热失控性能测试是以不同的触发方式来引发热失控，主要模拟电池在极端条件下（如高温、过充电、短路等）可能出现的热失控现象，以评估电池的热稳定性和安全性能。在热失控性能测试中，通常需要将电池置于热失控装置中，通过预设的触发条件引发电池内部的异常放热反应，观察电池的温度、电压、电流等参数的变化情况。热失控性能测试的主要目的是检测电池在极端条件下的安全性能，包括电池的耐热性能、热失控扩散的阻止能力以及热失控后的安全性等。通过测试，可以了解电池在不同条件下的热行为特征，如热失控的触发温度、热失控过程中的温升速率、热失控扩散的速率等，从而为电池的安全设计和热管理提供重要参考。此外，热失控性能测试还可以用于评估不同类型、不同规格电池的安全性能差异，以及电池在不同应用场景下的安全性能表现。

在 GB/T 36276—2023 中，电池单体的热失控试验分为初始热失控性能试验和循环后热失控性能试验。测试方法：完成初始化充电的电池置于热失控试验装置中，根据电池额定放电能量选取对应的加热部件功率，将加热部件和温度传感器布置于样品表面，设置温度采样周期为 1s，设定连续监测到三个温升速率值均≥3℃/s 或起火或爆炸为发生热失控的判定条件；连接试验样品与充放电装置及其电压数据采样线；恒流充电，启动加热，记录试验数据和现象，触发发生热失控的判定条件或温度达到 300℃或试验时间达到 4h 时，停止充电和加热，观察 1h，记录试验数据和现象。要求电池在全寿命周期内，热失控时表面温度应大于 90℃，热失控后应不起火、不爆炸，不应在防爆阀或泄压点之外的位置发生破裂。

GB/T 36276—2023 中首次加入了对循环后电池单体进行热失控性能试验的要求。主要是为更全面地模拟电池在实际使用过程中的状态，充分考虑电池在经历多次充放电循环后可能出现的性能变化和安全隐患。通过循环后热失控测试，可以更准确地评估电池在长期使用过程中的安全性能，及时发现并解决潜在的安全问题，从而提升电力储能系统的整体安全性和可靠性。这也是新国家标准对电池安全性能把控的重要补充和完善。

3. 热失控扩散性能测试

热失控扩散性能测试旨在评估电池模块在某一电池单体发生热失控时，观察热失控是否会蔓延进而造成整个模组甚至电池系统的起火或者爆炸。该试验主要关注两个方面的安全性能：①热失控扩散的阻止能力。要求电池模块内任一电池单体温度升高后，不能触发其他电池单体发生热失控。②整体安全性。在热失控条件下，电池模块应不起火、不爆炸，并且需要满足绝缘性能要求。这些要求确保在极端情况下电池模块仍能保持基本的安全性能。良好的模组设计可以有效地抑制电池热量在单体之间传递，使热失控只局限在一个或者相邻几个电池单体内，不会导致整个模组的起火或者爆炸。在储能电池系统中，电池单体发生热失控释放大量的热量，并通过对流、辐射、传导等形式将热传递到相邻电池，当触发电池周围的电池温度达到热失控触发温度时，即发生热失控扩散。

在 GB/T 36276—2023 中，电池模块的热失控扩散试验方法如下：完成初始化充电的电池置于热失控试验装置中，以电池模块中心位置的电池单体或最小并联单元作为热失控触发对象，将正负极与充放电装置及电压数据采样线连接，并保持热失控触发对象与相邻电池的电气连接；将温度传感器布置于触发对象所有电池单体的表面与正负极柱等距且离正负极柱最近的位置，设置温度采样周期为1s，设置连续监测到三个温升速率值均≥3℃/s 或起火或爆炸为发生热失控的判定条件；以与触发对象相邻的两个电池单体为热失控监测对象，将温度传感器布置于紧邻触发对象的监测对象表面的对侧中心位置或监测对象正负极柱所在表面且与正负极柱等距的位置；以触发对象的额定功率与其标称电压的比值作为电流值对触发对象进行恒流充电，记录触发对象的时间、电压、温度等参数，记录监测对象的时间、电压、温度等参数，记录电池模块的试验现象；当触发对象所有电池单体达到热失控的判定条件或温度达到300℃或试验时间达到4h时或监测对象达到发生热失控的判定条件时，停止充电，观察1h，记录试验数据和现象。该试验要求是电池模块内任一电池单体温度升高后，不能触发其他电池单体发生热失控，应不起火、不爆炸，且满足绝缘性能要求。其中，对电池模块热失控扩散试验后，要求电池模块仍满足绝缘性要求。这主要是为确保电池模块在经历热失控扩散试验后仍能保持良好的安全性能，需要在电池模块中电池单体之间以及电池单体与其他组件之间需要保持良好的绝缘，以防止电流泄漏或短路，避免发生安全事故。

4. 外部火烧测试

外部火烧测试是将样品直接暴露在火焰下或者模拟电池起火状态以评估起火时的安全性能。在动力电池领域，测试对象主要为电池包或系统，模拟电动汽车在实际发生交通事故、其他条件下因线路短路或燃油泄漏着火时的情况。

根据GB 38031—2025，试验环境为0℃以上，风速不大于2.5km/h，测试中使用汽油为燃烧源，盛放汽油的平盘尺寸超过测试对象水平尺寸 20cm，不超过50cm，平盘高度不高于汽油表面8cm。试验对象居中放置。汽油液面与试验对象底部的距离设定为50cm，或者为车辆空载状态下试验对象底面的离地高度。平盘底层注入水。在距试验对象至少3m远的地方点燃汽油，60s预热后，将油盘置于试验对象下方，使试验对象直接暴露在火焰下70s。之后将耐火隔板盖在油盘上，使试验对象在该状态下测试60s或继续直接暴露在火焰中60s。最后将油盘或试验对象移开，在试验环境温度下观察2h或试验对象外表面温度降到45℃以下。要求试验样品不爆炸。

该测试通过设置严格的环境条件和操作流程，如确保测试环境的温度和风速控制，使用汽油作为燃烧源，精确设定汽油平盘和测试对象之间的空间关系，以及明确火焰暴露时间，旨在确保测试的准确性和可重复性。在测试中，电池包或系统直接置于火焰之下，通过观察其在火焰作用下的反应和状况，能够评估其在高温环境中的热稳定性和结构完整性。此项测试的关键是观察电池是否能够承受长时间的高温暴露而不发生爆炸或其他严重热失控事件，为评估电池在实际火灾情况下的安全性提供实验依据。

进行外部火烧测试不仅有助于理解电池在极端热应激条件下的行为和安全阈值，还有助于电池制造商和电动汽车设计师评估和提升产品的安全性，确保在遇到类似实际火灾情况时能够最大限度地降低安全风险。

2.3.5　小结

本节探讨了锂离子电池安全性评估的多维度测试技术，全面梳理了电气安全性能测试、机械安全性能测试、环境安全性能测试和热安全性能测试等关键技术。不仅涵盖电池的充放电性能、物理机械稳定性、环境适应性和热稳定性等多个维度，而且强调了在极端条件下电池的安全表现，体现锂离子电池安全性评估的全面性和严格性。

电池安全性测试的核心目的是预防和控制安全风险，确保锂离子电池安全运行，预防安全事故发生。正是此类严格的测试评价技术，使得锂离子电池能够在电动汽车、储能系统等关键领域得到广泛应用。同时，此类测试技术的应用与实施都离不开统一、规范的标准体系，以确保测试结果的准确性和可比性。此外，锂离子电池的研发、生产及应用的每一环节，都需要明确的检测标准来确保其安全性与性能。因此，2.4 节我们将聚焦国内外锂离子电池的检测标准，通过深入剖析为读者构建一个更为全面而深入的视角。

2.4　国内外锂离子电池测试标准分析

近年来，锂离子电池因其高能量密度、大放电倍率及成本持续降低等多重优势，在全球新型储能和新能源汽车领域中得到广泛应用和快速发展。这种发展势头也推动了相关标准的不断更新和完善。目前，国内外已有众多组织、协会或机构在锂离子电池相关标准方面开展深入研究，建立锂离子电池测试评价标准体系。

在国内，中国电子技术标准化研究院、全国信息技术标准化技术委员会、中国电力科学研究院有限公司等是锂离子电池标准研究的主要力量。标准对象覆盖电池单体、电池模块、电池包和电池系统等多个层面，建立了一套完整的国家标准体系。国内针对锂离子电池安全性能的标准在 2015 年之前主要涵盖消费电池和动力电池两大领域，包括 GB/T 18287—2013《移动电话用锂离子蓄电池及蓄电池组总规范》、GB/T 31486—2015《电动汽车用动力蓄电池电性能要求及试验方法》和 GB/T 31484—2015《电动汽车用动力蓄电池循环寿命要求及试验方法》等。但当时针对电力储能用锂离子电池的专门标准在国内外尚属空白。

鉴于此，中国电力科学研究院有限公司依托相关科技项目开展了储能锂离子电池安全性能研究，于 2015 年启动《电力储能用锂离子电池》标准的准备及调研工作，旨在为电力储能领域提供统一的技术规范。经过三年的深入研究和广泛征求行业意见，2018 年正式发布了 GB/T 36276—2018《电力储能用锂离子电池》。该标准系统规范了电力储能用锂离子电池单体、电池模块及电池簇的技术要求与测试方法，填补了当时国内储能用锂离子电池安全标准的空白，为储能领域的安全运营提供重要指导。随着该标准的实施和储能技术的不断进步，为了适应行业发展的新需求，2023 年对原有标准进行修订，发布了更新版的 GB/T 36276—2023，以确保标准的前瞻性和实用性，更好地指导电力储能用锂离子电池的安全应用和发展。

国际上，国际标准化组织（ISO）、国际电工委员会（IEC）和联合国危险货物运输专家委员会等国际性组织在锂离子电池相关标准的制定方面发挥着重要作用。同时，美国、欧洲等国家和地区也制定了自己的标准体系，如美国的 SAE 标准和 UL 标准、德国的 VDA 标准等。这些标准为验证电池是否达到要求提供全面指导。

通过对国内外锂离子电池标准的综合分析，我们不仅能够更深入地理解电池安全性的重要性，还能促进国际间的技术交流和标准一致性，共同推进锂离子电池技术的健康、安全和可持续发展。

2.4.1 国内锂离子电池测试标准分析

我国锂离子电池测试与评价标准制定虽然相较于国际起步稍晚，但近年发展势头强劲，已经在电池术语、测试方法以及安全性能等方面达到与国外相近甚至更优的水平。国内已经成功建立一套全面而细致的锂离子电池测试标准体系，不仅涉及电池的基本性能和安全要求，还针对不同应用环境和交通工具制定了专门的技术规范。无论是在电力储能、电动汽车领域，还是在便携式电子产品和宇航等高新技术领域，都有相应的国家标准来确保电池的安全性和可靠性。这些国家标准的制定和实施，为锂离子电池的安全性测试与评价提供统一、规范的指导原则，确保不同厂商、不同技术路线下的电池产品在安全性方面具备可比性。

目前，国内主要的锂离子电池国家标准见表 2-3，既包括强制性标准，也有推荐性标准，共同构成锂离子电池测试与评价的坚实基础。这些标准充分考虑了不同应用场景的特殊需求，涵盖电动汽车、电力储能、电子设备、交通工具及民用航空等多个重要行业，不仅为锂离子电池的安全性和性能提供了统一的、明确的测试与评价依据，还在推动技术创新和市场发展方面发挥着至关重要的作用。接下来，我们将深入分析其中几项核心标准，以更全面地理解国家标准如何为锂离子电池行业的健康发展保驾护航。

表 2-3　国内锂离子电池领域主要的国家标准

序号	标准号	标准名称
1	GB/T 36276—2023	电力储能用锂离子电池
2	GB/T 43540—2023	电力储能用锂离子电池退役技术要求
3	GB 38031—2020	电动汽车用动力蓄电池安全要求
4	GB 31241—2022	便携式电子产品用锂离子电池和电池组 安全技术规范
5	GB 40165—2021	固定式电子设备用锂离子电池和电池组 安全技术规范
6	GB/T 36972—2018	电动自行车用锂离子蓄电池
7	GB 21966—2008	锂原电池和蓄电池在运输中的安全要求
8	GB/T 31484—2015	电动汽车用动力蓄电池循环寿命要求及试验方法
9	GB/T 31486—2024	电动汽车用动力蓄电池电性能要求及试验方法
10	GB/T 40559—2024	电动平衡车、滑板车用锂离子电池和电池组 安全技术规范
11	GB/T 36672—2018	电动摩托车和电动轻便摩托车用锂离子电池
12	GB/T 42635—2023	空间用锂离子蓄电池通用规范
13	GB/T 13603—2023	船舶蓄电池装置
14	GB/T 38314—2019	宇航用锂离子蓄电池组设计与验证要求
15	GB/T 18287—2013	移动电话用锂离子蓄电池及蓄电池组总规范

1. GB/T 36276—2023《电力储能用锂离子电池》

为了统一并规范电力储能用锂离子电池在全生命周期中的各个环节，确保锂离子电池在电力储能应用中的安全性和可靠性，国家市场监督管理总局和国家标准化管理委员会于 2018 年 6 月 7 日发布 GB/T 36276—2018《电力储能用锂离子电池》，并于 2019 年 1 月 1 日正式实施。该标准由中国电力科学研究院有限公司牵头起草制定，是国内首个针对电力储能用锂离子电池性能测试技术要求的规定，为行业树立了明确的技术标杆。随着时间的推移和技术的进步，为了进一步适应电力储能用锂离子电池市场需求，提高标准的时效性和适用性，2021 年中国电力科学研究院有限公司牵头对该国家标准进行修订，GB/T 36276—2023《电力储能用锂离子电池》于 2023 年 12 月 28 日正式发布，替代 GB/T 36276—2018。该标准归口于全国电力储能标准化技术委员会，是对原有标准的修订和升级，吸纳了最新行业经验，适用于电力储能用锂离子电池设计、制造、试验、检测、运行、维护和维修，以确保电力储能用锂离子电池的性能和安全性能够持续满足行业发展的要求。

GB/T 36276—2023 对锂离子电池单体、电池模块和电池簇进行了明确的规定，主要包括外观、尺寸和质量、电性能、环境适应性、耐久性、安全性能等要求，并描述了相应的试验方法和考核指标。具体试验项目包括：①外观、尺寸和质量：对电池的外观、尺寸和质量进行规定，确保电池符合设计要求；②电性能：包括电池的初始充放电性能、功率特性、倍率充放电性能、能量保持与能量恢复能力等电学指标，以确保电池具有良好的电化学性能；③环境适应性：考察电池在不同环境条件下的性能表现，如高低温适应性、高海拔初始充放电性能等；④耐久性：通过贮存性能试验、循环性能试验评估电池的耐久性和长期使用性能；⑤安全性能：对电池进行电气安全性能试验、机械安全性能试验、环境安全性能试验和热安全性能试验，如过充电、过放电、短路、针刺、挤压等滥用条件下的安全性能表现，确保电池在各种极端情况下都能保持安全。此外，该标准还规定了分类和编码、正常工作环境、检验规则、标志、包装、运输和储存等内容。

1）标准的主要变化

GB/T 36276—2023 相较于 GB/T 36276—2018，在内容结构、技术要求以及试验方法等方面均有显著的优化和更新，以适应电力储能技术的快速发展和市场需求的变化。具体变化见表 2-4～表 2-7。

表 2-4 整体主要变化

	GB/T 36276—2018	GB/T 36276—2023
术语和定义	列出 33 项术语和定义	删除与 DL/T 2528 重复的内容
型式试验电池单体数量及试验项目数量	28 个样品，19 项试验	33 个样品，18 项试验
型式试验电池模块数量及试验项目数量	8 个样品，19 项试验	11 个样品，23 项试验
型式试验电池簇数量及试验项目数量	1 个样品，4 项试验	1 个样品，6 项试验
编码规则	只体现电池额定能量和功率等 8 项信息	新增电池正/负极材料、电解质类型、壳体类型、电池层级、电池型号等信息

表 2-5 电池单体检测项目主要变化

<table>
<tr><th>GB/T 36276—2018</th><th>GB/T 36276—2023</th><th>试验方法变化</th><th>技术要求变化</th></tr>
<tr><td>外观检验</td><td rowspan="3">外观、尺寸和质量</td><td rowspan="3">测量步骤、所用测量仪器及要求更详细，并给出对应计算公式</td><td rowspan="3">①增加尺寸和质量的偏差要求；②增加体积能量密度和质量能量密度要求</td></tr>
<tr><td>极性检测</td></tr>
<tr><td>外形尺寸和质量测量</td></tr>
<tr><td rowspan="3">初始充放电能量试验</td><td>25℃初始充放电性能试验</td><td>循环 3 次改为循环 1 次</td><td>①能量效率由≥90%提高到≥93%；②极差由≤6%提高到≤4%</td></tr>
<tr><td>45℃初始充放电性能试验</td><td>新增项</td><td>能量效率≥93%</td></tr>
<tr><td>5℃初始充放电性能试验</td><td>新增项</td><td>能量效率≥80%</td></tr>
</table>

续表

GB/T 36276—2018	GB/T 36276—2023	试验方法变化	技术要求变化
—	高海拔初始充放电性能试验	新增项	①初始充/放电能量≥额定充/放电能量；②能量效率≥93%
—	功率特性试验	新增项	①不同充放电功率下充/放电能量≥额定充/放电能量；②能量效率≥93%
倍率充放电性能试验	倍率充放电性能试验	①不再区分能量型电池和功率型电池；②充放电倍率有变化	$2P$ 恒功率充放电能量效率由 85%提高到≥90%
能量保持与能量恢复能力试验	能量保持与能量恢复能力试验	①删除室温下的能量保持与能量恢复能力试验，仅做 45℃下的；②放置时间由 7 天延长到 30 天	①能量保持率由≥90%提高到≥95%；②充/放电能量恢复率由≥92%提高到≥95%
高温充放电性能试验	高温适应性试验	①由初始化放电改为初始化充电；②静置温度由（45±2）℃调整为（50±2）℃；③静置时间延长到 24h	①充/放电能量≥额定充/放电能量；②能量效率由≥90%改为≥93%
低温充放电性能试验	低温适应性试验	①不再区分能量型电池和功率型电池；②由初始化放电改为初始化充电；③低温温度由（5±2）℃改为（−30±2）℃；④静置时间延长到 24h	①充/放电能量≥额定充/放电能量；②能量效率由≥75%改为≥93%
储存性能试验	贮存性能试验	①储存环境温度由（45±2）℃改为（50±2）℃；②储存时长由 28 天改为 30 天	充/放电能量恢复率由≥90%增大到≥96.5%
循环性能试验	循环性能试验	①不再区分能量型电池和功率型电池；②循环温度由 25℃改为 45℃	①单次循环充/放电能量损失平均值≤基于额定充/放电能量的单次循环充/放电能量损失平均值；②充放电循环能量效率极差≤2%
过充电试验	过充电性能试验	—	增加要求：不在防爆阀或泄压点之外的位置发生破裂
过放电试验	过放电性能试验	放电至电压达到 0V 或时间达到 90min，改为电压达到 0V 或时间达到 1h	增加要求：不在防爆阀或泄压点之外的位置发生破裂
—	过载性能试验	新增项	不漏液、不冒烟、不起火、不爆炸，不在防爆阀或泄压点之外的位置发生破裂
短路试验	短路性能试验	外部线路电阻≤5mΩ，改为≤1.0mΩ	增加要求：不在防爆阀或泄压点之外的位置发生破裂
挤压试验	挤压性能试验	电压达到 0V 或变形量达到 30%或挤压力达到 13kN，改为挤压力达到 50kN	要求更严格：不漏液、不冒烟、不起火、不爆炸，不在防爆阀或泄压点之外的位置发生破裂
跌落试验	跌落性能试验	—	增加要求：不冒烟、不在防爆阀或泄压点之外的位置发生破裂
低气压试验	—	删除	—
加热试验	—	删除	—

续表

GB/T 36276—2018	GB/T 36276—2023	试验方法变化	技术要求变化
绝热温升试验	绝热温升特性试验	加热幅度每 10℃恒温 20min，改为以 5℃为步长加热样品，至表面温度时，保持当前温度，静置 1h	①表面温度≤电池单体高温一级报警温度时，温升速率<0.02℃/min；②不起火、不爆炸，不在防爆阀或泄压点之外的位置发生破裂
热失控试验	热失控性能试验	①初始化充电后，1C 充电 12min，再加热，更改为初始化充电后，恒流充电时同步加热；②热失控条件发生变化；③增加循环后热失控性能试验	①热失控时表面温度>90℃；②增加热失控后要求：不在防爆阀或泄压点之外的位置发生破裂

表 2-6　电池模块检测项目主要变化

GB/T 36276—2018	GB/T 36276—2023	试验方法变化	技术要求变化
外观检验	外观、尺寸和质量	测量步骤、所用测量仪器及要求更详细，并给出对应计算公式	①增加尺寸和质量的偏差要求；②增加体积能量密度和质量能量密度要求
极性检测			
外形尺寸和质量测量			
初始充放电能量试验	25℃初始充放电性能试验	循环 3 次改为循环 1 次	①能量效率由≥93%提高到≥94%；②极差由≤7%提高到≤4.5%
	45℃初始充放电性能试验	新增项	能量效率≥94%
	5℃初始充放电性能试验	新增项	能量效率≥85%
—	功率特性试验	新增项	①不同充放电功率下充/放电能量≥额定充/放电能量；②能量效率≥94%
倍率充放电性能试验	倍率充放电性能试验	①不再区分能量型电池和功率型电池；②充放电倍率有变化，不再有 4*P* 充放电	①2*P* 充电能量相对于 *P* 充电能量保持率≥98.5%；②2*P* 放电能量相对于 *P* 放电能量保持率≥97.5%；③2*P* 充放电能量效率≥90%
能量保持与能量恢复能力试验	能量保持与能量恢复能力试验	①删除室温下的能量保持与能量恢复能力试验，仅做 45℃下的；②放置时间由 7 天延长到 30 天	①能量保持率由≥90%提高到≥95%；②充/放电能量恢复率由≥92%提高到≥95%
高温充放电性能试验	高温适应性试验	①由初始化放电改为初始化充电；②静置温度由（45±2）℃调整为（50±2）℃；③静置时间延长到 24h	①充/放电能量≥额定充/放电能量；②能量效率由≥90%改为≥94%
低温充放电性能试验	低温适应性试验	①不再区分能量型电池和功率型电池；②由初始化放电改为初始化充电；③低温温度由（5±2）℃改为（−30±2）℃；④静置时间延长到 24h	①充/放电能量≥额定充/放电能量；②能量效率由≥75%改为≥94%

续表

GB/T 36276—2018	GB/T 36276—2023	试验方法变化	技术要求变化
储存性能试验	贮存性能试验	①储存温度由（45±2）℃改为（50±2）℃；②储存时长由28天改为30天	充/放电能量恢复率由≥90%增大到≥97%
循环性能试验	循环性能试验	①不再区分能量型电池和功率型电池；②循环温度由25℃改为45℃	①单次循环充/放电能量损失平均值≤基于额定充/放电能量的单次循环充/放电能量损失平均值；②充放电循环能量效率极差≤2%；③充电结束时电池单体电压极差平均值≤250mV；④放电结束时电池单体电压极差平均值≤350mV
绝缘性能试验	绝缘性能试验	试验电压增大到2500V	不变
耐压性能试验	耐压性能试验	耐压性能试验电压提高	增加直流耐压漏电流应＜10mA
—	高海拔绝缘性能试验	新增项	高海拔下满足绝缘性能试验要求
—	高海拔耐压性能试验	新增项	高海拔下满足耐压性能试验要求
过充电试验	过充电性能试验	不变	不变
过放电试验	过放电性能试验	放电至电压达到0V或时间达到90min，改为电压达到0V或时间达到1h	增加要求：应不漏液、不冒烟
—	过载性能试验	新增项	不漏液、不冒烟、不起火、不爆炸
短路试验	短路性能试验	试验步骤及参数更详细	不起火、不爆炸
挤压试验	挤压性能试验	变形量达到30%或挤压力13kN，改为挤压力达到50kN	要求更严格：不漏液、不冒烟、不起火、不爆炸
跌落试验	跌落性能试验	跌落高度由1.2m改为2m	不起火、不爆炸
—	振动性能试验	新增项	不漏液、不冒烟、不起火、不爆炸，绝缘性和耐压性满足要求
—	液冷管路耐压性能试验	新增项	内压强达到最大工作压强的1.2倍时静置1min，管路不破裂、气压降≤最大工作压强的0.1%
盐雾与高温高湿试验	盐雾性能试验	明确在35℃下喷雾；明确在湿度50%下储存	增加绝缘性和耐压性需要满足要求
	交变湿热性能试验	恒定湿热变为交变湿热	增加绝缘性和耐压性需要满足要求
热失控扩散试验	热失控扩散性能试验	加热和过充电两种触发方式变为过充电触发热失控	不应触发其他电池单体发生热失控，且绝缘性满足要求

表 2-7 电池簇检测项目主要变化

GB/T 36276—2018	GB/T 36276—2023	试验方法变化	技术要求变化
外观检验	外观、尺寸检验	测量步骤更详细，并给出对应计算公式	①增加尺寸绝对偏差要求；②增加体积能量密度的要求
—	报警和保护功能试验	新增项	电压、电流、温度等参数达到报警值时，应发出报警信号并执行相关保护动作
初始充放电能量试验	初始充放电性能试验	循环 3 次改为循环 1 次	①能量效率由≥92%提高到≥95%；②充电结束时电池单体电压极差≤250mV、温度极差≤6℃；③放电结束时电池单体电压极差≤300mV、温度极差≤6℃；④充/放电结束时电池模块电压极差≤模块标称电压的 5%
绝缘性能试验	绝缘性能试验	细节变化	不变
耐压性能试验	耐压性能试验	电压提高	增加直流耐压漏电流应＜10mA
—	高海拔绝缘性能试验	新增项	高海拔下满足绝缘性能试验要求
—	高海拔耐压性能试验	新增项	高海拔下满足耐压性能试验要求
—	液冷管路耐压性能试验	新增项	内压强达到最大工作压强的 1.2 倍时静置 1min，管路不破裂、气压降≤最大工作压强的 0.2%

从结构布局上来看，GB/T 36276—2023 对章节进行了重新划分，使得整体内容更加清晰、条理分明，整合和重命名原有章节，如将“一般要求”和“基本性能”等合并为更为具体的性能要求章节。

在技术要求方面，新国家标准删除部分与当前技术发展不相适应的内容，如“功率型电池”和“加热”等，体现了标准的时效性和前瞻性。同时，新增“功率特性”“高温适应性”“低温适应性”“过载性能”等技术要求，以更全面地反映电力储能用锂离子电池的性能需求。这些技术要求的调整和完善，不仅有助于提升电池产品的整体性能，也为电力系统的稳定运行提供有力保障。

在试验方法方面，新国家标准也进行了全面的优化和升级。例如，对“盐雾与高温高湿试验”进行拆分和细化，改为“盐雾性能试验”和“交变湿热性能试验”等新的试验方法，以更真实地模拟电池在实际使用环境中可能遇到的恶劣条件。同时，新国家标准还明确了各项试验的考核指标和评判标准，为电池的质量控制提供更为客观、准确的依据。

此外，新国家标准还详细规定了锂离子电池单体、电池模块和电池簇的各项性能指标及其相应的试验方法。不仅涵盖电池的初始充放电性能、功率特性等电学指标，还包括电池在不同环境条件下的适应性、耐久性以及安全性能等方面的要求。这些全面细致的规定，为电力储能用锂离子电池的设计、制造、试验、检测等各个环节提供了明确的技术指导和规范。

2）GB/T 36276—2023 要点解读

（1）适用范围明确。

GB/T 36276—2023 明确指出，其适用范围包括电力储能用锂离子电池的全生命周期，包括设计、制造、试验、检测、运行维护和检修等环节。此规定强调产品设计和制造过程中必须充分考虑电力应用的具体需求，确保电池产品能够适应电力系统的运行环境和条件。这种以应用需求为导向的方法有助于提升电池产品的性能、可靠性和安全性，以更好地满足电力储能系统的实际运行需求。

（2）编码规范完善。

在编码方面，新国家标准也在旧版的基础上进行了重要补充和完善。此改进不仅增强产品信息的透明度和可追溯性，还通过详细的编码方式，公开包括电池的材料体系、电解质的类型等关键信息。现在，无论是液态、固态还是固液混合的电解质类型，都可以在标准中进行明确标注，这为包括固态锂电池体系在内的不同类型的锂电池提供了统一的衡量和应用标准。此编码体系不仅有助于用户更准确地了解和选择适合的电池产品，同时也为行业的规范化和标准化发展奠定坚实的基础。

（3）规格参数精细。

在产品的规格参数设定方面，新国家标准进行了详尽的规范。相较于旧版，新国家标准在参数要求上更为细化和明确，覆盖功率、能量以及循环次数等关键性能指标。重点强化电池在不同层级下工作参数的限值要求，如温度、电压、电压差值以及温度差值等。这些参数在何时触发告警、何时执行限制性动作，以及何时必须启动切断保护，均进行了明确的分级（一、二、三级）控制，以确保电池在各种工作状态下都能得到精准且安全的管理。该设定有助于及时应对潜在的安全风险，防止事故扩大，同时也为储能电池的安全管理提供更为具体的操作指南。通过分级别的参数控制，可以更有效地对电池进行管理和保护，从而降低电池在运行过程中可能出现的安全风险。

（4）尺寸和质量精确。

在尺寸和质量方面，新国家标准对尺寸和质量的偏差控制设定了更高的标准，体现了储能电池作为规模化生产的标准工业产品，其制造能力和水平的重要性。精确的尺寸和质量偏差控制不仅关乎产品的适用性和标准化，更是制造精度、工艺稳定性和质量控制能力的直接体现。这些高标准要求将有助于推动储能电池行业的技术进步和产业升级，确保电池产品在安全性和可靠性方面达到更高的水平。

（5）全生命周期的功率和能量。

在功率和能量的定义上，新国家标准严格遵循 DL/T 2528—2022《电力储能基本术语》的规定。该术语标准对电池的充放电功率、时间及能量都有着清晰明确的界定。新国家标准强调，一旦储能电池的额定功率和额定能量被定义或设定，这些参数就必须在电池的全寿命周期内得到满足，并保证电池能持续稳定运行。此要求相较于之前的版本是一个显著的变化，突出了额定功率和额定容量在全生命周期内的稳定性和持久性。如果电池在全生命周期内无法满足这些设定参数，它们就不能被称为额定功率或额定容量。此修订旨在确保储能电池的性能和可靠性，以满足电力储能系统的长期运行需求。

（6）新增功率特性检验。

新国家标准通过新增功率特性检验项目，为储能电池的性能评估提供更为全面的标准。该标准专门针对电池在不同功率条件下的能量进行标定，使得同一款电池或同一个型号的产品能够根据市场需求或客户的特定需求，明确在小于额定功率条件下产品所对应的能量值。该新增项目的实施，不仅有助于提升产品的透明度和可比性，也为制造商和用户提供更为明确的产品性能参考，从而推动电力储能行业的健康发展。

（7）能量效率提升。

新国家标准在能量效率方面提出更高要求，其提升是基于应用需求，而非仅关注某个具体产品。从单体到模块再到簇，效率要求是递增的，这实际上是基于整个储能电站效率的需求来倒推各个层级的效率。通常期望储能电站效率可以达到 90%以上，因此需要从整体角度倒推电池系统、电池簇等各个层级的效率设定，以保证整体效率目标的实现。一方面，通过设定较高的电池簇能量效率（如 95%）来确保整体效率的实现。另一方面，对于电池模块和电池单体，设定了相对较低的效率要求，主要是出于多重考虑。首先，可以引导电池系统的设计，使工作参数从单体到系统层层压缩，以保证储能电站的安全性、寿命和效率。其次，对于部件层级的模块和单体，适当放宽效率要求和工作参数范围，可为工作参数设定更宽的范围。这样的设定旨在确保储能电站的整体运行效果，并在全寿命周期内和特定运行条件下充分挖掘储能电池的潜力。

（8）循环性能考核更全面。

在循环性能方面，相较于 2018 年版的国家标准只关注能量保持率，新国家标准从实际应用角度出发，遵从术语标准的规定，并按照全寿命周期保证额定值的原则，对循环性能的要求和检验方法进行重新设定。新国家标准将额定功率条件下的循环次数确立为储能电池产品的关键设计值。此设计值与额定功率和额定能量紧密相连。它要求企业宣称的循环次数必须经得起实际检验，从而在一定程度上杜绝过去盲目宣称或承诺循环次数而无法验证的问题。此外，新国家标准在循环性能检验过程中还引入类似于功率特性的检验项目。对于同款产品，新国家标准会推算不同能量对应的标称循环次数。例如，如果额定能量为 100W·h 的产品希望定义到 80W·h，其对应的标称循环次数会有所提升。通过实际检验，可以推算出这一提升后的具体数值。此方法在一定程度上解决了同款产品设定不同的能量值时如何检验标定的问题，使得产品的性能更为透明和可比。

（9）安全性要求更高。

在安全与可靠性方面，新国家标准明确规定在进行所有安全性能检验项目以及其他性能检验项目的过程中，电池不应在防爆阀或泄压点之外的位置发生破裂。此规定对硬壳电池和软包电池同样适用，即硬壳电池在防爆阀之外、软包电池在泄压点之外若发生破裂，将被视为设计或制造存在问题，并直接导致检验结果不合格。这种细化要求无疑对储能电池的安全设计制造提出更高的要求，它强调电池结构的完整性和安全性。为满足这一要求，制造商需要更加注重电池的内部结构和材料选择，确保在各种工作条件下，电池都能保持其结构的完整性，防止在防爆阀或泄压点之外发生破裂。这不仅有助于提升电池产品的整体安全性，也将进一步推动储能电池行业的技术进步和标准化发展。

（10）绝热温升要求更高。

关于绝热温升特性，不再是简单的数据收集过程，而是在试验过程中，特别增加了电池表面温度达到一级报警温度时，对电池的温升速率必须控制在一定范围内。此变化实际上是对储能电池热安全性的量化要求，使得电池的热性能评估更加精确和严格，旨在确保电池在温度升高过程中能够有足够的时间进行热量散失或采取其他安全措施，从而降低热失控等安全风险的发生概率。

（11）热失控要求更严格。

对于热失控性能，新国家标准提出了明确且严格的要求。在全寿命周期内，当电池达到热失控的判定条件时，其表面温度必须大于 90℃。此要求强调了储能电池在发生热失控时的温度不能过低，实际上，温度越高在某种程度上表明电池的安全性越好。该指标不仅关乎电池的安全性，同时也是衡量电池设计制造技术水平的重要量化标准。

在热失控的具体试验方法上，新国家标准相对于 2018 版也做出重要修订，要求在进行充电的同时启动加热程序。这样的修改旨在更快地、更彻底地触发电池的热失控，从而达到检验的目的。此外，新国家标准还增加一项重要的要求，即在进行完循环性能试验后，电池还需要再次进行热失控性能试验，并且其性能仍然需要达到新电池的标准。该变化体现了全寿命周期内电池都需要满足安全性能的实际应用要求，这无疑对储能电池的安全设计制造提出更高的要求。

（12）热失控扩散试验后绝缘性能试验。

对于模块热失控扩散性能，新国家标准中增加了热失控扩散试验后的绝缘性能试验。通过此项试验，可以验证模块在遭受热失控等极端情况下的绝缘性能。这要求模块的设计不仅要防止热失控的扩散，还要在热失控发生后仍然能保证基本的绝缘性能要求。

这样的设计考虑可以显著提高电池系统的安全性和可靠性，降低因热失控引发的电气故障风险。为了满足这一新要求，模块的设计层面需要进行全面的考虑和优化。例如，可以采用特殊的材料和结构设计，以增强模块的绝缘性能；同时，也可以考虑加入漏液检测和防护措施，以确保在热失控发生后，模块仍然能够维持其绝缘性能。这些设计上的改进和创新有助于提升电池系统的整体性能和安全性。

（13）安全可靠性提高。

对于其他的安全可靠性要求，新国家标准确实做出了诸多重要的补充和修订。特别是在短路性能方面，新国家标准对电池模块提出更高的要求。它要求在两种外部短路电阻条件下，电池模块都必须满足安全性能要求。这一变化旨在确保电池模块在面临不同短路情况时都能保持稳定和安全。

除此之外，新国家标准还新增多项安全可靠性要求，以更全面地满足新的技术和特殊应用场景的试验需求。其中包括电池模块的振动性能，它是为了验证电池模块在振动环境下的稳定性和可靠性。液冷管路的耐压性能也被纳入新国家标准，以确保液冷系统在高压环境下能够正常工作，避免因压力问题导致的安全隐患。

针对高海拔地区的特殊情况，新国家标准还提出高海拔的绝缘性能要求。在高海拔地区，由于空气稀薄和气压低，电气设备的绝缘性能可能会受到影响。因此，新国家标准中增加对高海拔绝缘性能的要求，以确保电池系统在这些特殊环境下也能保持良好的绝缘性能，防止电气故障的发生。

总的来说，新国家标准在安全可靠性方面做出了诸多重要的补充和修订，旨在提高储能电池在各种应用场景下的安全性和稳定性。

（14）倍率充放电性能调整。

对于倍率充放电性能，新国家标准将 2 倍倍率保留为电气性能要求，而将 4 倍倍率调整到过载安全性能要求中。此调整实际上体现了对储能电池额定值的强化确认和检验。

2 倍倍率性能达到一定指标，可以被视为对电池额定值的强化确认。这意味着，在标准条件下，电池应能够以 2 倍的额定电流进行充放电，并满足一定的性能指标。这是对电池额定容量和功率的验证，有助于确保电池在实际应用中能够满足需求。然而，需要注意的是，2 倍或 4 倍倍率仅仅是一次性检验项目。通过这些检验并不意味着电池在实际使用时就能持续以 2 倍或 4 倍的倍率运行。如果要宣称电池能够实际运行到 2 倍倍率，应将 2 倍倍率重新设定为额定值，并进行全面的检验。这其中包括要满足 4 倍倍率的一次性能检验要求。只有这样，才能认可电池具有 2 倍的实际运行性能。

此外，将 4 倍倍率性能测试纳入过载安全性能要求，反映了对电池在极端工作条件下安全性的重视。此调整确保了电池在面临过载情况时，仍具备必要的安全性能，以防止过载导致的安全事故。

总的来说，新国家标准对倍率充放电性能的调整旨在更全面地评估储能电池的性能和安全性，有助于确保电池在实际应用中能够满足需求并具有一定的安全裕量。

（15）抽检规则明确。

为满足工程应用需求，新国家标准中明确了抽检规则，对于储能电池的安全质量管控而言，抽检确实是最为关键的环节。抽检能够直接对实际供货的储能电池进行技术性能验证，从而确保每一批次的电池都符合新国家标准的要求。型式检验和并网检测虽然重要，但它们主要验证的是电池的设计、结构和整体性能是否符合标准，而无法全面反映每一块实际供货电池的真实技术性能。

抽检规则的实施正是为了弥补这一不足，通过随机抽取部分电池进行详细测试，以点带面地评估整批电池的质量水平。在抽检过程中，应严格按照新国家标准规定的检测方法和评判标准进行操作，确保抽检结果的客观性和准确性。同时，抽检结果应及时反馈到生产环节，以便生产厂家及时调整生产工艺和质量控制措施，从而持续提升储能电池的安全性和可靠性。

GB/T 36276—2023 的制定与实施，为电力储能用锂离子电池的生产与应用提供了权威且全面的技术规范。本标准通过优化整体结构布局、更新具体技术要求以及完善相关试验方法，显著增强储能系统的安全性与可靠性，进而为电力储能行业的安全稳定发展注入强大动力。这些创新性的规定和改进的试验方法，将共同推动储能电池在安全性与可靠性上的提升，为电力储能系统的持续稳定运行奠定坚实基础，成为行业发展的重要保障。

2. GB/T 43540—2023《电力储能用锂离子电池退役技术要求》

电力储能系统中使用的锂离子电池可能因为其容量减少、性能下降或存在安全隐患等而不再适合继续用于电力储能应用，为了规范电力储能系统中使用的锂离子电池在其性能衰减到一定程度或达到设计的使用寿命后进行退役的判定，确保锂离子电池在电力储能应用中的安全性和可靠性，国家市场监督管理总局和国家标准化管理委员会于 2023 年 12 月 28 日发布了 GB/T 43540—2023《电力储能用锂离子电池退役技术要求》，其归口于全国电力储能标准化技术委员会，并于 2024 年 7 月 1 日正式实施。这是国内首个针对电力储能用锂离子电池退役技术要求制定的国家标准。

该标准首先明确了退役判定的必要性。由于锂离子电池在长期使用过程中会出现容量减少、性能下降或安全隐患等问题，对其进行适时的退役判定至关重要。

这不仅关系到电力储能系统的安全稳定运行，也影响着整个电力系统的可靠性。标准主要涵盖电池单体、模块、电池簇的外观、安全性、电性能和经济性等方面。其中，明确了电池退役判定方法，尤其是安全性方面给出具体的判定方法。主要涉及安全事件、安全隐患、绝缘性能、可燃气体和烟雾、耐压性能、使用寿命、充放电能量、能量效率、经济性等，退役技术要求见表2-8。退役判定可以通过资料分析、现场检查和试验等方式进行。国家标准明确当锂离子电池不符合运行技术指标或无法满足安全要求，改造成本或检修维护技术经济性不合理时，应进行退役处理。

表2-8 退役技术要求

判定项目		技术要求
外观		锂离子电池单体、模块、电池簇出现明显变形、开裂、漏液、泄压阀破损、击穿或闪络痕迹等影响使用的外观缺陷，或电气连接出现破损、腐蚀、松动、脱落等外观缺陷且无法修复时，应进行退役处理
安全性	安全事件	锂离子电池出现热失控或者热扩散时，发生膨胀、漏液、漏气、起火、爆炸、击穿或闪络等现象，或在调试、检修、运维过程中误操作造成过充电、过放电、过载、外部短路等安全事件，经评价安全性不满足要求时，或发生跌落、倾倒、挤压、被灭火介质误喷淋等可能影响运行安全的事件后，经评价安全性不满足要求时，应进行退役处理
	安全隐患	锂离子电池管理系统频繁出现电压、电压极差、电流、温度、温度极差、绝缘电阻、簇间环流等电池状态量报警信息，经维护或者检修后仍无法修复，或经状态评价存在能量异常加速衰减等劣化趋势，或同一批次锂离子电池在其他储能电站出现召回或家族缺陷，根据召回原因或家族缺陷的影响范围确认电池存在安全隐患，应进行退役处理
	绝缘性能	锂离子电池模块、电池簇正极与外部裸露可导电部分之间，或者电池模块、电池簇负极与外部裸露可导电部分之间的绝缘电阻与标称电压的比值小于1000Ω/V，且无法修复，应进行退役处理
	可燃气体和烟雾	锂离子电池释放烟雾或者可燃气体时，应对相应电池进行退役处理
	耐压性能	电池模块、电池簇正极与外部裸露可导电部分之间，或者电池模块、电池簇负极与外部裸露可导电部分之间应按照GB/T 36276的规定施加相应的电压，发生击穿或者闪络现象、直流耐压漏电流大于10mA，且无法修复，应进行退役处理
	使用寿命	锂离子电池达到电池设计使用寿命，且经检测评估其外观、电池状态、绝缘、耐压等性能不能满足安全要求时，应进行退役处理
电性能	充放电能量	锂离子电池充放电能量小于额定值时，应结合经济性评价判定是否进行退役处理
	能量效率	锂离子电池能量效率低于电站设计值时，应结合经济性评价判定是否进行退役处理
经济性		锂离子电池充放电能量或者能量效率不能满足电站预期使用需求，经评价存在电站不具备扩容空间、扩容后仍不能满足电站预期使用需求或电池扩容成本大于预期收益等情形之一的，或维护、检修、更换成本严重影响预期收益时，应进行退役处理

在安全性方面，标准明确了多种可能导致电池退役的情形，如热失控、热扩散、跌落、倾倒等。这些情形的列出，为电池的安全使用划定了红线，也为后续

的安全管理提供明确的依据。特别是关于绝缘性能、可燃气体和烟雾、耐压性能的要求，都是对电池安全性能的重要保障。

在电性能方面，标准提到充放电能量和能量效率两个关键指标。当电池的充放电能量低于额定值或能量效率低于电站设计值时，需要结合经济性评价来判定是否进行退役处理。该规定既考虑了电池的性能衰减，又兼顾了经济效益，体现标准的科学性和实用性。

在经济性方面，标准明确指出，当电池的充放电能量或能量效率不能满足电站预期使用需求，或者维护、检修、更换成本严重影响预期收益时，应进行退役处理。此规定不仅有助于电站的合理运营和成本控制，也有助于推动退役电池的合理处理和资源循环利用。

此外，标准还强调电池退役判定的方法，包括资料分析、现场检查和试验等方式，为电池的退役判定提供具体的操作指导，有助于确保判定结果的准确性和公正性。

GB/T 43540—2023 的制定，为电力储能用锂离子电池的退役管理提供了全面的技术指导和规范，不仅有助于保障电力储能系统的安全和可靠运行，也有助于推动退役电池的资源循环利用和可持续发展。

3. GB 38031—2025《电动汽车用动力蓄电池安全要求》

近年来，随着国家新能源产业政策的推动，动力电池技术得到了快速发展。然而，原有的国家标准如 GB/T 31485—2015《电动汽车用动力蓄电池安全要求及试验方法》和 GB/T 31467.3—2015《电动汽车用锂离子动力蓄电池包和系统 第 3 部分：安全性要求与测试方法》已无法满足新型锂离子动力电池的安全性能测试需求。为满足电动汽车生产企业、零部件企业、检测及认证机构等各方面的迫切需求，建立更为完善且利于产业发展的电动汽车标准成为当务之急。因此，国家市场监督管理总局和国家标准化管理委员会积极响应，于 2020 年 5 月 12 日发布了新的强制性国家标准 GB 38031—2020《电动汽车用动力蓄电池安全要求》。该标准归口于工业和信息化部，并于 2021 年 1 月 1 日正式实施。作为我国首个涵盖动力电池单体、电池包或系统安全要求和试验方法的强制性国家标准，它规定了电动汽车用动力蓄电池的详细安全要求、试验条件以及试验准备与试验方法。与之前的 GB/T 31485—2015 和 GB/T 31467.3—2015 相比，该标准整合上述两个分散的标准，形成一个更为完整的国家标准，并且在多个方面进行升级和改进。为了更好地发挥标准对产业的规范和引导作用，该标准又经修订，于 2025 年 3 月更新为 GB/T 38031—2025，并将于 2026 年 7 月 1 日正式实施。

GB 38031—2025 对电动汽车用动力蓄电池给出了一系列滥用情况下以及极端情况下的安全要求和试验方法。该标准重点强化电池系统机械安全、电气安全和热安全等方面。测试项目涵盖电池单体的过充电、过放电、短路、挤压、加热、温度循环等。对于电池包或系统，标准则规定振动、机械冲击、模拟碰撞、挤压、湿热循环、浸水、外部火烧、热扩散、温度冲击、盐雾、高海拔等试验项目，见表 2-9。

表 2-9 主要测试项目

<table>
<tr><th>维度</th><th>测试项目</th><th>技术要求</th></tr>
<tr><td rowspan="7">电池单体</td><td>过放电</td><td rowspan="7">不起火、不爆炸</td></tr>
<tr><td>过充电</td></tr>
<tr><td>外部短路</td></tr>
<tr><td>加热</td></tr>
<tr><td>温度循环</td></tr>
<tr><td>挤压</td></tr>
<tr><td>快充循环后安全试验</td></tr>
<tr><td rowspan="16">电池包或系统</td><td>振动</td><td rowspan="3">无泄漏、外壳破裂、起火或爆炸现象。试验后的绝缘电阻应≥100Ω/V；若有交流电路，绝缘电阻≥500Ω/V</td></tr>
<tr><td>机械冲击</td></tr>
<tr><td>模拟碰撞</td></tr>
<tr><td>挤压</td><td>不起火、不爆炸。试验后的绝缘电阻应≥100Ω/V；若有交流电路，绝缘电阻≥500Ω/V</td></tr>
<tr><td>湿热循环</td><td>无泄漏、外壳破裂、起火或爆炸现象。试验后 30min 之内的绝缘电阻应≥100Ω/V；若有交流电路，绝缘电阻≥500Ω/V</td></tr>
<tr><td>浸水</td><td>按方式一进行，不起火、不爆炸。按方式二进行，试验后满足 GB/T 4208-2017 中 IPX7 要求，且无泄漏、外壳破裂、起火或爆炸现象；试验后的绝缘电阻应≥100Ω/V；若有交流电路，绝缘电阻≥500Ω/V</td></tr>
<tr><td>热稳定性（外部火烧和热扩散）</td><td>外部火烧试验：应不爆炸。
热扩散：1）应不起火、不爆炸；2）提供热事件报警信号，且报警信号的发出时间不晚于触发电池单体发生热失控之后的 5min；3）对于电池包或系统级别测试，提供在发出热事件报警信号之前，以及发出热事件报警信号之后的 5min 内，烟气不导致乘员舱发生危险；对于整车级别测试，在发出热事件报警信号之前，以及发出热事件报警信号之后的 5min 内，无烟气进入乘员舱</td></tr>
<tr><td>温度冲击</td><td rowspan="9">无泄漏、外壳破裂、起火或爆炸现象。试验后的绝缘电阻应≥100Ω/V；若有交流电路，绝缘电阻≥500Ω/V</td></tr>
<tr><td>盐雾</td></tr>
<tr><td>高海拔</td></tr>
<tr><td>过温保护</td></tr>
<tr><td>过流保护</td></tr>
<tr><td>外部短路保护</td></tr>
<tr><td>过充电保护</td></tr>
<tr><td>过放电保护</td></tr>
<tr><td>底部撞击试验</td></tr>
</table>

GB 38031—2025 涵盖了 7 项单体测试和 17 项电池包或系统测试，重构了动力电池安全边界。与 2020 版相比，新国标在诸多关键技术要求上实现了强化与增补。例如，针对超快充技术普及带来的安全挑战，新增了快充循环后安全测试，目的在于考察动力电池在长期快充循环后的安全性，在快充循环 300 次后进行外部短路测试，要求不起火、不爆炸。新增热扩散测试，重点考察电池单体内短路导致热失控后的安全防护能力。2020 版国标要求热失控后提供 5min 逃生时间，而新国标进一步升级为“触发电池单体发生热失控后，在试验环境温度下观察，直至所有监测点温度均不高于 60℃，且观察时间至少 2h，结束试验”，以及“对于电池包或系统级别测试，提供在发出热事件报警信号之前，以及发出热事件报警信号之后的 5min 内，烟气不导致乘员舱发生危险”，这意味着要求电池系统具备多层级热失控防护能力，也倒逼企业采用无热扩散技术、使用气凝胶隔热材料等创新方案。此外，针对新能源汽车托底事故频发的痛点，还新增了底部撞击测试，测试采用直径为 30mm 的半球，以（150±3）J 的能量撞击电池包底部防护风险点（涵盖电池前部、中部和后部），要求无泄漏、外壳破裂、起火或爆炸现象，且试验后满足绝缘电阻要求。这些更严格的强制性要求，将倒逼企业从电芯材料、模组结构到对电池管理系统全链条进行革新。

GB/T 38031—2025 的发布意义重大，开启了动力电池安全新纪元。在消费者权益保障方面，通过多层级防护设计，将动力电池热失控风险降低 90%以上，显著提升新能源汽车使用安全性。作为产业高质量发展引擎，推动行业从“能量密度竞赛”转向“安全性能竞争”，促进技术创新与产业升级良性循环。在全球标准话语权构建上，中国首次在动力电池安全领域建立国际领先的技术标准，为参与国际规则的制定奠定基础。此外，通过标准化提升电池全生命周期安全性，为实现“双碳”目标提供坚实技术支撑。总之，GB/T 38031—2025 的发布，标志着动力电池安全管理从“风险控制”向“本质安全”的历史性跨越。随着新国标实施日期的临近，企业须以标准为导向，加速技术迭代与产业升级，共同构建安全、高效、可持续的新能源汽车产业生态。

4. GB 31241—2022《便携式电子产品用锂离子电池和电池组　安全技术规范》

随着科技的快速发展，便携式电子产品（如智能手机、平板电脑、笔记本电脑等）已深入人们生活的各个方面。与这些产品密切相关的锂离子电池和电池组的安全问题也日益受到关注。为了规范市场，保障消费者的生命财产安全，促进产业健康发展，国家市场监督管理总局和国家标准化管理委员会于 2022 年 12 月 29 日发布了锂离子电池安全强制性国家标准 GB 31241—2022《便携式电子产品用锂离子电池和电池组　安全技术规范》，并于 2024 年 1 月 1 日正式实施。该标准旨在确保锂离子电池和电池组在使用过程中的安全性，防止起火、爆炸等危险情况的发生，保障消费者的生命财产安全。与 GB 31241—2014《便携式电子产品用锂离子电池和电池组 安全要求》相比，其在技术标准、检测方法等方面进一步提升和改进，安全要求也更加严格。

标准主要针对锂离子电池芯、电池组规定了在正常使用、合理可预见的误用和滥用条件下的电安全、环境安全的要求和测试方法，主要型式试验如表 2-10 所示。从表中可以看出，GB 31241—2022 在电池、电池组、电池组保护电路和系统保护电路等多个方面提出测试要求，多方位考察锂离子电池和电池组的安全性能，是国内迄今便携式电子产品锂离子电池安全要求最全面、最系统的国家标准。

表 2-10 GB 31241—2022 型式试验

维度	项目	试验内容	安全要求
电池型式试验	一般安全要求	安全工作参数、标识要求	规定其安全工作条件；标识清晰可辨，不会混淆，详见 GB 31241—2022
	电池电安全试验	高温外部短路	不起火、不爆炸
		过充电	不起火、不爆炸
		强制放电	不起火、不爆炸
	电池环境安全试验	低气压	不起火、不爆炸、不漏液
		温度循环	不起火、不爆炸、不漏液
		振动	不起火、不爆炸、不漏液
		加速度冲击	不起火、不爆炸、不漏液
		跌落	不起火、不爆炸
		挤压	不起火、不爆炸
		重物冲击	不起火、不爆炸
		热滥用	不起火、不爆炸
		燃烧喷射	试验后，组成电池的部件或电池整体不会穿透铝网
电池组型式试验	一般安全要求	安全工作参数、标识要求、警示说明、耐久性	规定其安全工作条件；标识清晰可辨，不会混淆；有中文警示；标识和警示应耐久和醒目。详见 GB 31241—2022
	电池组环境安全试验	低气压	不起火、不爆炸、不漏液
		温度循环	不起火、不爆炸、不漏液
		振动	不起火、不爆炸、不漏液
		加速度冲击	不起火、不爆炸、不漏液
		跌落	不起火、不爆炸、不漏液
		应力消除	样品不发生导致内部组成暴露或影响安全的物理形变

续表

维度	项目	试验内容	安全要求
电池组型式试验	电池组环境安全试验	高温使用	切断电路，不起火、不爆炸、不漏液；未切断电路，继续进行一次放电充电循环，样品不起火、不爆炸、不漏液
		洗涤	通过 GB 31241—2022 附录 E 规定的洗涤试验
		阻燃要求	满足 GB 31241—2022 8.9.1～8.9.5 相应要求
	电池组电安全试验	过压充电	不起火、不爆炸、不漏液
		过流充电	不起火、不爆炸、不漏液
		欠压放电	不起火、不爆炸、不漏液
		过流放电	不起火、不爆炸、不漏液
		外部短路	不起火、不爆炸、不漏液
		反向充电	不起火、不爆炸、不漏液
保护电路型式试验	电池组保护电路安全要求	过压充电保护	每次循环时电池组的过压保护电路都应动作
		过流充电保护	每次循环时电池组的过流充电保护电路都应动作
		欠压放电保护	每次循环时电池组的欠压放电保护电路都应动作
		过流放电保护	每次循环时电池组的过流放电保护电路都应动作
		短路保护	每次循环时电池组的短路保护电路都应动作
系统保护电路型式试验	系统保护电路安全要求	充电电压控制	充电电压值的最大值不应超过电池或电池组制造商的规定值
		充电电流控制	充电电流的最大值不应超过电池或电池组的最大充电电流
		放电电压控制	放电电压的最小值不应低于电池或电池组的放电截止电压
		放电电流控制	放电电流的最大值不应超过电池或电池组的最大放电电流
		充放电温度控制	充放电行为停止时的温度值不应超过电池或电池组所规定的允许的充放电温度范围
一致性型式试验	一致性要求	单级电池过充保护	充电至保护电路终止充电，保护电路动作时，U_1应大于电池充电限制电压，U_2应小于电池组充电限制电压
		单级电池过放保护	放电至保护电路终止放电，保护电路动作时，U_1应小于电池放电终止电压，U_2应大于电池组放电终止电压

GB 31241—2022 主要通过五个方面进行电池测评：

1）电池型式试验

①电池电安全试验：包括高温外部短路、过充电和强制放电等试验。这些试验模拟电池在使用过程中可能遇到的极端情况，要求电池在这些情况下不起火、

不爆炸，确保电池的电安全性。②电池环境安全试验：涵盖低气压、温度循环、振动、加速度冲击、跌落、挤压、重物冲击和热滥用等多种环境条件下的试验。这些试验旨在检验电池在各种恶劣环境下的安全性能，确保电池在各种情况下都能保持稳定，不起火、不爆炸、不漏液。

2）电池组型式试验

①电池组环境安全试验：与电池单体的环境安全试验类似，但更注重电池组作为一个整体的安全性能。试验内容包括低气压、温度循环、振动、加速度冲击、跌落等，要求电池组在这些条件下不起火、不爆炸、不漏液。②电池组电安全试验：包括过压充电、过流充电、欠压放电、过流放电、外部短路和反向充电等试验。这些试验旨在检验电池组在电气方面的安全性能，确保电池组在异常情况下能够正常工作，不起火、不爆炸、不漏液。

3）保护电路型式试验

保护电路是锂离子电池和电池组的重要组成部分，其作用是在电池出现异常情况时及时切断电路，防止电池起火或爆炸。该部分试验主要对过压充电保护、过流充电保护、欠压放电保护、过流放电保护和短路保护等功能进行测试，确保保护电路在关键时刻能够可靠动作，保障电池的安全使用。

4）系统保护电路型式试验

系统保护电路型式试验涵盖充电电压、充电电流控制，放电电压、放电电流控制及充放电温度控制等方面，其作用是保障电子产品在正常与故障条件下，对电池或电池组的充放电过程进行安全把控，防止过压充电、过流充电、欠压放电、过流放电等异常情形，同时在温度异常时合理管控充放电行为，目的是通过全方位测试，确保电池充放电符合安全规范，避免因控制不当引发风险。该试验可有效提升电池及电子产品的安全性能，降低安全隐患，为用户营造可靠的使用环境，保障电池在不同条件下安全运行，从根本上减少潜在危险，实现对电池安全使用的精准守护。

5）一致性型式试验

一致性型式试验针对特定类型电池或电池组，包括自身带保护电路的多节串联电池组，以及自身不带保护电路但充电器等带保护电路的多节串联电池或电池组，要求每节电池或并联块具备足够一致性。试验涵盖单级电池过充电保护与过放电保护，通过模拟充放电场景监测电压，验证保护电路在异常情况下的动作有效性，其作用在于确保电池组在过充电、过放电时保护机制可靠启动，目的是保障每节电池或并联块的一致性，避免因个体差异引发安全问题。该试验可有效提升电池组的安全性与可靠性，防范过充电、过放电带来的风险，确保电池组在各种情况下稳定运行，减少安全隐患。

该国家标准的发布，对于规范锂离子电池和电池组的生产、销售和使用，预防电池安全事故的发生，保护消费者权益具有重要意义。

5. GB 40165—2021《固定式电子设备用锂离子电池和电池组 安全技术规范》

国家市场监督管理总局和国家标准化管理委员会于 2021 年 4 月 30 日发布了强制性国家标准 GB 40165—2021《固定式电子设备用锂离子电池和电池组 安全技术规范》，并于 2022 年 5 月 1 日正式实施，型式试验如表 2-11 所示。此标准规定了固定式电子设备用锂离子电池和电池组的安全要求以及试验方法，适用于固定式电子设备用锂离子电池和电池组，包括固定式信息技术设备（IT 设备）、固定式音视频设备（AV 设备）及类似设备、固定式通信技术设备（CT 设备）、固定式测量控制和实验室电子设备及类似设备。此外，该标准还适用于不间断电源（UPS）、应急电源（EPS）等用锂离子电池和电池组。

表 2-11　GB 40165—2021 型式试验

维度	测试项目	试验内容	安全要求
电池型式试验	一般安全要求	安全工作参数、标识要求	详见 GB 40165—2021
	电池电安全试验	高温外部短路	电池不起火、不爆炸
		过充电	电池不起火、不爆炸
		强制放电	电池不起火、不爆炸
	电池环境安全试验	低气压	电池不起火、不爆炸、不漏液
		温度循环	
		振动	
		加速度冲击	
		跌落	样品不起火、不爆炸
		重物冲击/挤压	电池不起火、不爆炸
		热滥用	电池不起火、不爆炸
电池组/电池组系统型式试验	一般安全要求	安全工作参数、标识要求、警示说明、耐久性	详见 GB 40165—2021
	电池组环境试验	温度循环	样品不起火、不爆炸、不漏液
		振动	
		加速度冲击	
		跌落	
	电池组系统功能性安全要求	过压充电控制	BMU/BMS 应采取动作切断充电电流。试验过程中保护系统符合保护策略发生不可恢复性的断路也判定为合格，但发生不可恢复的短路不可判定为合格
		过流充电控制	BMU/BMS 应发现过流充电，并将充电电流控制在最大持续充电电流以下。试验过程中保护系统符合保护策略发生不可恢复性的断路也判定为合格，但发生不可恢复的短路不可判定为合格

续表

维度	测试项目	试验内容	安全要求
电池组/电池组系统型式试验	电池组系统功能性安全要求	欠压放电控制	BMU/BMS应采取动作切断放电电流。试验过程中保护系统符合保护策略发生不可恢复性的断路也判定为合格，但发生不可恢复的短路不可判定为合格
		过载控制	BMU/BMS应发现过流放电，并将放电电流控制在最大放电电流以下。试验过程中保护系统符合保护策略发生不可恢复性的断路也判定为合格，但发生不可恢复的短路不可判定为合格
		短路	BMU/BMS应发现短路，并采取动作切断电路。试验过程中保护系统符合保护策略发生不可恢复性的断路也判定为合格，但发生不可恢复的短路不可判定为合格
		反向充电	BMU/BMS应发现反向充电，并采取动作切断电流。试验过程中保护系统符合保护策略发生不可恢复性的断路也判定为合格，但发生不可恢复的短路不可判定为合格
		过热	BMU/BMS应发现过高温度并终止充电。试验样品的各项功能在测试过程中应能完全按照设计正常工作。试验过程中保护系统符合保护策略发生不可恢复性的断路也判定为合格，但发生不可恢复的短路不可判定为合格
		静电放电	BMU/BMS保护功能不应失效。试验过程中保护系统符合保护策略发生不可恢复性的断路也可判定为合格，但发生不可恢复的短路不可判定为合格

该标准与GB 31241—2022相似，核心目的是确保电池在各种工作条件下的安全性，防止起火、爆炸等危险事件发生。但考虑到固定式电子设备的使用环境和条件可能与便携式设备有所不同，因此该标准在测试项目和安全要求上也做了相应的调整。GB 40165—2021和GB 31241—2022共同覆盖所有电子设备用的锂离子电池和电池组，为电池的安全使用提供更加全面的保障。

具体来说，GB 40165—2021涵盖电池的电安全试验、环境安全试验和电池组系统功能性安全要求等关键领域。电池电安全试验包括高温外部短路、过充电和强制放电。这些测试都是为了模拟电池在极端电气条件下的反应。特别是高温外部短路测试，标准中提到当结果有异议时，可根据制造商提供的电阻值（不高于30mΩ）作为仲裁条件重新测试，为制造商提供了一定的灵活性，同时也确保测试的公正性和准确性。

电池环境安全试验涵盖低气压、温度循环、振动、加速度冲击、跌落和重物冲击/挤压等多种环境条件下的测试。这些测试旨在模拟电池在运输、使用或存储过程中可能遇到的各种恶劣环境。值得注意的是，与便携式电池标准相比，固定式电池标准更注重于电池在特定固定环境下的长期稳定性和安全性。

电池组环境试验与电池单体的环境试验相似，但更强调电池组作为一个整体在特定环境下的性能表现。这些测试对于确保电池组在固定式电子设备中的长期稳定运行至关重要。电池组系统功能性安全要求涵盖过压充电、过流充电、欠压放电、过载、短路、反向充电、过热和静电放电等测试，旨在确保电池组在各种异常工作条件下都能按照设计正常工作，并且保护系统能够及时、准确地响应。特别是对于不可恢复性的断路和短路的判定，标准给出了明确的要求，这为电池组系统的设计和生产提供了明确的指导。

总体而言，GB 40165—2021 对于提高固定式电子设备用锂离子电池和电池组的安全性发挥着至关重要的作用。该标准通过严格的安全要求和细致的测试项目，为电池生产者、使用者以及相关监管机构提供全面的安全指导和评估依据，推动电力储能和电子设备领域的安全与技术发展。

6. GB/T 31484—2015《电动汽车用动力蓄电池循环寿命要求及试验方法》

国家质量监督检验检疫总局和国家标准化管理委员会于 2015 年 5 月 15 日发布了 GB/T 31484—2015《电动汽车用动力蓄电池循环寿命要求及试验方法》，并于 2015 年 5 月 15 日正式实施。此标准适用于装载在电动汽车上的动力蓄电池，包含单体、模块或系统，主要规定了电池的标准循环寿命的要求、试验方法、检验规则和工况循环寿命的试验方法和检验规则，测试项目如表 2-12 所示。

关于循环寿命的要求，该标准规定了在室温下测试电池的放电容量和能量，以及进行标准循环寿命和工况循环寿命的测试。在标准循环寿命测试中，电池需要经历一定次数的充放电循环，当循环次数达到 500 次时，电池的室温放电容量应不低于初始容量的 90%；当循环次数达到 1000 次时，电池的室温放电容量应不低于初始容量的 80%。这些要求有助于确保电动汽车用动力蓄电池在使用过程中具有较长的寿命和稳定的性能。此外，考察了不同车用动力蓄电池的工况循环寿命测试，通过不同充放电循环模式模拟动力蓄电池在实际使用场景下的循环寿命，提供更贴近实际的电池性能评估数据。

室温容量和能量测试中，电池放电容量被要求不得低于额定容量，同时也不能超出额定容量的 110%。此标准既保障了电池的基本性能达标，又通过限制电池容量的上限来预防可能的安全风险。在标准循环寿命方面，电池必须经过 500 次循环后仍保持至少 90%的初始容量，或在 1000 次循环后保持 80%的初始容量，旨在确保电池在长期使用中仍能维持良好的性能。此外，工况循环寿命的测试则根据不同类型的电动汽车，包括混合动力乘用车、混合动力商用车、纯电动乘用车、纯电动商用车以及插电式和增程式电动汽车，制定了相应的测试方法和要求。

这些测试通过模拟实际使用中的放电状况，使得电池的评估结果更加贴近真实使用场景，从而提供更准确的性能指标。

表 2-12 GB/T 31484—2015 测试项目

检验项目	测试样品	要求
室温容量和能量	单体、模块或系统	蓄电池单体，其放电容量应不低于额定容量，并且≤额定容量的 110%，同时所有测试样品初始容量极差≤初始容量平均值的 5%。蓄电池模块和系统，其放电容量应≥额定容量，并且≤额定容量的 110%，同时所有测试样品初始容量极差≤初始容量平均值的 7%
室温功率	单体、模块或系统	—
标准循环寿命	单体或模块	循环次数达到 500 次时，室温放电容量≥初始容量的 90%，或者循环次数达到 1000 次时，室温放电容量应≥初始容量的 80%
混合动力乘用车用功率型蓄电池工况循环寿命	模块或系统	混合动力乘用车用功率型蓄电池进行工况循环测试时，总放电能量与电池初始能量的比值达 500 时，计量放电容量和 5s 放电功率
混合动力商用车用功率型蓄电池工况循环寿命		混合动力商用车用功率型蓄电池进行工况循环测试时，总放电能量与电池初始能量的比值达 500 时，计量放电容量和 5s 放电功率
纯电动乘用车用能量型蓄电池工况循环寿命		纯电动乘用车用能量型蓄电池进行工况循环测试时，总放电能量与电池初始能量的比值达 500 时，计量放电容量
纯电动商用车用能量型蓄电池工况循环寿命		纯电动商用车用能量型蓄电池进行工况循环测试时，总放电能量与电池初始能量的比值达 500 时，计量放电容量
插电式和增程式电动汽车用蓄电池工况循环寿命		总放电能量与电池初始能量的比值达 500 时，计量放电容量

GB/T 31484—2015 关注的主要是电动汽车用动力蓄电池的循环寿命，即电池在反复充放电过程中的性能表现和寿命*。关于电动汽车用动力蓄电池的安全性能，可以参考 GB 38031—2025。

7. GB/T 31486—2024《电动汽车用动力蓄电池电性能要求及试验方法》

国家市场监督管理总局和国家标准化管理委员会于 2024 年 9 月 29 日发布了 GB/T 31486—2024《电动汽车用动力蓄电池电性能要求及试验方法》，并于 2025 年 4 月 1 日正式实施。该标准由工业和信息化部提出，由全国汽车标准化技术委员会归口。该标准规定电动汽车用动力蓄电池单体的电性能要求，描述了相应的试

* 国家市场监督管理总局于 2025 年 2 月 28 日批准了 GB/T 31484—2015 国家标准第 1 号修改单，主要对额定容量、额定能量、初始容量、初始能量的定义进行了修订；对 6.1.1.4 中的“容量和能量测试方法”和 6.2 进行了修订；对 6.4 中的“标准循环寿命”进行了修改。该修改单已于 2025 年 4 月开始实施。

验方法，适用于装载在电动汽车上的锂离子电池和金属氢化物镍电池单体，其他类型电池可参照执行。

GB/T 31486—2024 测试项目如表 2-13 所示，此标准也同样不包含电池安全性能，为了保障电池的安全性能，它与 GB 38031—2025 和 GB/T 31484—2015 等其他相关标准共同构成了国内电动汽车用动力蓄电池的较为完整的全面技术要求，确保电池的性能和安全性能都能达到国家标准，以保障电动汽车的安全运行和用户的安全使用。

表 2-13　GB/T 31486—2024 测试项目

检验项目	性能要求
外观	外观应无变形及裂纹，表面应无毛刺、干燥、无外伤、无污物，且应有清晰、正确的标志
极性标识	端子极性标识应正确、清晰
质量和外形尺寸	电池质量、外形尺寸应符合制造商提供的产品技术条件
室温放电容量	电池单体初始容量不应低于额定容量，并且不超过额定容量的 110%，同时所有测试对象初始容量极差不应大于初始容量平均值的 5%
室温倍率放电容量	高能量电池单体放电容量不应低于初始容量的 95%；高功率电池单体放电容量不应低于初始容量的 80%
室温倍率充电性能	电池单体放电容量不应低于初始容量的 80%
低温放电容量	锂离子电池单体放电容量不应低于初始容量的 70%； 金属氢化物镍电池单体放电容量不应低于初始容量的 80%
高温放电容量	电池单体放电容量不应低于初始容量的 95%
荷电保持与容量恢复能力	锂离子电池单体室温及高温荷电保持容量不应低于初始容量的 90%，恢复容量不应低于初始容量的 95%，同时所有测试对象高温荷电保持容量、高温恢复容量极差不应大于初始容量平均值的 5%，能量效率极差不应大于所有测试对象能量效率平均值的 5%； 金属氢化物镍电池单体室温荷电保持容量不应低于初始容量的 83%，高温荷电保持容量不应低于初始容量的 70%，恢复容量不应低于初始容量的 95%，同时所有测试对象高温荷电保持容量、高温恢复容量极差不应大于初始容量平均值的 5%，能量效率极差不应大于所有测试对象能量效率平均值的 5%
储存	电池单体恢复容量不应低于初始容量的 95%，同时所有测试对象恢复容量极差不应大于初始容量平均值的 5%，能量效率极差不应大于所有测试对象能量效率平均值的 5%

该标准相较于 GB/T 31486—2015 进行了全面修订，主要差异体现在技术要求的细化、测试方法的革新以及行业适应性的提升。

新国家标准变化主要体现在以下几个方面：①测试对象调整，新国家标准将测试对象从 2015 版的“电池模块”调整为“电池单体”，并增加型式试验的样本量至 30 个。该调整顺应行业无模组化（CTP 技术）的发展趋势，电池单体直接集成至整车的技术路线成为主流，对单体性能的精准评估成为保障整车安全与可靠性的关键。样本量的扩大进一步强化了电池单体一致性的检测要求，推动企业优化生产工艺与质量控制体系，从源头上规避性能偏差风险。②测试条件优化，高温放电测试温度由 55℃±2℃调整为 45℃±2℃，更贴近实际车辆运行工况数据；室温放电容量测试中，高能量电池的充放电电流从 1 小时率调整为 3 小时率，降低过载风险并延长电池使用寿命。③性能指标升级，引入高温荷电保持容量、恢复容量和能量效率极差要求，规定极差不超过平均值的 5%，强化电池的一致性，倒逼企业优化生产工艺与质检流程，以应对更严苛的均一性控制。④增加测试过程中误差、数据记录与记录间隔的要求，规范了文件与报告的要求。

GB/T 31486—2024 为电动汽车用动力蓄电池电性能提供了全面的要求和试验方法。测试流程的精准化要求企业升级设备能力（如高低温试验箱）并完善数据溯源体系，确保测试场景与实际工况深度绑定；生产端则需针对一致性控制的强化要求，通过工艺改进（如极片涂布均一性）、分选精度提升及全流程质检优化，规避批次性风险；而文件与合规管理的规范化倒逼企业建立标准化数据管理流程，避免因格式疏漏影响认证进度。总体而言，电动汽车用动力蓄电池的电性能要求及试验方法是一个复杂而全面的过程，需要遵循相关的国家标准和测试方法进行评估和测试，以确保电池的性能和安全性能都能达到要求，从而保障电动汽车的安全运行和用户的安全使用。

8. GB/T 18287—2013《移动电话用锂离子蓄电池及蓄电池组总规范》

为适应移动通信锂离子电池产品的性能安全要求，国家质量监督检验检疫总局和国家标准化管理委员会于 2013 年 7 月 19 日发布了 GB/T 18287—2013《移动电话用锂离子蓄电池及蓄电池组总规范》，代替了 GB/T 18287—2000，该标准归口于全国碱性蓄电池标准化技术委员会，并于 2013 年 9 月 15 日正式实施。

相对于 2000 版，2013 版标准在电池结构上做了改进，将锂离子蓄电池及蓄电池组进行明确区分，同时也增加参考试验电流、恢复容量、泄漏、泄气、破裂、起火、爆炸的定义。对检测项目如自由跌落、过充电保护、重物冲击、热滥用、过充电、短路等也进行了修改。过充电和热滥用在旧标准中测试条件就早有争议，过充电电压设置为 10V，而实际出现 10V 过充电电压的概率较低，该电压值设置过高，条件过于严苛，使得电池通过该项测试异常困难，新标准对过充电截止电压做了修改；同时也降低热滥用测试温度，从 150℃降至 130℃。2013 版标准还取消碰撞试验，增加静电放电、内阻、低气压、高温下模制壳体应力、强制放电、机械冲击、温度循环。具体测试项目及要求见表 2-14。总之，2013 版标准修改了 2000 版中具有争议的项目，增加一些常规的测试项目，进一步丰富了电池安全测试项目的内容，使得我国锂离子电池国家标准更加与国际通用标准接轨，也使得我国锂离子电池行业更加规范。

表 2-14　GB/T 18287—2013 测试项目及要求

测试分类	测试项目	要求
外观及尺寸		电池外观及尺寸符合制造商的规定；电池组外表应清洁，无机械损伤，触点无锈蚀；电池组表面应有必要的产品标志，应符合本标准 7.1 规定；电池组尺寸符合制造商的规定
电性能	$0.2I_tA$ 放电	放电时间不低于 5h
	倍率放电	对额定容量不大于 1000mA·h 的电池或电池组，放电时间应不低于 51min；对额定容量大于 1000mA·h 的电池或电池组，放电时间应满足制造商规定时间
	高温放电	放电时间不低于 5h
	低温放电	放电时间不低于 3h
	荷电保持能力及恢复容量	放电时间不低于 4.25h，充电后再次放电的放电时间不低于 4.5h
	储存性能	放电时间不低于 4h
	循环寿命	电池的循环寿命不低于 400 次，电池组的循环寿命不低于 300 次
	内阻	电池组的内阻不大于制造商的规定
环境适应性	静电放电	电池组所有功能正常
	恒定湿热	外观无变形、无锈蚀，不泄漏、不泄气、不破裂、不起火和不爆炸，放电时间不低于 3h
	振动	开路电压不低于初始电压的 90%，不泄漏、不泄气、不破裂、不起火和不爆炸
	自由跌落	开路电压不低于初始电压的 90%，不泄漏、不起火和不爆炸
	低气压	不泄漏、不泄气、不破裂、不起火和不爆炸
	高温下模制壳体应力	外壳不能发生导致内部组成暴露的物理形变
安全保护性能	过充电保护	不泄漏、不泄气、不破裂、不起火和不爆炸
	过放电保护	
	短路保护	
安全性能	重物冲击	不起火和不爆炸
	热滥用	
	过充电	
	强制放电	
	短路	不起火和不爆炸，电池的外表面温度不得高于 150℃
	机械冲击	不泄漏、不起火和不爆炸
	温度循环	不泄漏、不泄气、不破裂、不起火和不爆炸

9. 小结

本章主要从国家标准的角度对国内锂离子电池性能检测相关的标准进行综合分析。由于标准制定的时间、关注焦点和应用场景方面的差异，不同的标准对电池性能测试的项目设置各不相同，针对各项目的测试方法、技术参数及要求也有一定差别。然而，这些差异确保锂离子电池性能测试评价体系的全面性，覆盖储能锂离子电池和动力锂离子电池领域，包含电池单体、模组和系统在内的各种应用场景。总的来说，国内锂离子电池测评标准体系已经相对完善，为电池的安全应用和行业发展提供坚实的保障。锂离子电池行业的快速发展一定程度上推动了标准的颁布和更新过程，同时国外成熟的标准体系也指导我国标准的制定进程，使得国内锂离子电池性能测试标准体系也日益健全。

2.4.2 国外锂离子电池检测评价标准分析

国外在动力电池测试与评价标准制定方面起步较早。早在1996年，美国通过美国先进电池联盟（USABC）发布了《电动汽车电池测试流程》，该标准详细规定动力电池的测试内容，涵盖部分充电、静置、热失控、振动、快充、安全及滥用、循环寿命等多项关键测试环节，为后续国际标准的制定提供重要的参考。

目前锂离子电池相关国际标准主要由三大国际性组织负责，分别是国际电工委员会（IEC）、国际标准化组织（ISO）和美国保险商实验室（UL）。这些组织在推动锂离子电池安全性测试标准的制定和完善方面发挥着重要作用。

IEC 制定并颁布的锂离子电池安全测试标准是国际标准的重要组成部分，主要包括IEC 62660、IEC 62619和IEC 63056。这些标准内容全面、层次清晰，对各国标准的制定具有较强的参考价值。它们不仅涵盖电性能测试、安全与滥用测试以及热性能测试等多个方面，还注重与时俱进，不断适应新技术和新应用的需求。同时，ISO 也发布 ISO 12405 等标准，对动力电池的测试和评价进行了详细规定。这些标准与IEC的标准相互补充，共同构成一个相对完善的电池测试与评价体系。UL标准在北美普遍使用，其电池安全标准全面而严谨，对全球动力电池安全测试具有重要影响。此外，国际上各个国家也在积极推进相应的国家性标准。其中，影响力比较大有美国机动车工程师协会（SAE）标准、美国保险商实验室（UL）标准、德国汽车工业协会（VDA）标准等。

总体来看，国际及欧美地区的锂离子电池测试和评价标准已形成一个完善的体系，不仅为锂离子电池技术的安全发展提供重要保障，也促进全球范围内锂离子电池领域的交流与合作，为锂离子电池的全球化应用和技术进步提供坚实的标准支持。表2-15列出国外主要的锂离子电池相关标准。

表 2-15　国外主要的锂离子电池相关标准

序号	标准号	标准名称
1	IEC 62660-1：2018	电动道路车辆驱动用二次锂离子电池 第 1 部分：性能测试
2	IEC 62660-2：2018	电动道路车辆驱动用二次锂离子电池 第 2 部分：可靠性和滥用试验
3	IEC 62660-3：2022	电动道路车辆驱动用二次锂离子电池 第 3 部分：安全要求
4	IEC 62133-2：2017	含碱性或其他非酸性电解质的蓄电池和蓄电池组 便携式密封蓄电池和蓄电池组的安全性要求
5	IEC 62619：2022	含碱性或其他非酸性电解质的二次电池和电池组 工业用二次锂电池和电池组的安全要求
6	IEC 63056：2020	含碱性或其他非酸性电解质的二次电池和蓄电池 电能存储系统中使用的二次锂电池和蓄电池的安全要求
7	ISO 12405-4：2018	电动道路车辆锂离子牵引电池组和系统的试验规范 第 4 部分：性能测试
8	ISO 6469-1：2019	电动道路车辆安全规范 第 1 部分：可充电储能系统
9	UL 2580：2020	电动汽车电池安全标准
10	UL 1642：2020	锂电池安全标准
11	UL 2054	家庭和商用电池的安全标准
12	SAE J2464：2021	电动汽车电池滥用测试
13	SAE J2929：2013	电动和混合动力汽车推进电池系统安全性标准：锂基可充电电池

1. IEC 国际标准

IEC 成立于 1906 年，是世界上成立最早的非政府性国际电工标准化机构，也是全球电工和电子工程领域的领先国际标准化机构。IEC 下设多个技术委员会（TC）和分技术委员会（SC），分别负责不同领域的标准制定工作。目前主要由 SC21A 和 TC21 负责蓄电池和蓄电池组相关的标准制定，目前已经颁布的标准主要有适用于动力电池领域的 IEC 62660、便携式电池领域的 IEC 62133、工业用二次电池的 IEC 62619 和储能系统用锂电池的 IEC 63056。

IEC 62660 系列标准专门针对道路车辆中使用的锂离子电池。此系列标准关注电池性能、可靠性和安全性，以确保能够满足电动车辆的性能、可靠性和安全性需求。IEC 62660-1 专注于电动车辆使用的锂离子电池的性能测试，涉及电池容量、功率、能量等基本性能指标的评估，旨在确保电池能够满足电动车辆对能量和功率的需求。通过设定标准化的测试方法，帮助制造商和使用者验证电池是否达到预定的性能标准，从而支持电动车辆的运行效率和可靠性。IEC 62660-2 侧重于电动车辆用锂离子电池在面临极端情况时的可靠性和安全性评估。通过一系列的滥用测试，如过充电、短路、温度极端条件下的测试，以及机械冲击测试，确保电池在可能的异常使用或事故情况下仍能保持性能和安全性。IEC 62660-3 集中于电动车辆用锂离子电池系统的电气和电子要求。标准的目的是确保电池系统不仅在技术性能上符合要求，而且能够安全、有效地与车辆的其他电子系统集成，从而提高电动车辆的整体性能和安全性。IEC 62660 系列标准为电动车辆使用的锂离子电池提供全面的测试和评估框架，确保电池不仅满足性能需求，同时也符合安全和电气兼容性的高标准。这些标准通过详细规定性能测试、可靠性和滥用测试，以及安全性能要求，共同确保电动车辆中的有效及安全运行。

IEC 62133-2 专门针对便携式设备中使用的锂离子和锂聚合物电池组的安全性，适用于移动电话、笔记本电脑、平板电脑等消费电子产品中的电池，通过设定系列的测试和要求，预防在正常使用、充电以及可能的滥用情况下发生安全事故。标准的核心内容包括机械测试（如挤压、冲击和跌落测试）、环境测试（评估电池在极端温度下的表现）、电气测试（包括短路、过充电测试）以及其他滥用测试（如温度滥用和热失控情况）。这些测试模拟电池在日常使用中可能遇到的各种极端情况，旨在确保电池在这些条件下仍能保持稳定和安全。此外，该标准还要求电池和电池组提供清晰的标识和相关安全信息，包括警告标签和使用说明，以提升用户的安全意识。该标准为便携式设备中使用的锂电池提供全面的安全测试和评估准则，有助于确保这些电池在广泛的使用环境中的稳定性和安全性。

IEC 62619 是针对工业设备中使用的锂离子电池的安全性而设定的。该标准的适用范围广泛，覆盖从通信基站、不断电系统、储能系统、紧急电源灯等固定安装产品，到堆高机、高尔夫球车、无人搬运车、铁路和海运等动力应用，但明确排除了用于道路车辆和便携设备的锂离子电池[52]。该标准的安全要求分为功能安全和产品安全两部分。功能安全主要针对电池管理系统（BMS），测试其是否具备过充电/过放电保护、温度监控、均衡管理等必要的保护功能，这些功能对于预防电池过热和确保电池在运行中的安全至关重要。产品安全方面，则关注于电池单体、模组和电池组系统，在合理的滥用条件下对其安全性进行测试和评估。主要的测试项目包括热滥用、撞击和跌落、强迫放电、过充电以及内部短路和热失控扩散测试等，旨在确保电池在极端条件下的稳定性和安全性。通过这些综合的测试和要求，IEC 62619 不仅提高工业用途锂离子电池的安全标准，而且促进电池在全球市场中的可靠性和认可度。该标准是电工产品安全检测和认证过程中的重要依据之一，有助于确保在工业应用中电池系统安全、可靠地运行。

IEC 63056 是针对直流电压 1500V 以下的储能用锂离子电池及电池组的专用测试标准，涵盖过充电、过放电、短路、温度极端（过热和过冷）以及机械应力（如挤压、冲击和跌落）等情况下的电池表现。通过这些全面的测试，标准旨在识别和预防电池可能存在的安全隐患，确保电池在各种条件下都能安全运行。该标准覆盖广泛的应用，包括家庭、商业、工业和公共设施中的电能存储系统，特别是那些与电网相连或用于独立电源系统的电池存储设备。在安全要求方面，该标准明确电池系统在设计、生产、运输、安装和操作过程中必须遵守的安全要求。在测试方法上，该标准提供了一系列测试方法来评估电池在极端条件下的安全性能。这些测试旨在模拟电池在实际应用中可能遇到的各种异常情况，确保电池在这些情况下仍能安全稳定地运行。该标准体现了对电能存储系统中锂离子电池安全的全面考虑，从电池的设计和制造到最终的应用和处置，确保整个生命周期的安全管理。通过明确的测试和要求，该标准提升电池产品的安全性，降低运行过程中的风险，从而增强用户对锂离子电池在电能存储系统中使用的信心。它不仅适用于储能系统的制造商和供应商，也为终端用户提供一个评估和选择安全、可靠电池产品的标准依据。

2. ISO 国际标准

ISO 成立于 1947 年，是世界领先的独立的非政府国际标准化机构，负责制定和发布各种行业和领域的国际标准。ISO 涵盖领域广泛，包括质量管理（如 ISO 9001 系列）、环境管理（ISO 14001 系列）、食品安全（ISO 22000）、信息安全（ISO/IEC 27000 系列）和能源管理（ISO 50001）。在电池领域，ISO 已经制定一系列关键的技术标准，以确保电池产品在全球范围内的安全性和兼容性。这些标准涵盖从小型便携式电池到大型工业用电池系统的各种类型和应用。本小节主要介绍 ISO 12405 系列标准，该标准旨在为电动车辆中使用的锂离子电池和电池组提供全面的性能、可靠性和安全性测试和要求。

ISO 12405-4：2018 针对电动道路车辆中使用的锂离子牵引电池组和系统，提供了一套综合的性能试验标准。该标准规定了高功率和高能量应用的电池组和系统的性能测试方法，涵盖容量、能量、功率、内阻、充放电效率、高低温适应性及能量密度等关键指标，确保其在各种环境条件下的稳定运行。

3. UL 国际标准

美国保险商实验室（UL）不仅是美国最具权威的安全检测机构，也是全球范围内从事安全试验和鉴定的重要专业机构之一。电池作为电气产品的零部件进入美国市场前，必须通过 UL 的严格认证。在锂电池领域，UL 制定的标准主要有 UL 2580、UL 1642 和 UL 2054，聚焦于锂电池芯和锂电池包[53]。

UL 2580 针对电动车辆用可充电电池系统的全面测试，以确保其安全性和可靠性。该标准范围广泛，适用于电动车辆使用的储能系统，如电池包、电池包与电化学电容器组合系统及其子组件/模块等，涵盖各类电化学储能技术和超级电容器，但不包括轻型电动车（如电动自行车、电动轮椅、电动小轮摩托车等）使用的电池。UL 2580 包含众多测试项目。电气测试方面，有过充电测试，模拟过充电情况评估安全性能；短路测试，检测短路时表现以防火灾等危险；过放电保护测试，验证过放电状态下保护机制有效性；温升测试，测量工作中温度变化确保在安全范围；还有耐压测试、绝缘电阻测试、接地连续性测试以及热管理系统失效测试等。机械测试包括机械冲击测试、振动测试、跌落测试和挤压测试等，以确保电池在各种机械应力下的稳定性和安全性。环境测试则涵盖高温测试、低温测试、温度循环测试、盐雾测试、水浸测试和外部火烧测试等，考察电池对不同环境因素的适应性。通过实施 UL 2580，能够提升电池组安全性，降低安全事故风险，同时有助于提升消费者对产品的信任度，也有利于产品进入国际市场，许多国家和地区要求进口电池组须通过 UL 认证，是出口企业重要的市场准入条件。

UL 1642 专注于电池芯的安全要求，旨在模拟电池在正常使用和各种极端条件下可能遇到的情况，以评估电池芯的安全使用和性能稳定。该标准通过模拟多种滥用场景开展安全性测试，包括真空热稳定性、短路、过充电、冲击、穿刺、挤压、高温冲击、潮湿、加速度、振动等试验，旨在验证电池在异常环境或操作下是否会出现起火、爆炸、泄漏等危险，重点考察电池结构设计、材料性能及保护机制的有效性。UL 1642 认证是锂电池进入美国市场的重要参考，尽管属于自愿性认证，但多数美国销售商要求产品通过测试并标注“UL”标志，以规避复杂检测或销售限制。

UL 2054 是针对家庭和商用可充电电池组的安全标准，旨在确保电池在正常使用和极端条件下不会引发火灾、爆炸或其他安全风险。该标准适用于各类可充电电池（如锂离子、镍氢电池）和不可充电电池，涵盖电池单体、电池组及其管理系统的安全性要求。锂电池包通常由多个电池芯组成，并配备电池管理系统等附加组件。因此，在安全性方面，锂电池包面临着更为复杂的挑战。该标准详细规定锂电池包的电气安全、机械安全、热安全以及环境适应性等方面的要求，旨在确保锂电池包在正常使用和潜在滥用情况下均能保持安全稳定。

UL 2580、UL 1642 和 UL 2054 在电池安全领域各有侧重，但又相互关联：UL 2580 关注电池系统，UL 1642 关注电池芯，UL 2054 关注电池组；UL 2580 强调电池系统在电动汽车应用中的整体安全性，UL 1642 强调电池芯在极端条件下的安全性，UL 2054 强调电池组的保护设计。三个标准共同构成锂电池领域的安全和性能评估体系，确保电动车辆和其他商用、家用设备中使用的电池安全可靠。

4. 美国 SAE 标准

美国机动车工程师协会（SAE）是国际上最大的汽车工程学术组织。SAE 所制定的标准不仅在美国国内被广泛采用，而且成为国际上许多国家工业部门和政府机构在编制标准时的依据，被国际上许多机动车辆技术团体进行相关设计时参考。美国及其他许多国家在制定其汽车技术法规时，也常在许多技术内容或环节上引用 SAE 标准，因此 SAE 标准体系是国际公认的最有影响力的标准体系之一。

SAE J2464 首次发布于 1999 年，并在 2009 年及 2021 年进行了修订，是广泛应用于北美及全球地区的车用电池滥用测试标准。该标准不仅针对电动及混合动力汽车中的电池单体和模组提出一系列安全与滥用测试项目，而且还明确指出每个测试项目的适用范围及需要采集的数据，确保测试的全面性和准确性。标准的主要测试项目包括：①机械滥用，包括机械冲击、跌落、穿刺/穿钉、反转、浸水、挤压试验等，评估电池的机械稳定性；②热滥用，包括模拟火灾、热稳定性、热冲击等，以评估电池在极端温度下的性能和安全性；③电气滥用，包括外部短路、过充电、过放电试验等，考察电池在异常电气条件下的安全性。这些测试通过模拟电池在正常使用以及潜在滥用条件下可能遇到的各种极端情况，识别电池组件的潜在安全风险，并通过详细规定测试的执行方式和数据采集要求，确保测试结果的一致性和可靠性，为电池的安全性提供全面的评估。此外，标准对测试项目的适用等级（电池级别、模组级别或系统级别）进行规定，对每个测试项目需要采集的数据给出明确要求，同时对每个测试项目所需要的电池芯、模组与电池包的数量也给出建议。

SAE J2929 是 SAE 发布的关于锂离子电池安全性的标准，是在总结之前 SAE 颁布的各种动力电池安全检测标准及其他国际相关标准的基础上提出，主要针对纯电动和混合动力汽车用锂离子电池系统的安全提出测试项目和测试方法。标准主要分为两部分：一部分是针对电动车辆行驶过程中可能出现的常规情况进行测试，包括振动、热冲击、湿度测试、电磁兼容性。其中，振动测试标准给出三种可选测试方案，分别是电池系统级别测试、子系统级别和整车测试。另一部分是针对电动车辆行驶过程中可能出现的异常情况进行测试，如跌落、浸水、机械冲击、结构完整性测试（挤压）、模拟火烧、外部短路、过充电保护、过放电保护，以及热管理系统失效[54]。

虽然 SAE J2464 和 SAE J2929 都是确保电动汽车电池安全的关键标准，但它们在安全测试领域发挥着互补的作用。SAE J2464 专注于电池单体和模组级别的滥用测试，通过设定一系列极端测试条件（如机械冲击、热冲击、外部短路、过充电等），评估电池组件在非正常状态下的安全性能，旨在识别和防范电池芯或模组级别的潜在危险。相比之下，SAE J2929 通过评估整个电池系统的安全性，包括其在实际车辆使用中可能遇到的操作和环境压力，特别加入对电池在整车运行中可能出现的不安全因素的模拟测试，如电池外壳的稳定性评估以及在电动汽车着火场景中电池是否会引发额外的爆炸问题，使得 SAE J2929 在安全测试的全面性上相对于 SAE J2464 有所提升。

5. 小结

本节探讨了国外锂离子电池测试的主要标准，重点从制定标准的组织和机构出发，详细介绍并分析这些标准的特点和应用范围。国际上的锂离子电池安全标准主要集中在便携式电池和动力电池领域，已经建立完善的安全性检测评价标准体系。

在便携式电池领域，主要关注电池单体和电池组，标准的更新频繁，以适应快速发展的消费电子市场。这些标准通过不断更新测试项目和优化测试流程，提高测试的准确性和可靠性。更新后的标准对测试流程参数设定更加明确，减少试验结果的差异性，并且采用更严苛的参数设置考察电池在极端条件下的安全性，进一步保障电池使用过程中的安全性。

在动力电池领域，国际标准制定者着重于全面评估电池单体、电池组、电池系统的安全性，测试项目全面，安全要求明确，旨在确保动力电池在汽车、储能等应用中的安全可靠性。标准覆盖电气安全性测试，物理、化学和热稳定性测试，以全面评估电池在各种工作和环境条件下的安全性能。

国际上的锂离子电池测试标准已经形成一个全面、细致的体系，不仅覆盖电池的多个应用领域，还不断适应新的技术发展和市场需求。这些标准的制定和更新，不仅提高电池产品的安全性和可靠性，也为全球电池市场的健康发展提供重要支撑。

在深入了解国内外锂离子电池相关标准后，我们进一步将关注点转向另一个紧密相连且日益重要的领域——电化学储能。接下来，我们将分析国内外电化学储能领域的一系列关键标准，这些标准不仅规范储能系统的设计与运行，还为其安全性、可靠性及互操作性提供坚实的保障。

2.5 国内外电化学储能标准化现状分析

随着全球能源结构的转型和可再生能源的大规模应用，储能技术作为实现能源高效利用和可持续发展的关键手段，日益受到重视。在此背景下，电化学储能技术及其标准化工作的重要性日益凸显。因此，本节将深入分析国内外电化学储能标准化的现状，期望能够更全面地理解电化学储能领域标准的现状与发展趋势，以期为电化学储能领域相关产业的健康发展提供有力的标准支撑。

2.5.1 储能技术应用趋势

在能源转型和能源互联网建设的浪潮中，储能技术扮演着日益重要的角色。储能技术不仅是提升电力系统灵活性、经济性和安全性的关键，更是推动新能源大规模应用、实现能源互联网高效运行的核心要素。随着全球对可再生能源和清洁能源需求的不断增长，储能技术正迎来前所未有的发展机遇。

当前，储能技术呈现多样化发展的态势，按照能量存储形式的不同大致可以分为电化学储能（锂离子电池、铅蓄电池、钠离子电池、液流电池、储氢电池等）、机械储能（抽水蓄能、压缩空气储能、飞轮储能等）、电磁储能（超导磁储能、超级电容等）等。其中抽水蓄能技术被视为相对成熟且应用广泛的储能技术。

根据中国电子工业标准化技术协会（CESA）统计，2023 年全球储能累计装机量约 294.1GW，其中新型储能累计装机量约 88.2GW，占比约为 30.0%；抽水蓄能累计装机量约 201.3GW，占比约为 68.4%；蓄冷蓄热累计装机量约 4.6GW，占比约为 1.6%，如图 2-10 所示。

2023 年全球储能新增装机量约 48.6GW，其中新型储能新增装机量约 42.0GW，占比约为 86.4%；抽水蓄能新增装机量约 6.0GW，占比约为 12.3%；蓄冷蓄热新增装机量约 0.6GW，占比约为 1.2%，如图 2-11 所示。

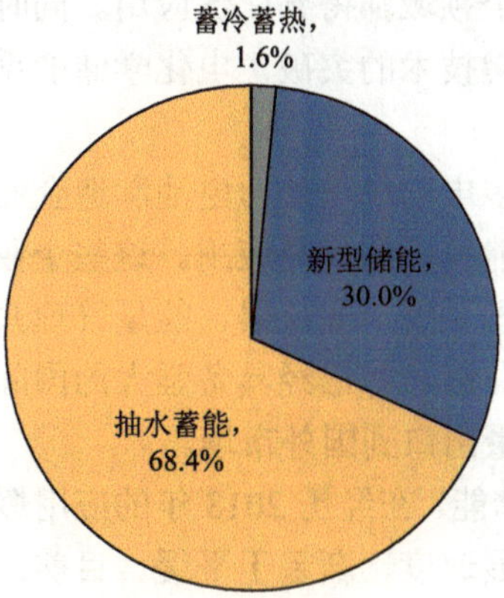

图 2-10　2023 年全球储能累计装机量

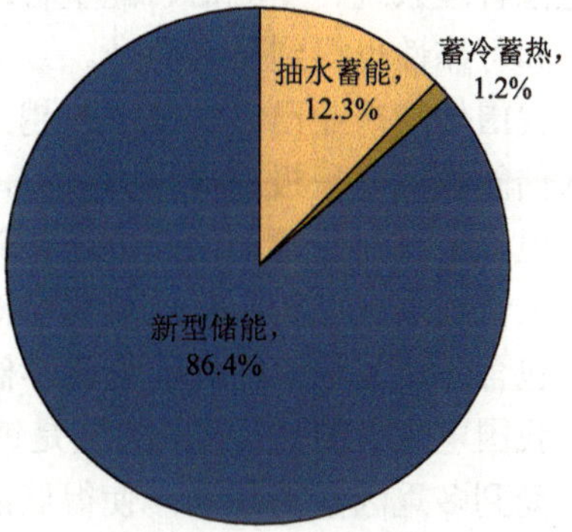

图 2-11　2023 年全球储能新增装机量

尽管抽水蓄能技术在全球范围内得到了广泛应用，但其发展仍受到地理条件、水资源分布和环境保护要求的制约。

根据 CESA 最新统计，2024 年我国新型储能累计装机量约为 74.66GW，同比增长 131.9%；2024 年我国新型储能新增装机量达 42.46GW，同比增长 99.2%。在新型储能技术中，电化学储能凭借其高效、灵活、环保等优点，正逐渐成为主流。

全球电化学储能市场规模已超过 600 亿美元，预计到 2030 年将达到 2000 亿美元以上。其中，锂离子电池储能占据绝对主导地位，占比超过 95%，是目前最受关注的储能技术。各类电池类型电化学储能项目累计能量分布如图 2-12 所示。

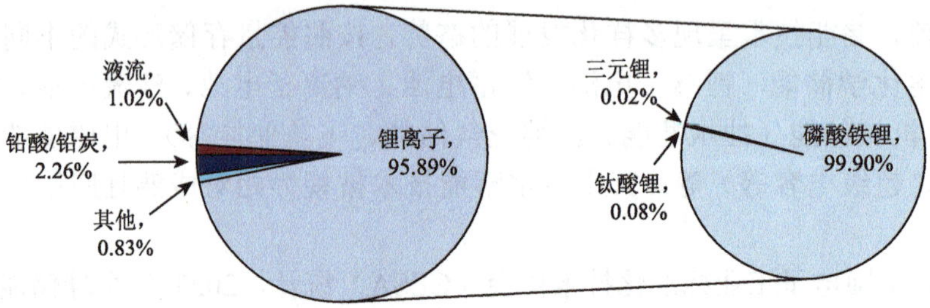

图 2-12 各类电池类型电化学储能项目累计能量分布

锂离子电池储能备受青睐，主要得益于其高能量密度、长循环寿命和快速充电等技术优势。随着材料科学的进步和电池制造技术的提升，电化学储能的循环寿命、能量密度、效率等关键技术指标得到大幅度提升，特别是锂离子电池储能应用成本快速下降，等效度电成本已降至 0.50 元/(kW·h·次)，突破盈亏平衡点，实现百兆瓦级储能电站系统集成，在提升新能源并网友好性、电网调频调峰、分布式储能提升微电网运行可靠性等电力系统各个领域都得到广泛应用。同时，随着电池管理系统、变流器、能量管理系统等关键技术的突破，电化学储能系统的效率和可靠性也得到显著提升。

我国储能产业已经实现了跨越式发展。众多电动汽车动力电池制造企业纷纷进入储能领域，积极布局相关业务，推动了储能技术的广泛应用。这些企业不仅关注电池本身的研发和生产，还在储能电池管理系统、变流器、能量管理系统等领域大量投入，已初步形成电化学储能装备产业链，并已经具备强大的国际竞争力，包含锂离子电池在内的电化学储能系统大量出口到国外市场。

我国电化学储能技术，尤其是锂离子电池储能，在经历 2018 年的应用爆发期后，受到多重因素的影响，使得储能应用的发展速度逐渐趋于平缓。目前，我国储能应用仍然处于功能实证和商业模式探索的阶段。尽管政策支持力度不断加强，但储能技术发展的政策和机制仍需进一步完善。同时，随着新能源的大规模接入和电力系统的智能化升级，对储能技术的性能和安全性提出更高的要求。

因此，提升储能技术的性能和安全性，降低生产成本，是当前和未来一段时间内我国储能技术发展的重要任务。在这个过程中，技术标准的作用至关重要。制定和完善储能技术标准，不仅可以促进储能技术的规范化、标准化发展，提高产品的质量和可靠性，还可以为产业链的协同合作提供有力保障。同时，技术标准还为政策制定和市场监管提供科学依据，推动储能产业的健康、有序发展。

2.5.2 国内外电化学储能标准现状

1. 国内电化学储能标准现状

随着电化学储能技术的迅猛发展和其在电力系统中日益广泛的应用，相关国家标准的制定和完善显得尤为重要。我国从 2010 年开始开展电力储能标准的制定，目前，我国已经成功构建 200 余项与储能息息相关的标准，这些标准包括国家层级、行业层级、地方层级以及团体层级。这些标准主要涉及电化学储能电站和移动式电化学储能系统的多个方面，涵盖安全、调试、建模、检修、应急演练、技术规范、通信技术要求、黑启动技术、并网性能评价、危险源辨识、环境影响评价、监控系统技术规范以及生产安全应急预案等多个领域。这些标准不仅关注基础通用技术，还涉及规划设计、设备及试验、施工及验收、并网及检测，以及运行维护评价等多个方面，为储能领域的发展提供坚实的、全方位的、多层次的支撑。单就国家标准而言，至今与电化学储能相关的国家标准已发布近 30 项，其中绝大部分归口于全国电力储能标准化技术委员会，见表 2-16。值得注意的是，这些标准的修订/发布时间主要集中在近几年，表明我国在电化学储能领域的标准化工作正处于一个快速发展的阶段，与技术的迅猛发展和广泛应用紧密相关。这样的发展趋势预示着未来还将有更多的标准出台，以适应不断变化的技术和市场需求。

表 2-16　国内电化学储能相关标准

标准号	标准名称	发布时间	归口
GB/T 36548—2024	电化学储能电站接入电网测试规程	2024-06-29	全国电力储能标准化技术委员会
GB/T 36549—2018	电化学储能电站运行指标及评价	2018-07-13	全国电力储能标准化技术委员会
GB/T 36547—2024	电化学储能电站接入电网技术规定	2024-05-28	全国电力储能标准化技术委员会
GB/T 40090—2021	储能电站运行维护规程	2021-04-30	中国电力企业联合会
GB/T 42288—2022	电化学储能电站安全规程	2022-12-30	全国电力储能标准化技术委员会
GB/T 42315—2023	电化学储能电站检修规程	2023-03-17	全国电力储能标准化技术委员会
GB/T 42317—2023	电化学储能电站应急演练规程	2023-03-17	全国电力储能标准化技术委员会
GB/T 42314—2023	电化学储能电站危险源辨识技术导则	2023-03-17	全国电力储能标准化技术委员会
GB/T 42318—2023	电化学储能电站环境影响评价导则	2023-03-17	全国电力储能标准化技术委员会
GB/T 42312—2023	电化学储能电站生产安全应急预案编制导则	2023-03-17	全国电力储能标准化技术委员会
GB/T 42313—2023	电力储能系统术语	2023-03-17	全国电力储能标准化技术委员会
GB/T 34131—2023	电力储能用电池管理系统	2023-03-17	全国电力储能标准化技术委员会
GB/T 42716—2023	电化学储能电站建模导则	2023-05-23	全国电力储能标准化技术委员会
GB/T 42717—2023	电化学储能电站并网性能评价方法	2023-05-23	全国电力储能标准化技术委员会
GB/T 42715—2023	移动式储能电站通用规范	2023-05-23	全国电力储能标准化技术委员会
GB/T 42726—2023	电化学储能电站监控系统技术规范	2023-05-23	全国电力储能标准化技术委员会

续表

标准号	标准名称	发布时间	归口
GB/T 36545—2023	移动式电化学储能系统技术规范	2023-12-28	全国电力储能标准化技术委员会
GB/T 42737—2023	电化学储能电站调试规程	2023-12-28	全国电力储能标准化技术委员会
GB/T 43528—2023	电化学储能电池管理通信技术要求	2023-12-28	全国电力储能标准化技术委员会
GB/T 43462—2023	电化学储能黑启动技术导则	2023-12-28	全国电力储能标准化技术委员会
GB/T 34120—2023	电化学储能系统储能变流器技术要求	2023-12-28	全国电力储能标准化技术委员会
GB/T 36558—2023	电力系统电化学储能系统通用技术条件	2023-12-28	全国电力储能标准化技术委员会
GB/T 43526—2023	用户侧电化学储能系统接入配电网技术规定	2023-12-28	全国电力储能标准化技术委员会
GB/T 36280—2023	电力储能用铅炭电池	2023-12-28	全国电力储能标准化技术委员会
GB/T 36276—2023	电力储能用锂离子电池	2023-12-28	全国电力储能标准化技术委员会
GB/T 43540—2023	电力储能用锂离子电池退役技术要求	2023-12-28	全国电力储能标准化技术委员会
GB/T 43522—2023	电力储能用锂离子电池监造导则	2023-12-28	全国电力储能标准化技术委员会

上述标准可以按照基础通用标准、规划设计标准、设备及试验标准、并网检测标准、储能电站标准五个方面进行分类。

基础通用标准：①GB/T 36558—2023《电力系统电化学储能系统通用技术条件》规定了电力系统电化学储能系统及储能设备的技术要求，适用于电化学储能系统的设计、制造、试验、检测、运行、维护和检修；②GB/T 42313—2023《电力储能系统术语》界定了电力储能系统分类、技术要求、设计与安装、运行、环境影响与安全等方面的术语，适用于能够从电力系统吸收、存储并释放电能的电力储能系统；③GB/T 42715—2023《移动式储能电站通用规范》规定了移动式储能电站的分类及架构、使用条件、外观与机械性能、基本功能等要求，适用于 10kV 及以下电压等级，采用电化学电池、超级电容器、飞轮为电能存储介质的移动式储能电站的设计、制造、试验等。

规划设计标准：①GB/T 42288—2022《电化学储能电站安全规程》规定了电化学储能电站设备设施、运行维护、检修试验、应急处理的安全要求；②GB/T 42716—2023《电化学储能电站建模导则》规定了用于电力系统潮流计算、电磁暂态、机电暂态和中长期动态仿真的电化学储能电站模型建立的技术要求；③GB/T 42318—2023《电化学储能电站环境影响评价导则》规定了电化学储能电站概况、现状调查与评价、影响预测与评价、保护措施、管理与监造计划及评价结论；④GB/T 42726—2023《电化学储能电站监控系统技术规范》规定了电化学储能电站监控系统数据、数据处理、控制与调节等要求，描述了相应的试验方法，规定了监控系统正常工作条件等内容；⑤GB/T 42312—2023《电化学储能电站生产安全应急预案编制导则》确立了电化学储能电站生产安全应急预案编制工作程序，规定综合应急预案、专项应急预案与现场处置方案的主要内容；⑥GB/T 43462—2023《电化学储能黑启动技术导则》规定了电化学储能黑启动的总体要求和技术条件，以及黑启动准备、自启动、启动发电设备和恢复变电站黑启动供电等黑启动技术要求；⑦GB/T 43522—2023《电力储能用锂离子电池监造导则》规定了电力储能用锂离子电池监造的总体要求，以及原材料及部件、生产工艺、成品质量检验、标志、包装、运输和储存的监造要求。

设备及试验标准：①GB/T 36276—2023《电力储能用锂离子电池》规定了电力储能用锂离子电池外观、尺寸和质量、电性能、环境适应性、耐久性等要求，并描述了相应的试验方法等内容，适用于电力储能用锂离子电池的设计、制造、试验、检测、运行、维护和检修；②GB/T 36280—2023《电力储能用铅炭电池》、GB/T 34131—2023《电力储能用电池管理系统》、GB/T 34120—2023《电化学储能系统储能变流器技术要求》分别规定了铅炭电池、管理系统、储能变流器的规格、技术要求和试验规则等内容；③GB/T 43528—2023《电化学储能电池管理通信技术要求》规定了电化学储能电池管理的通信内容、接口与协议和网络安全等技术要求，适用于电化学储能系统电池管理通信的设计、调试、运行与维护；④GB/T 36545—2023《移动式电化学储能系统技术规范》规定了移动式电化学储能系统的基本功能、电气性能、电磁兼容等要求，描述了相应的试验方法，规定了编码、正常工作环境、检验规定等要求；⑤GB/T 43540—2023《电力储能用锂离子电池退役技术要求》规定了电力储能用锂离子电池的退役技术要求，并描述了相应的退役判定方法。

并网检测标准：①GB/T 36547—2024《电化学储能电站接入电网技术规定》对电化学储能电站接入电网的电能质量、功率控制、电网适应性、保护与安全自动装置、通信与自动化、电能计量、接地与安全标识、接入电网等提出了要求；②GB/T 36548—2024《电化学储能电站接入电网测试规程》规定了电化学储能电站接入电网的测试条件、测试设备、测试项目及方法等；③GB/T 43526—2023《用户侧电化学储能系统接入配电网技术规定》规定了以电化学形式存储电能的储能系统接入配电网运行控制应遵循的技术要求；④GB/T 42717—2023《电化学储能电站并网性能评价方法》规定了电化学储能电站并网性能评价的总体要求、评价项目与内容和评价结论的技术要求，并描述了相关评价方法。

储能电站标准：①GB/T 36549—2018《电化学储能电站运行指标及评价》规定了电化学储能电站运行评价指标和评价方法；②GB/T 40090—2021《储能电站运行维护规程》规定了储能电站的正常运行、异常运行及故障处理、维护等过程的技术要求；③GB/T 42737—2023《电化学储能电站调试规程》规定了电化学储能电站储能系统、监控系统等分系统和整站联合调试的调试项目、方法及技术要求；④GB/T 42314—2023《电化学储能电站危险源辨识技术导则》规定了电化学储能电站危险源辨识的内容和危险性等级划分的要求，并描述了危险源辨识的方法；⑤GB/T 42315—2023《电化学储能电站检修规程》规定了电化学储能电站电池阵列、储能变流器、监控系统及辅助设施检修的项目、方法和质量要求；⑥GB/T 42317—2023《电化学储能电站应急演练规程》规定了电化学储能电站生产安全事故应急演练计划编制、工作准备、过程实施、评估总结和持续改进的要求。

这些标准涵盖电化学储能技术的多个方面，包括基础通用标准、规划设计标准、设备及试验标准、并网检测标准及储能电站标准，共同构成我国电化学储能领域的完整标准体系。这些标准的制定与实施，填补了我国电化学储能标准的空白，为电化学储能系统和电站的制造、招投标、监造、验收、接入试验与调试、设备交接及运行维护提供规范支持，并保障电化学储能系统和电站在电力系统中的安全稳定运行。

2. 国外储能标准现状

2012 年，IEC 成立了电能存储系统技术委员会（TC120），致力于制定和更新相关标准，以适应不断发展的技术和市场需求。该技术委员会成立了术语、单元参数和测试方法、规划和安装、环境问题、安全考虑 5 个工作组开展相关标准制定工作，目前制定和发布的标准见表 2-17。其中一些标准包括 IEC 62933 和 IEC 62619 系列等，涵盖从安全性要求到环境测试方法的多个方面。这些标准的制定旨在为电化学储能系统的设计、生产、安装和运行提供指导，为全球范围内的行业参与者提供一个共同的参考框架。

表 2-17 IEC TC120 制定的标准

序号	标准编号	标准名称
1	IEC 62933-1	电能存储系统 第 1 部分：术语
2	IEC 62933-2-1	电能存储系统 第 2-1 部分：单元参数与测试方法　通用要求
3	IEC TS 62933-2-2	电能存储系统 第 2-2 部分：单元参数和试验方法　应用和性能试验
4	IEC TS 62933-3-1	电能存储系统 第 3-1 部分：电能存储系统的规划与性能评估　通用规范
5	IEC TS 62933-3-2	电能存储系统 第 3-2 部分：电能存储系统的规划和性能评估　功率密集型和可再生能源集成相关应用的附加要求
6	IEC TS 62933-3-3	电能存储系统 第 3-3 部分：电能存储系统的规划和性能评估　能量密集型和备用电源应用的附加要求
7	IEC TS 62933-4-1	电能存储系统 第 4-1 部分：环境问题指南　通用规范
8	IEC 62933-5-1	电能存储系统 第 5-1 部分：并网电能存储系统的安全考虑　通用规范
9	IEC 62933-5-2	电能存储系统 第 5-2 部分：并网电能存储系统的安全要求　基于电化学系统
10	IEC 62619	含碱性或其他非酸性电解质的二次电池和电池组　工业用二次锂电池和电池组的安全要求

具体来说，这些标准可以分为基础术语定义、测试方法和要求、规划与性能评估、环境影响、电网集成与安全几个类别。

基础术语定义：IEC 62933-1《电能存储系统 第 1 部分：术语》为电化学储能领域提供了统一的术语定义，包括与单位参数、测试方法、规划、安装、安全和环境等问题相关的术语。这些术语是理解和应用整个 IEC 62933 系列标准的基础，以确保行业内部的一致性和标准化。

测试方法和要求：①IEC 62933-2-1《电能存储系统 第 2-1 部分：单元参数与测试方法　通用要求》关注电能存储系统中单元参数和测试方法的通用要求，确保这些参数能够被准确地测量和评估，为系统性能的正确评估提供可靠的数据支持；②IEC TS 62933-2-2《电能存储系统 第 2-2 部分：单元参数和试验方法　应用和性能试验》在通用要求的基础上进一步探讨单元参数和试验方法的应用和性能试验，为系统的设计和实施提供指导。

规划与性能评估：①IEC TS 62933-3-1《电能存储系统 第 3-1 部分：电能存储系统的规划与性能评估　通用规范》着眼于电能存储系统的规划和性能评估通用规范，为系统设计和性能评估提供通用指南，确保系统达到预期目标；②IEC TS 62933-3-2《电能存储系统 第 3-2 部分：电能存储系统的规划和性能评估　功率密集型和可再生能源集成相关应用的附加要求》和 IEC TS 62933-3-3《电能存储系统 第 3-3 部分：电能存储系统的规划和性能评估　能量密集型和备用电源应用的附加要求》分别延伸了通用规范，针对功率密集型和可再生能源集成相关应用，以及能量密集型和备用电源应用制定了附加要求，以满足不同应用场景的需求。

环境影响：IEC TS 62933-4-1《电能存储系统 第 4-1 部分：环境问题指南 通用规范》提供了关于电能存储系统环境影响的指南和通用规范，主要目的是指导电能存储系统的设计、安装和运行，以减少对环境的不利影响并提高系统的可持续性。标准覆盖了多个方面，包括系统的材料选择、能源效率、废弃物管理、污染控制等，以确保系统在整个生命周期内与环境保持良好的兼容性。

电网集成与安全：①IEC 62933-5-1《电能存储系统 第 5-1 部分：并网电能存储系统的安全考虑　通用规范》关注并网电能存储系统的安全考虑通用规范。该标准包括对电能存储系统与电网连接的安全要求、通信接口的安全性、系统对电网故障的响应能力以及与其他电力设备协同工作的能力等方面的规定，确保电能存储系统与电网的安全互连，以便有效地管理电力系统的运行，并确保系统的稳定性和可靠性；②IEC 62933-5-2《电能存储系统 第 5-2 部分：并网电能存储系统的安全要求 基于电化学系统》针对并网电能存储系统的安全要求，关注重点包括对系统组件的安全性能要求、对电池系统的安全管理要求、对故障情况的应急响应要求等方面的规定，以保障系统的安全性和可靠性；③IEC 62619《含碱性或其他非酸性电解质的二次电池和电池组　工业用二次锂电池和电池组的安全要求》

针对含有碱性或其他非酸性电解质的工业用二次锂电池和电池组的安全要求，确保锂电池和电池组在实际应用中的性能符合安全标准，特别是在极端条件或不当使用情况下的安全性能。

这些标准涵盖电能存储系统领域的多个方面，从基础术语和定义到规划与性能评估，再到环境问题和电网集成与安全考虑，各个方面都得到了详细的规范和指导，通过这些标准的制定和执行，可以有效地推动电化学存储技术的发展和应用，确保系统在设计、实施和运行过程中达到预期的性能水平，并保障其在环境保护和安全方面的良好表现。

除上述标准外，UL 也发布了储能电池安全测试标准，包括 UL 9540《能量存储系统和设备标准》和 UL 9540A《评估电池能量存储系统中热失控火焰传播的测试方法》，是北美广泛采用的关键标准，对于确保储能电池系统的安全性具有重大影响。这些标准不仅全面且严谨，而且作为美国和加拿大的双重国家标准，在储能领域具有广泛的应用和代表性。①UL 9540 是最全面和广泛认可的固定储能安全标准之一，被多个国家和地区参考和采纳，涵盖储热、电化学和机械储能三种类型，包括但不限于充放电系统、控制保护系统、功率转换系统、通信、冷热管理系统和消防系统等，适用于离网运行和并网运行的储能系统，规定和评估系统中组件的安全性及其兼容性，为储能消防安全和建筑提供了具体的规范指导。2023 年版新增防爆泄爆保护要求、热能存储系统的结构和测试要求；针对液冷储能系统，要求配备泄漏检测来防止潜在的危险情况。②UL 9540A 是作为 UL 9540 的补充而制定的标准，专门用于评估电池能量存储系统中的热失控火焰传播风险。通过层级递增的测试方式，从电池芯到模块、单元再到安装级别，全面评估储能系统的安全性。该标准旨在帮助供应商通过测试数据选择适当的火灾和爆炸保护机制，明确系统与墙体的隔离要求，确定系统的发热量、可燃部件和燃烧产生气体的类型，从而为灭火器的选型提供参考和依据。

2.5.3 小结

电化学储能标准的制定与完善在国内外均呈现快速发展态势，反映出电化学储能技术领域的快速发展与逐步成熟。

自 2010 年以来，中国已建立涵盖电化学储能电站及其系统全方位的国家标准体系，注重安全、性能和环境适应性等方面。近年来，电化学储能系统在安全规程、技术规范、监控以及环境影响评估等方面的标准发布数量显著增加，充分体现我国在电化学储能技术领域追求高质量发展的决心。这些标准的制定旨在确保储能技术的安全性、可靠性和高效性，同时促进国内储能产业的技术进步和市场竞争力。国际上，IEC、UL 等组织制定的储能相关标准，强调对电化学储能系统全生命周期的考量，包括设计、安装、运行及废弃处理等各阶段的严格规范与测试要求。这些标准不仅提升电化学储能系统的安全性和性能，还推动全球储能技术的互操作性和可持续发展。

随着可再生能源在全球能源结构中占比的不断提升，储能系统的集成能力与电网兼容性成为国际标准制定的核心关注点。无论是国际还是国内，当前标准化工作展现出快速发展和全面覆盖的特点，涵盖从系统设计、建模、测试到运维的全生命周期。此趋势不仅反映技术进步的需求，也表明标准在不断适应新的技术和市场变化，推动电化学储能技术的国际协同和行业健康发展。未来，随着储能技术的不断创新和应用领域的扩大，标准化工作将更加注重系统性、前瞻性和灵活性，以支持储能行业的可持续发展。

2.6　储能锂离子电池安全性测评分析

2.6.1　锂离子电池应用场景特点分析

锂离子电池作为一种高效、环保的能源储存方式，已广泛应用于新能源汽车和电化学储能两大领域。锂离子电池根据应用领域主要分为动力电池和储能电池。下面将从动力电池和储能电池两个角度，对其应用场景的特点进行分析。

1. 动力电池

电动汽车用动力电池系统具有三个方面的特点：

（1）卓越的电性能表现。以特斯拉 Model S 为范例，其电池系统的构建主要是基于日本松下出品的 18650 型电池单体。整个电池系统由 16 组串联电池组构成，每组电池组包含 444 节电池。这些电池以 74 节为一组进行并联，再经由 6 个这样的单元串联，从而形成一个完整的电池组。因此，特斯拉 Model S 的电池系统总计包含了 7104 节 18650 型锂离子电池单体，总能量高达 85kW·h。这种设计不仅体现了系统的高电压和大容量特性，还展示了其应对大电流充放电、承受高负荷功率并满足严格电气安全要求的能力。

（2）错综复杂的电池系统架构。动力电池系统不仅是简单的电池堆叠，而是一个高度集成的复杂体系。它主要包含电池单体（或电池模组）、电池管理系统（涵盖从控单元、主控单元及高压管理组件）、热管理系统（包括水冷板、风冷或加热板等）、多种结构件（包括箱体、安装件、导电金属件及密封件等）以及高低压线束（配备连接器等）。这些部分相互协作，共同构建了一个精密复杂的动力电池系统。

（3）多变的运行环境挑战。电动汽车行驶在各种复杂的路况和多变的环境条件下，电池系统必须能够承受不断变化的电负荷、热负荷以及机械负荷。电池不仅在这些复杂的电场、磁场、温度场及力场环境中工作，还时常面临过充电、过放电等滥用情况的挑战。此外，车辆在使用和维护过程中的操作失误，或是道路交通事故，都可能导致电池遭受外部短路、挤压、针刺、碰撞或火烧等极端情形。因此，电动汽车动力电池面临异常复杂的运行条件和众多不可预测的人为因素，这凸显了其安全性和可靠性的重要性。

基于上述分析，应用于新能源汽车领域的动力电池系统的特点如下：

（1）高能量密度。为了满足日益增长的长续航里程需求，动力电池必须具备较高的能量密度。这一特性使得电池在有限的体积和重量内能够储存更多的能量，以满足电动汽车长续航里程的需求。

（2）快速充放电能力。动力电池需要拥有出色的快速充电和放电性能，以便能迅速响应汽车启动、急加速等需要瞬时高功率输出的场景，确保电动汽车在各种驾驶场景下都能提供稳定而强劲的动力输出，从而提升用户的驾驶体验和车辆的整体性能。

（3）高安全性。鉴于动力电池直接关系到乘员的生命安全，因此对其安全性的要求极高。电池系统必须经过严格的设计和制造过程，以确保在各种正常和异常情况下都能保持高度的稳定性和安全性。

（4）高温与低温适应性。动力电池需要在极端的气候条件下保持正常工作，这就要求电池具备良好的高温和低温适应性。无论是在酷暑难耐的盛夏还是冰天雪地的严冬，电池都应该能够稳定地提供所需的能量，确保电动汽车的可靠运行。

针对以上特点，动力电池的安全性测试显得尤为重要。在测试过程中，应特别关注电池在热失控、短路、过充电、过放电等极端条件下的表现。

2. 储能电池

储能电池，作为支持可再生能源应用和电力系统稳定的重要组件，其应用场景与电动汽车用动力电池存在显著差异。通过深入分析国内外电池储能项目基地及其他规模化储能应用示范工程，可以总结出储能电池应用场景的几个核心特点：

（1）固定场所与温和环境。储能电池通常在固定的场所运行，如电网侧储能电站或风电、光伏电站的配套储能系统。这些场所通常配备空调、暖气等温控设备，确保电池在较为温和的环境条件下运行。这种环境相较于电动汽车中的多变气候和复杂路况，为储能电池提供了相对稳定的运行环境。

（2）大规模集成与连锁风险。储能电池系统往往涉及大量的电池单体集成，动辄数千至上万个电池单体。这种规模使得系统发生安全问题的概率显著增加，尤其是当电池单体出现热失控等安全问题时，可能引发连锁反应，对整个系统构成严重威胁。因此，在安全性测试中，需要特别关注电池排布方式、热管理策略以及电池间热连锁效应的模拟与评估。

（3）电网条件与安全挑战。储能电池作为电力系统的一部分，其运行受到电网条件的影响。电力系统中的低电压穿越、电压波动、闪变及频率偏差等异常情况，可能对储能电池的安全性构成挑战。因此，在安全性测试中，应充分考虑这些电网条件因素，评估电池在这些异常情况下的稳定性和安全性。

（4）间接危害与处置要求。规模化储能应用的运行现场人员较少，处置得当情况下安全事故对人身产生伤害的概率不高，但由于储能电站配置的电池数量巨大、容量很高，一旦发生安全事故，如果预警不及时、处置不合理，则可能对局部电网的电能质量和稳定性产生冲击，进而引发后果严重的间接危害。因此，储能电池的安全性测试不仅需关注电池单体的安全性能，还应评估其对电力系统的潜在影响。

基于上述分析，应用于电力系统及可再生能源领域的储能电池系统的主要特点如下：

（1）大规模储能能力。储能电池系统通常被部署用于大规模的能量储存，这就要求电池必须具备较高的储能容量。这种大规模的储能能力是为了满足电网调峰、平衡供需、应对突发事件等需求，确保电力系统的稳定运行。

（2）长寿命与耐久性。鉴于储能电池系统需要长时间、持续稳定地运行，因此对电池的寿命和耐久性有着极高的要求。长寿命意味着更低的维护成本和更高的投资回报率，对于长期运营的电力系统来说至关重要。

（3）严苛的安全性标准。储能电池在电力系统中的应用，特别是在高压、大电流环境下，对其安全性提出了极为严格的要求。任何安全事故都可能对整个电力系统造成重大影响，甚至引发连锁反应。因此，确保储能电池的安全性是首要考虑因素。

（4）高度系统集成性。储能电池系统需要与电力系统的其他组件，如变压器、逆变器、控制系统等紧密集成，以确保能量的高效转换和传输。这就要求储能电池必须具备良好的系统集成性，能够与其他系统组件无缝对接，实现整体性能的最优化。

针对以上特点，储能电池的安全性测试需要重点关注电池的长期稳定性、系统集成的安全性以及在大规模应用中的可靠性。

综上所述，由于锂离子储能电池系统，工况环境较为温和、不可预见因素较少，但电池单体数量巨大，不同于电动汽车等其他工况。电动汽车在运行中存在多种不确定性因素，跌落、挤压、穿刺、振动、碰撞等均可能发生，虽然储能工况下这些不确定性因素较少，但是安装不慎或器具松动仍可能发生高处跌落，不可抗拒的外部撞击、成组方式不合理、电池鼓胀等引发电池挤压变形，电池模组运输投运、地质灾害等过程中伴随的机械振动等。此外，储能工况下，电池的不均一性容易导致电池单体过充电或过放电等问题。虽然储能系统和电池管理系统均设置了严格的电压范围和预警范围，出现安全事故的概率较低，但是一旦出现预警失灵、处置不当等情况则会导致严重的后果。

2.6.2 储能电池安全影响因素分析

储能电池在保障可再生能源稳定供应和电力系统平衡中发挥着重要作用。然而，随着应用规模的扩大，其安全运行面临的影响因素也日趋复杂。以下对储能电池安全运行的主要促发因素进行分析。

1）机械促发因素

储能电池系统虽然通常安装在固定位置，并且相对于电动汽车电池，其工作环境较为稳定。然而，鉴于其庞大的规模和大量电池单体的使用，机械促发因素的影响不容忽视。例如，在电池的安装、运维过程中可能因操作不当导致跌落或挤压；外界因素或自身结构件材料失效、地震等不可抗力也可能对电池系统造成损害。这些因素都可能引发电池内部的短路、燃烧甚至爆炸，对系统安全构成威胁。

2）环境促发因素

在密集排列的储能电池系统中，高能量密度和大规模集成的特性对运行环境的要求极其苛刻。不同倍率的充放电过程会导致电池以不同的速率产生热量，随着时间积累及空间因素的影响，可能出现热量不均匀聚集，造成电池组运行环境温度波动。特别是中心区域的电池，由于热量聚集且处于高温环境中，这加剧了电池间性能和健康状况的差异，增加热安全风险。此外，电池组电池单体存在较大温差，在连续的充放电过程中极易造成热积累，导致热失控的严重后果。另外，由于海拔、降雨、湿度、盐雾等地理环境伴随的影响，也对电池的耐低压与抗腐蚀性提出了要求。

3）电学促发因素

储能电池的整体控制系统和电池管理系统均设有严格的使用电压范围和预警范围，因此实际上出现严重过充电或过放电的概率较低。但是，考虑到规模化储能工程的应用将达到百兆瓦量级，庞大的电池系统体量和巨大的电池数量会导致电池的不均一性概率进一步增大，造成电池系统中出现电池过充电和过放电的概率大大增加。此外，如果出现所有控制及保护系统全部失灵的极端情况，产生的后果将难以估量。

综上所述，储能电池安全的影响因素多样且复杂，从机械、环境到电学因素均需综合考虑并采取相应的防范措施，以确保储能系统的稳定和安全运行。

2.6.3 储能电池安全性测试方法

储能用锂离子电池在储能电站中扮演着核心角色，其安全性直接关系到储能电站的稳定运行与长期效能。因此，储能电池的安全性测试方法及评价体系框架的构建，是确保储能系统稳定、可靠运行的关键环节。针对储能电池的特点，需要开展一系列的安全测试项目以确保储能电池在各种工作条件下都能表现出良好的安全性能。

业内依据 GB/T 36276—2023 和 GB/T 34131—2023，构建了一套全面的安全性测试方法及评价体系。这些标准涵盖电池单体、电池模块、电池簇以及电池管理系统的安全要求，为电力储能电池的安全性评估提供明确指导。表 2-18 列出电力储能用锂离子电池需要开展的安全测试项目，主要涉及电气安全性能试验、机械安全性能试验、环境安全性能试验和热安全性能试验等。

表 2-18　储能电池安全测试项目

测试类别	测试项目	测试对象	测试目的
电气安全性能试验	过充电/过放电	电池单体、模块	测试电池在过充电和过放电条件下的安全性和稳定性，确保电池不会因过度充放电而引发危险
	过载性能	电池单体、模块	评估电池在超过其额定负载时的表现，确保电池在过载条件下不会受损或引发安全问题
	短路性能	电池单体、模块	模拟电池发生短路的情况，评估电池在短路条件下的安全性
	绝缘性能	电池模块、簇	测试电池模块和簇的绝缘性能，确保电池系统在正常工作条件下不会发生漏电或电击事故
	耐压性能	电池模块、簇	测试电池模块和簇在额定电压下的耐压强度，确保电池在正常工作电压范围内不会发生击穿或损坏
机械安全性能试验	挤压性能	电池单体、模块	模拟电池在受到外部挤压时的安全性，评估电池的结构强度和安全性
	跌落性能	电池单体、模块	模拟电池在使用过程中可能遇到的跌落情况，评估电池在跌落冲击下的结构完整性和安全性
	振动性能	电池模块	测试电池模块在振动环境下的性能和稳定性，评估电池在振动过程中的结构完整性和安全性
	液冷管路耐压性能	电池模块、簇	测试电池模块和簇中液冷管路的耐压能力，确保在正常工作压力下不会发生泄漏或破裂
环境安全性能试验	盐雾性能	电池模块	模拟海洋性气候高盐雾地区的使用情况
	交变湿热性能	电池模块	评估储能电池在交变湿热环境下的安全性能，确保电池在这种复杂环境下能够正常工作
	高海拔绝缘性能	电池模块、簇	测试电池在高海拔条件下的绝缘性能，确保电池的安全运行
	高海拔耐压性能	电池模块、簇	类似于高海拔绝缘性能，此测试是为了验证储能电池在高海拔地区的耐压能力，以确保电池在极端环境下的稳定性
热安全性能试验	绝热温升特性	电池单体	评估储能电池单体在工作过程中产生的热量和温升情况，确保电池在工作时不会因过热而发生危险
	热失控性能	电池单体	模拟储能电池单体在异常情况下可能发生的热失控现象，评估电池的热安全性能

续表

测试类别	测试项目	测试对象	测试目的
热安全性能试验	热失控扩散性能	电池模块	模拟电池单体发生热失控时，触发电池模块系统内相邻或其他部位电池单体热失控的现象，评估储能电池模块在单个电池发生热失控时，其他电池是否会受到影响，以及整个电池系统的热扩散情况，确保电池模块在极端情况下的安全性
报警和保护功能试验		电池簇	针对电池管理系统的报警和保护功能进行设计，以验证系统在异常情况下能否及时响应并采取有效的保护措施

表 2-18 详细列出了储能电池安全测试的主要项目和目的，从多个角度对电池的安全性进行全面的评估。

电气安全性能试验是评估储能电池在电气环境下的安全性能。通过模拟过充电、过放电、过载、短路等条件，测试电池在这些异常工况下的安全性。这些测试旨在确保电池在电气故障或误操作的情况下不会引发火灾、爆炸等安全事故。同时，绝缘性能和耐压性能测试则保证电池在正常工作条件下不会发生漏电或电击事故，确保用户安全。

机械安全性能试验主要关注电池在受到外力作用时的安全性能。通过模拟挤压、跌落、振动等实际使用场景中可能遇到的物理冲击，测试电池的结构强度和稳定性。这些测试旨在确保电池在受到外力作用时不会发生结构损坏或内部短路等安全问题。此外，液冷管路耐压性能的测试则保证电池在冷却系统工作正常的情况下不会发生泄漏或破裂。

环境安全性能试验是评估电池在不同环境条件下的安全性能。盐雾、交变湿热、高海拔等环境条件下的测试旨在模拟电池在实际使用中可能遇到的各种复杂环境，确保电池在这些环境下能够正常工作且不会发生安全问题。这些测试对于电池在恶劣环境下的稳定性和可靠性至关重要。

热安全性能试验主要关注电池在工作过程中产生的热量和温升情况。热失控是为了模拟电池单体在可能面临的滥用条件下的热安全性，该过程电池温升速率急剧变化，可引起过热、起火、爆炸现象。通过测试绝热温升特性，评估电池在工作状态下的热稳定性和安全性。此外，热失控扩散性能测试则模拟在电池模块中，电池单体发生热失控时，随着温度的升高形成一个温度场，使得周边的电池单体也处于一个高温环境，促发电池模块中相邻或其他部位的电池单体发生热失控的现象，以评估整个电池系统的热安全性能。这些测试对于防止电池热失控引发火灾等安全事故具有重要意义。

2.6.4 储能电池安全性评价体系构建

为了全面评估储能电池的安全性，构建一套完善的评价体系至关重要。体系的完善与否直接关系到用户的安全、技术的进步以及行业的健康发展。

1. 评价体系的框架设计

在构建储能电池安全性测试方法的评价体系时，首先要确立评价的核心指标。这些指标应全面覆盖电池在各类使用场景和极端条件下的安全表现，包括过充电/过放电安全性、过载性能、短路性能、绝缘性能、耐压性能、机械强度、环境适应性以及热安全性等。每一项指标都直接关系到电池在实际应用中的安全性能。

其次，制定一套详尽的测试标准和流程。这些标准和流程应基于国家和国际的相关规范，确保测试过程的科学性与结果的公正性。同时，考虑到实际使用中的复杂场景和潜在风险，还应结合实际情况制定更为贴切的测试要求，使评价体系更加实用和有效。

最后，建立高效的测试数据收集与分析机制。通过专业设备收集测试数据，利用先进的数据分析工具对数据进行深入挖掘和分析，生成客观、准确、全面的测试报告。这些报告将为电池的设计优化、生产改进以及安全使用提供有力的数据支撑。

评价体系的主要目标是确保储能电池系统在整个生命周期内的安全性和可靠性。为达成此目标，体系需要全面覆盖电池系统的所有潜在安全风险点，具备动态适应新风险的能力，侧重于预防以避免潜在安全事故，并提供清晰实用的操作指导。各组成部分相互支持，形成协同工作的整体，从而实现对储能电池系统安全性的全面保障。总体来看，储能电池安全性评价体系的构建是一个全面的过程，涉及从核心指标的确立、测试标准和流程的制定，到测试数据的收集和分析的各个环节。这个过程需要科学、系统和细致的规划和执行，以确保电池系统的安全性和可靠性。

2. 评价体系的实施

实施储能电池安全性评价的过程是多阶段的，需要结合理论研究与实践操作。这个过程不仅要确保测试的科学性和准确性，还要关注评价的全面性和深度。

首先，前期准备是实施安全性评价的基础。这一阶段需要明确评价的目标和范围，选择合适的测试标准和方法，并准备必要的测试设备和环境。前期准备的充分性直接关系到评价过程的顺利进行和结果的有效性。此外，还需考虑电池的具体应用场景和环境条件，以确保测试条件的实际性和相关性。

其次，执行测试是评价过程中的核心环节。在这个阶段，测试应遵循相应的标准和流程，严格控制测试条件，以保证数据的准确性和可靠性。测试应全面覆盖安全性能的各个方面，如过充电/过放电、过载、短路、绝缘、耐压、机械强度、环境适应性和热安全性等。通过模拟实际使用中可能遇到的各种极端条件和应急情况，测试可以深入揭示电池在不同情况下的安全表现。

再次，数据分析是理解测试结果的关键。这一阶段需要使用先进的数据处理和分析工具，从大量测试数据中提取有意义的信息。通过对比分析、趋势分析和深入挖掘，可以识别电池性能的关键影响因素，发现潜在的安全隐患，并评估电池的整体安全性能。

最后，根据测试结果和分析结论，提出针对性的改进措施与建议。包括电池设计的优化、制造过程的改进、使用条件的调整或安全保护措施的增强。此外，测试和分析过程中积累的经验和数据还应被用来更新和优化安全性评价体系，以提高其准确性和实用性。

总之，储能电池安全性评价的实施过程是一个从前期准备到测试执行，再到数据分析和结果应用的完整过程。每个环节都需精心设计和严格执行，以确保评价结果的科学性、准确性和实用性，为储能电池的安全使用和持续改进提供坚实的支持。

3. 评价体系的重要性分析

从用户的角度来看，储能电池的安全性测试是保护用户安全的重要屏障。通过严格的测试，我们能够及时发现并处理电池中的安全隐患，从而有效预防火灾、电击等严重安全事故的发生，保障用户的人身安全。

对于制造商而言，安全性测试不仅是提升产品质量、增强市场竞争力的有力武器，更是其履行社会责任、维护品牌形象的重要体现。通过测试，制造商可以及时发现产品中的缺陷和不足，及时进行改进和优化，提升产品的安全性和可靠性。

从环境和社会角度来看，储能电池的安全性测试对于防止环境污染和生态破坏具有重要意义。电池故障可能导致有害物质泄漏，对环境造成污染。通过安全性测试，可以及时发现并防止这类事故的发生，保护环境的可持续性和社会的和谐发展。

此外，储能电池的安全性测试也是满足国家和国际法规要求的重要保障。通过测试并获得相关认证和许可，制造商可以在全球范围内销售产品，拓展市场份额。同时，也将促进储能电池行业的健康发展，推动相关标准的完善和提升。

最后，对于技术创新和研发而言，安全性测试是推动储能电池技术进步的重要动力。通过测试，可以发现电池设计中的不足和潜在风险，为技术创新和研发提供方向。这将有助于加速储能电池技术的迭代和优化，推动整个行业的进步和发展。

储能电池安全性评价体系的建立和实施是多方面、多层次的需求和责任的体现，对于确保电池产品的安全性、保护用户和环境、符合法规要求、推动技术创新和实现行业发展具有不可替代的重要性。

4. 未来发展趋势

随着储能技术的快速发展，安全性评价体系面临着不断的演进和更新的需求。未来，这一体系必须更加灵活和动态，以适应新兴电池技术如固态电池和锂硫电池的挑战。这种适应性不仅限于技术层面，还包括对市场动态和政策变化的敏感反应，确保评价体系在变革中保持相关性和领先性。

技术进步将深刻影响安全性评价的方法和流程。例如，人工智能和大数据分析的应用能显著提高安全性评价的效率和准确性。通过大数据分析，我们能够识别安全风险的模式和趋势，预测潜在的安全挑战，实现更加前瞻性的风险管理。同时，人工智能能够提供自动化的决策支持，优化测试流程，确保评价活动的高效和精确。

行业趋势和市场需求也将显著塑造未来的安全性评价标准。随着电动汽车和可再生能源领域的快速发展，对储能电池的需求激增，从而将安全性置于更加突出的位置。为满足行业对高安全性能的期待，更加严格和全面的安全测试标准将被制定。消费者对电池安全性的格外关注也将推动评价标准的不断完善，以增强公众对储能电池产品的信任和接受度。

综上所述，储能电池安全性评价体系的未来发展是一个与技术进步、市场需求和行业趋势紧密相连的过程。这需要评价体系不断创新和适应，以确保能够有效应对新的挑战和需求，进而保证储能电池的安全性和可靠性。

2.6.5 小结

本节主要从电池应用场景特点出发，对比分析动力电池和储能电池的差异性，这两种电池在测评时，虽然有一些共同的测试项目，如电气安全性能、机械安全性能、环境安全性能以及热安全性能等，但在具体的测试要求和侧重点上存在着显著的差异。

对于动力电池来说，其测评更加侧重于车辆行驶过程中的安全性、续航能力以及快速充电性能。例如，在电气安全性能测试中，动力电池需要特别关注在高功率输出和快速充电时的稳定性和安全性。而在机械安全性能测试中，动力电池需要经受更为严苛的振动和冲击测试，以确保在车辆行驶过程中不会发生结构损坏或内部短路等问题。

相比之下，储能电池的测评则更加注重于其在长期储能过程中的稳定性和安全性。在电气安全性能测试中，储能电池需要经受长时间的充放电循环测试，以验证其在长期运行过程中的电气性能稳定性和安全性。此外，还需要特别关注储能电池在高温、低温、高湿度等恶劣环境下的表现，以确保在各种环境条件下都能稳定运行。

在热安全性能测试方面，动力电池和储能电池都需要进行热失控性能测试，但储能电池可能还需要进行更为严格的测试，以验证其在长期高温运行或故障情况下的热安全性。此外，还需要关注储能电池在热失控情况下的热扩散性能，以确保整个电池系统的安全性。

综上所述，动力电池与储能电池在测评方面存在明显的差异。这些差异主要体现在测试要求和侧重点上，反映了这两类电池在应用领域和工作环境上的不同特点。通过深入了解这些差异，可以更好地理解动力电池和储能电池的性能要求，为未来的研究和开发提供有价值的参考。

2.7 电池储能工况应用安全风险评估

2.7.1 电池储能在电力系统中的应用

随着能源结构的转型和智能化电网的发展，电池储能技术在电力系统中的应用日益凸显。作为一种高效、灵活的能源存储手段，电池储能不仅有助于解决能源危机，还为实现智能化能源使用提供关键性支持。电池储能技术目前在电力系统中的应用主要包括电力调峰、提高系统运行稳定性和提高供电质量等。储能系统在电网中所发挥的作用主要体现在以下几个方面。

1. 削峰填谷

储能系统在电网中的重要作用日益凸显，尤其在削峰填谷方面展现出无可替代的优势。它不仅能够显著改善电力系统的日负荷率，提升发电设备的利用率，还能为电网的整体运行效率带来质的提升。电力生产过程的连续性和实时平衡性要求发电、输电、变电、配电和用电必须时刻保持同步。然而，随着可再生能源和分布式资源的广泛应用，电力需求的峰谷差异日益增大，这给电网的稳定运行带来了巨大挑战。

传统的解决方式是通过增加发输配电设备来满足高峰负荷的需求，但这不仅成本高昂，还可能受到资源保护和环境因素的制约。储能系统通过削峰填谷的方式，为这一挑战提供了有效的解决方案。它们能够在电力需求低峰时将多余的电能储存起来，并在高峰时释放这些电能，从而平衡电力负荷。这种能力不仅有助于减少电网对新增发电设备的依赖，降低电网的投资成本，还能提高电力设备的使用率，减小线路损耗，并提高供电可靠性。通过建立经济且反应迅速的调峰电站和大规模储能系统，能够将低谷电能转化为高峰电能，实现发电和用电之间的解耦及负荷调节。这不仅为电力市场化奠定基础，还降低发电设备投资，提升设备利用率，减少线路损耗并增强供电可靠性，创造显著的经济和社会效益。

2. 提供应急电源并改善电能质量

储能系统在提供应急电源、提高供电可靠性以及改善电能质量方面发挥着不可或缺的作用。在突发事故或电网崩溃等紧急情况下，医院、消防、通信、银行等重要负荷区的电力供应必须得到优先保障。储能设备可以迅速响应，作为不间断电源或应急电源，为这些关键设施提供所需的电力，确保它们在关键时刻能够正常运行。储能系统不仅能够在紧急情况下提供电力支持，还能够为电网恢复争取宝贵的时间。在电网崩溃后，储能系统可以通过其快速响应能力，为电网的逐步恢复提供稳定的电力来源，从而避免损失进一步扩大。此外，储能系统还可以通过其灵活的充放电特性，实现对电网负荷的平滑调节，减轻电网的负荷压力，提高电网的供电可靠性。

除了提供应急电源和提高供电可靠性外，储能系统还能显著改善电能质量。借助于先进的电力电子变流技术，储能系统可以实现高效的有功功率调节和无功控制。这意味着储能系统可以迅速平衡由于各种原因产生的不平衡功率，如负荷波动、设备启动等。通过平衡不平衡功率，可以减小扰动对电网的冲击，稳定电网电压和频率，从而提高用户的电能质量。

3. 参与电网频率调节

随着可再生能源，特别是风电和太阳能发电在电网中的比例逐渐提高，传统发电机组所占的比例相应减少。这一转变导致电网面临调频资源减少和频率特性恶化的结构性挑战。在新能源发电高比例渗透的背景下，调频容量不足的问题变得尤为突出。因此，需要寻找新的调节手段来平衡电网的有功功率缺额，确保电网频率的稳定。

储能系统以其快速响应、精确跟踪以及优异的功率-频率特性，成为解决此问题的关键。储能系统可以在秒级及分钟级的时间尺度内提供功率支撑，有效地平衡电网的有功功率缺额。当电网频率出现偏差时，储能系统可以迅速充放电，提供或吸收所需的功率，从而帮助电网迅速恢复到额定频率。此外，储能系统还可以与传统发电机组协同工作，提升电网整体的调频能力。在新能源发电高比例渗透的情况下，传统发电机组需要更频繁地进行调频操作。储能系统的加入可以减轻传统发电机组的调频压力，延长其使用寿命，同时提高电网的整体调频能力。

全球范围内，储能系统在电网调频辅助服务领域的应用正在迅猛发展。美国、德国、英国和中国等国家根据自身的能源结构特性、市场需求以及政策激励机制等，积极推动储能在调频领域的示范应用和研究。兆瓦级储能调频示范工程已经由 2014 年的十几项发展到当前的数十余项，涉及发电和输配电环节。储能系统不仅可以提供快速、精确的功率支撑来平衡电网的有功功率缺额，还可以与传统发电机组协同工作，提升电网整体的调频能力。

4. 满足可再生能源并网需要

可再生能源，如风电和光伏发电，受自然条件的直接影响，其发电输出具有显著的随机性和间歇性。这种不稳定的能源供应模式直接并入电网，可能会引发电压波动、频率偏移等问题，从而增加电网系统的不稳定因素。储能系统作为一种高效的能量存储和调节工具，其关键作用在于平衡这种不稳定的能源供应，确保可再生能源能够安全、稳定地并入电网。

储能系统将在平抑、稳定风能发电或太阳能发电的输出功率和提升新能源的利用价值方面发挥重要作用。它通过迅速切换充放电状态，能够平滑可再生能源发电的输出功率，减少对电网的冲击。当可再生能源发电设备产生的功率超过电网需求时，储能系统可以迅速吸收多余的能量；而当电网需求超过发电设备的输出时，储能系统则能够释放之前储存的能量，满足电网需求。此外，储能系统还可以提升可再生能源的利用价值。由于可再生能源发电设备的输出功率会随环境因素变化，储能装置能够确保供电的持续性和可靠性。例如，在风力发电中，储能系统可以平衡风速变化引起的发电机输出功率波动，从而稳定电能质量。

对于分布式发电系统而言，储能系统同样发挥着不可替代的作用。这些系统可以与电网连接，向电网馈电，并提供削峰、紧急功率支持等服务。但一些可再生能源分布式发电系统，受环境因素的影响较大，因此无法制定特定的发电规划。而储能装置的配置，使得分布式发电系统能够按照预先制定的发电规划进行发电，不必过多考虑实时的发电功率，即使在可再生能源供应不足的情况下，也能保证电网的稳定运行。

2.7.2 锂离子电池储能应用安全风险评估

1. 锂离子电池储能应用案例

在全球能源结构转型与绿色可持续发展的大背景下，储能技术成为连接可再生能源与高效能源利用之间的重要纽带。在众多储能技术中，锂离子电池以其出色的比能量和效率表现脱颖而出，不仅能满足瞬时功率需求，还适用于长期能量储存。相较于钠硫电池和液流电池等其他储能技术，锂离子电池在技术成熟度、产业链完整性及成本降低潜力方面均展现出显著优势。这使得锂离子电池在家庭储能、工业储能和电网储能等多个领域都具有广阔的应用空间。随着国内储能需求的不断增长和技术的不断进步，锂离子电池储能的规模化应用趋势日益明显。

中国作为全球锂离子电池生产的重要基地，拥有以宁德时代为代表的一批领先电池企业，这些企业非常重视锂离子电池在电力储能方面的应用技术。以下是一些锂离子电池储能的应用案例。

鲁能国家级储能电站示范工程：2018 年 12 月，该项目作为当时国内最大的发电侧电化学储能项目，采用宁德时代的磷酸铁锂电池储能系统，总容量为 50MW/100MW·h。项目的成功并网不仅提升了电力供应的稳定性，还有效促进了节能减排。

晋江桐林储能电站：2020 年 1 月并网，由宁德时代提供完整的储能系统集成解决方案，其电池单体循环寿命高达 12 000 次，标志着电网侧储能技术的重要突破。

湖南省电化学储能电站：2022 年 12 月并网，采用比亚迪储能系统，容量为 200MW/MW·h，是湖南省内单站容量最大的电化学储能电站，使用的电池产品是全球首款通过 UL 9540A 电池芯层级、模组层级以及单元层级测试产品，确保了电站运行的安全性和稳定性。

中广核枣庄山亭储能项目：2022 年 12 月并网，一期装机容量为 100MW/200MW·h。项目中使用的超长寿命电池技术，电池的循环次数提升至最高 10 000 次，电池寿命突破 15 年，是 2022 年度山东省储能示范项目中首个并网的电网侧独立共享储能项目。

湖北金开新能源石首共享储能电站项目：2023 年 1 月并网，由蜂巢能源旗下子公司打造的 100MW·h 共享式电化学储能电站，项目总装机容量 50MW/100MW·h，配备 20 个 1500V 大型储能电池舱、20 个 PCS 升压一体舱及 EMS 能量管理系统等，可实现 100%电池芯、可燃气体、环流实时监测，能够达到电池芯级智能温控，快速提升能效，同时具有智能充放电管理，智能预警功能，全方位提高系统运行的安全性，即便在−30～45℃极端天气也可安全使用。

电建新能源宁夏吴忠市储能项目：2023 年 1 月并网，采用磷酸铁锂电池，容量为 100MW/200MW·h，共设置 33 个储能单元，促进宁夏电网电力源网荷储一体化及多能互补发展，提升电力系统调峰备用容量。

国家电投新疆公司甘肃定西市项目：2023 年 2 月并网，是压缩空气＋锂电池耦合储能的全国首次应用，一期工程建设容量 50MW/200MW·h。

宁夏腾格里沙漠光伏项目：2023 年 4 月并网，宁夏首个“沙戈荒”光伏电站项目一期 100 万 kW 工程，使用锂离子电池储能系统，旨在解决新能源发电的间歇性和不稳定性问题，通过结合光伏和储能技术，实现新能源的高效利用和电网的稳定运行。

贵州电化学独立储能项目：2023 年 12 月并网，贵州 165 万 kW/330 万 kW·h 电化学独立储能项目，贵州成为南方五省区规模最大的电化学储能基地，有效提升了当地电网的调峰备用容量。

粤港澳大湾区最大新型储能电站项目：2024 年 1 月正式投运，粤港澳大湾区最大新型储能电站宝塘锂电新型储能站，装机规模为 300MW/600MW·h，占粤港澳大湾区新型储能总量的 1/5，其采用磷酸铁锂电池储能系统。

在所有展示的案例中，储能技术以其独特的优势和潜力，在能源转型和绿色发展中发挥着关键作用。这些案例共同展示了储能技术如何助力电网稳定、提升可再生能源消纳、优化能源结构以及促进清洁能源体系的建设。它们不仅是中国在储能领域取得的显著成果，也为全球能源转型提供了宝贵的经验和启示。随着可再生能源的大规模开发和利用，储能技术将成为不可或缺的支撑力量，其市场需求和应用前景十分广阔。尤其是在构建清洁低碳、安全高效的现代能源产业体系的进程中，储能技术将发挥更加关键的作用，推动中国能源行业的持续发展和进步。

2. 锂离子电池储能可能面临的安全风险

锂离子电池储能因其高能量密度和长寿命而备受青睐，然而，其非线性、不一致性和时变特性使得其在长期充放电过程中存在严重的安全隐患。这些特性导致电池单体间的充电接受能力、自放电率和容量衰减速率存在显著差异，从而加剧电池组之间的离散性，并加速性能的衰减，甚至会发生威胁安全的严重后果。若缺乏有效的管理策略，电池组的性能将迅速下降，进而影响到整个电池组的寿命和可靠性。

锂离子储能电池的安全问题主要表现在发烟、燃烧和爆炸等，其直接根源在于电池的热失控。热失控一旦发生，将迅速蔓延至整个电池组，甚至可能引发连锁反应，对周围环境和设备造成严重的破坏。因此，对锂离子电池储能的热失控现象进行深入研究，掌握其敏感因素、触发条件及阈值至关重要。

通过对国内外电池储能试验基地及其他规模化储能应用示范工程中的现有工况进行总结，我们发现储能应用的工况环境与电动汽车差别较大。电动汽车在运行中存在多种不确定性因素，如跌落、挤压、穿刺、短路等均可能发生，但储能工况下不存在这些不确定性因素。储能应用的特点是使用场所固定、工况环境较为温和、不可预见因素较少，同时电池数量巨大。此外，储能应用的工况现场人员较少，一般为具备专业操作技能的工作人员，因此在处置得当的情况下，安全事故对人身产生伤害的概率较低。然而，由于储能电站配置的电池数量巨大、容量很高，如果预警不及时、处置不合理，可能会发生波及整体系统的连锁灾害。这将对局部电网的电能质量和稳定性产生冲击，甚至引发严重的间接危害。因此，针对锂离子电池储能的特殊应用场景，必须深入研究电池在过充电、过放电、热滥用和短路等条件下的热失控现象。同时，还需要制定针对性的安全检测要求和实验条件，以确保储能系统的安全运行。只有通过科学的研究和有效的管理，才能降低锂离子电池储能的安全风险，保障其长期稳定运行。触发锂离子储能电池安全事故可能的因素在前面章节有详细叙述，此处不再赘述。

2.7.3 电池管理系统和储能变流器安全风险评估

1. 电池管理系统的安全风险评估

在电池储能系统中，电池管理系统（BMS）扮演着维护电池安全、优化电池利用率及延长电池寿命的关键角色。BMS 的核心功能涵盖对电池物理参数的实时监测、电池状态的精准估计、在线诊断与及时预警、充放电及预充过程的控制，以及均衡管理和热管理等。尽管 BMS 的设计初衷是为了提高电池的利用率并增强电池的安全性，但在实际应用过程中，它自身也可能成为潜在的安全风险源。

目前关于因 BMS 诱发的储能系统安全问题的报道较少，但是在电动汽车领域，BMS 相关的故障相较于其他系统组件而言更为常见。这些故障不仅可能对车辆的正常运行造成干扰，更为严重的是，它们有可能触发安全问题，甚至导致火灾等灾难性事件。因此，对 BMS 可能存在的故障及其带来的安全风险进行全面而深入的评估尤为重要。

以下是对 BMS 常见故障及其可能引发的安全问题的详细分析。

1）系统供电后 BMS 不正常工作

当系统供电后，BMS 未能正常启动和工作，这可能会直接影响到电池的安全性能和运行状态。此类问题通常源于供电异常、线束故障或直流转换器失效。

供电异常是导致 BMS 不工作的常见原因。外部电源的不稳定、电压低于 BMS 的最低工作需求或限流保护设置不当，都可能导致 BMS 无法获得足够的电力来启动和运行。解决此问题需要检查外部电源的供电情况，确保其稳定性和电压输出满足 BMS 的要求。必要时，需要对外部电源进行调整或更换，以确保其能够为 BMS 提供可靠的电力支持。

线束问题也是导致 BMS 不工作的常见原因之一。线束可能由于物理损坏、老化或安装不当而出现短路或断路，导致电力无法正常传输到 BMS。解决此问题需要对线束进行仔细检查，查找并修复潜在的短路或断路。需要使用专业的测试工具检测线束的导通性和绝缘性能，以确保其能够正常工作。

直流转换器的故障也可能导致 BMS 不工作。直流转换器负责将外部电源提供的电压转换为 BMS 所需的稳定电压。如果直流转换器出现故障，如无电压输出或输出电压不稳定，那么 BMS 将无法正常工作。解决此问题需要检查直流转换器的工作状态，测量其输出电压以判断其是否正常。如果发现故障，需要及时更换故障的直流转换器模块，以确保 BMS 能够获得稳定的电力供应。

这类故障可能导致电池状态无法准确监控，从而增加电池过充电或过放电的风险。通过仔细分析和处理这些问题，可以确保 BMS 能够正常工作，从而保障锂离子电池储能系统的安全稳定运行。因此必须仔细分析并妥善处理这些问题，以确保 BMS 能够正常启动并稳定运行，从而维护整个锂离子电池储能系统的安全。

2）BMS 与 ECU 的通信故障

BMS 与电子控制单元（ECU）之间的顺畅通信是确保电池系统正常运行和整体安全性的关键环节。一旦 BMS 与 ECU 之间的通信受阻或中断，将可能引发一系列连锁安全问题。

BMS 与 ECU 的通信故障可能导致电池状态信息无法实时传递给 ECU。ECU 需要准确了解电池的电压、电流、温度以及荷电状态（SOC）等关键参数，以进行能量管理和控制。如果这些信息无法及时获取，ECU 难以做出合理的能量管理和控制决策。

主控模块的通信故障也可能导致电池系统的保护功能失效，增加电池发生热失控、短路等安全事故的风险。造成这一问题的常见原因包括主控模块硬件故障（如芯片故障、电源模块失效）导致无法处理或传输数据、CAN（控制器局域网总线）信号线断裂或接触不良等。主控模块是 BMS 的核心部件，负责数据的采集、处理和传输。如果主控模块未工作，那么 BMS 自然无法与 ECU 进行通信。而 CAN 信号线是 BMS 与 ECU 之间传输数据的通道，如果信号线断线，那么通信也将中断。

为了解决这个问题，可以采取以下措施：首先，检查主控模块的电源是否正常。主控模块通常需要 12V 或 24V 的电源供电，如果电源异常，主控模块可能无法正常工作。其次，检查 CAN 信号线是否退针或插头未插。这些物理连接问题可能导致信号传输中断。最后，通过监听 CAN 端口数据来验证通信是否正常。如果能够收到 BMS 或 ECU 的数据包，则说明通信正常；否则，需要进一步排查问题所在。

BMS 与 ECU 之间的通信对于确保电池系统的安全性和性能至关重要。当出现通信故障时，需要及时排查并解决问题，以降低潜在的安全风险。通过检查主控模块电源、CAN 信号线以及 CAN 端口数据等方法，可以有效地诊断和修复通信故障，确保 BMS 与 ECU 之间的正常通信。

3）BMS 与 ECU 通信不稳定

BMS 与 ECU 之间的通信不稳定可能由多种因素引发，其中外部 CAN 总线终端匹配问题是一个常见原因。CAN 总线作为数据传输的主要通道，其匹配不良会直接影响信号的传输质量。此外，总线分支过长也可能导致信号衰减和延迟，进一步加剧通信的不稳定性。

要解决 BMS 与 ECU 之间的通信不稳定问题，首先需要检测外部 CAN 总线的匹配情况。包括检查匹配电阻的阻值是否在规定范围内，以及匹配位置是否正确。如果发现匹配电阻阻值不当或位置错误，应及时进行调整或更换。同时，还需要关注总线分支的长度。过长的分支可能导致信号传输延迟和干扰增加，因此需要对分支长度进行合理规划和调整。

BMS 与 ECU 之间的通信稳定性对电池储能系统的性能和安全至关重要。稳定的通信能够确保电池状态信息的实时传递和 ECU 的准确控制，从而提高电池储能系统的存储性能、经济性和安全性。

4）BMS 内部通信紊乱

BMS 内部通信的稳定性同样重要。通信紊乱可能由多种原因引起。首先，通信线插头松动是一个常见的原因，会导致通信信号中断或不稳定。其次，CAN 走线不规范也可能引发通信问题，如走线过长、过于曲折或暴露在电磁干扰较大的环境中。最后，电池监控单元地址重复也是一个潜在的原因，地址重复会导致通信冲突和数据错误。

为了解决 BMS 内部通信不稳定的问题，首先，需要检测接线是否松动，检查通信线的插头是否牢固连接在接口上，如有松动应及时紧固。其次，需要检测总线匹配电阻是否正确，以及匹配位置是否合适。错误的匹配电阻或位置可能导致信号反射和干扰，因此需要根据规范要求进行调整。同时，还需要检查 CAN 走线是否规范，避免过长、曲折或暴露在不良环境中。最后，应检查电池监控单元地址是否重复。确保每个电池监控单元具有唯一的地址，避免通信冲突和数据错误。

5）绝缘检测报警

绝缘检测报警可能由多种原因引发。首先，高压系统漏电（如电池包、高压电缆、接触器或动力设备等绝缘层破损）会导致电池系统或动力回路的绝缘性能下降，从而触发报警。其次，绝缘模块检测线接错可能导致系统误判绝缘状态，引发误报警。

为了解决绝缘检测报警的问题，需要先准确诊断报警的原因。可以通过 BMS 监控界面或绝缘监测模块查看实时数据，包括电池母线电压和负母线对地电压等关键参数。这些数据可以帮助判断电池系统是否存在漏电或绝缘性能下降的情况。同时，使用绝缘摇表分别测量母线和驱动器对地绝缘电阻，对比各分段阻值，定位漏电部件。此外，检查绝缘检测模块线束连接是否正确（如正负极采样线、地线），有无松脱、短路或接错端子。这些检测可以帮助判断电池系统是否存在漏电或绝缘性能下降的情况，以及准确识别漏电故障点。

6）主继电器无法正常吸合

在 BMS 中，主继电器的正常吸合对于保障电池组的安全运行至关重要。然而，有时在上电后主继电器却无法正常吸合，这通常是由负载检测线未接、预充继电器或预充电阻开路等导致。这种故障不仅会影响电池组的正常充放电过程，还可能引发电路短路、车辆无法启动或突然熄火等严重安全问题。为解决此问题，技术人员需使用电池数据显示模块仔细检查母线电压数据，确保电池和负载母线电压处于正常范围。同时，还需要密切关注预充过程中的电压变化情况。以便有效诊断和处理故障，降低 BMS 中的安全风险，确保电池组的安全运行。

7）采集模块数据异常

BMS 中的采集模块是确保电池安全运行的关键组件，它负责实时收集电池状态数据。然而，当采集模块出现数据异常时，如数据持续为零，就会对电池系统的安全性构成严重威胁。这种故障通常是由采集线断开或采集模块损坏引起的。若无法及时修复，将导致 BMS 无法准确判断电池状态，可能引发过充电、过放电等安全问题，甚至导致系统保护失效。为解决此问题，技术人员需采取相应措施，如重新拔插模块接线，并在采集线接头处测量电池电压是否正常，在温度传感器线插头处测量阻值是否正常，从而准确判断故障点并及时进行修复。这些步骤对于预防和处理采集模块数据异常的故障至关重要，有助于降低 BMS 的安全风险，保障电池的正常运行和车辆的安全使用。

8）电池电流数据错误

在 BMS 中，电池电流数据的准确性对于确保电池的安全运行至关重要。然而，有时会出现电池电流数据失真的情况，通常是由霍尔传感器信号线插头松动、霍尔传感器损坏或采集模块故障等导致的。若霍尔传感器信号线插头松动，会导致传感器与采集模块之间的连接不稳定，进而影响电流数据的准确性。霍尔传感器损坏则可能由于长时间使用、电流过载或外部环境因素造成，一旦损坏，它将无法正确测量和传输电流数据。此外，采集模块作为数据处理的中枢，其损坏也会直接导致电流数据错误。此类故障若不及时处理，将会对 BMS 产生一系列负面影响。错误的电流数据可能导致充放电控制策略失误，进而引发电池过充电、过放电或热失控等安全风险。

为解决此问题，技术人员需要采取相应措施。首先，重新拔插霍尔传感器信号线，确保连接牢固可靠。其次，检查霍尔传感器的电源是否正常以及信号输出是否准确。如果发现传感器损坏或性能不佳，应及时更换。最后，若怀疑采集模块损坏，也需要进行更换以恢复数据的准确性。通过这些措施，技术人员可以有效地诊断和处理电池电流数据错误的故障，降低 BMS 的安全风险，确保电池组的安全稳定运行。

9）电池组内部温差过大

电池组在持续工作过程中会产生大量热量。如果热量不能得到有效散发，电池单体间的温差会逐渐增大，对电池性能和寿命造成严重影响，甚至可能引发安全问题。在 BMS 中，当监测到电池温差过大时，需要高度重视并及时处理。造成电池温差过大的原因较为复杂，主要包括冷却系统故障、热管理设计缺陷和运行工况影响。冷却系统故障方面，散热风扇插头松动、电机损坏、叶片变形或卡滞，会导致风扇无法正常工作，影响散热效果；若为液冷系统，还可能存在水泵功率下降、管路堵塞、冷却液泄漏或换热器结垢等问题，导致散热效率降低。热管理设计缺陷表现为风道布局不合理（如气流短路）、导热硅脂老化或电芯与冷板接触不良，造成热量堆积；电池簇内温度传感器布置不足，可能无法真实反映局部热点。运行工况影响则是长时间高功率充放电会导致产热激增，超过散热系统设计能力。

为解决这一问题，可采取以下措施：首先，针对散热风扇故障，重新拔插风扇插头线，使用万用表测量接触电阻，确保连接紧密可靠，并给风扇单独供电，检查风扇转速是否稳定在标称值，若发现风扇故障，及时更换新的散热风扇；若为液冷系统，需检查管路压力、清洗换热器、补充或更换冷却液。其次，优化物理结构，清理风道积尘，修复导流板破损处，重新涂抹导热硅脂，确保电池芯与冷板紧密贴合。此外，调整热管理策略，限制高功率工况持续时间，或启用主动均衡功能降低产热，同时增加温度传感器密度，精准定位热点区域。

针对电池温差过大的问题，除了采取上述解决措施外，还应重视预防工作。加强电池组的热管理设计，优化散热结构，提高散热效率；定期对电池组进行散热性能检测和维护，确保散热系统始终处于良好状态；同时，选用高质量的散热风扇，并加强质量控制和入厂检测，以降低风扇的故障率。这些措施的实施，将有助于提高电池组的安全性和稳定性，延长其使用寿命。

10）电池温度过高或过低

电池作为能量存储的核心组件，其温度状态直接关系到工作性能与安全性。过高的温度可能会引发热失控风险，导致电解液迅速蒸发，进而缩短电池寿命；而过低的温度则可能降低电池的充放电效率，甚至在极端情况下造成电池无法充放电。因此，BMS 中的温度监测显得尤为重要，一旦检测到异常，必须立即响应并妥善处理。

造成电池温度异常的常见原因包括散热系统故障、温度感知异常、热管理策略失效及环境因素。散热系统故障表现为散热风扇插头松动、电机烧毁、叶片卡滞，或液冷系统管路堵塞、水泵失效、冷却液不足；温度感知异常可能是温度探头安装位置偏移（未紧贴电池芯）、导热胶老化失效，或探头内部断路；热管理策略失效，如高温时未启动强制风冷/液冷，低温时未激活加热膜；环境因素包括外部热源辐射或低温环境未做保温措施。

为解决电池温度过高或过低的问题，可以采取以下策略应对：针对散热系统，重新插拔风扇插头并测量接触电阻，对风扇单独施加额定电压观察转速是否达标，更换损坏风扇，液冷系统需检查管路压力、冷却液液位，清洗换热器并更换老化管路；对于温度探头，使用红外测温仪实测电池芯表面温度并对比 BMS 显示值，测量探头内阻，若偏离标准值较高则更换探头并重新涂抹导热硅脂；同时测试热管理功能，手动触发风扇/液冷泵确认高温时进风口温度，低温时激活加热膜检测电池芯温度上升情况。除了这些应急措施外，还应重视预防工作。定期对电池散热系统和温度监测系统进行全面的维护和检查，确保其始终处于良好的工作状态，是预防类似问题再次发生的关键。通过这些综合措施，可以有效地保障电池的安全运行，并维护其性能的稳定性。

11）继电器动作后系统报错

在 BMS 中，继电器的正常运作对于电池组的充放电控制至关重要。当系统发出指令后，如果继电器动作后紧跟着出现系统报错，这往往意味着背后存在潜在的安全隐患。此情况通常由继电器辅助触点断线或继电器触点粘连所引起。

辅助触点断线问题可能是由于线束老化、振动导致接触不良或安装不当所导致。一旦断线，系统无法正确感知继电器的实际状态，从而引发报错。触点粘连则可能是由继电器长时间工作、触点材料疲劳或电流过大导致的。当触点粘连时，继电器无法正常断开电路，使得系统检测到异常并报错。此类问题若不及时处理，可能导致电池组无法按照预定策略进行充放电，进而影响车辆的正常运行。更严重的是，如果继电器故障导致电池组过充电或过放电，还可能引发电池热失控等安全事故。

为了解决这类问题，技术人员可以采取一系列措施：首先，重新检查并拔插继电器相关的线束，确保所有的连接都是牢固可靠的；其次，利用万用表等工具测量辅助触点的通断状态，以确认其是否正常工作。一旦发现辅助触点断线或触点粘连的情况，应立即更换受损部件，以恢复系统的正常运行。通过这些措施，技术人员可以有效地诊断和处理继电器动作后系统报错的问题，降低 BMS 的安全风险，确保电池组的安全运行和车辆性能的稳定表现。此外，定期对继电器等关键部件进行检查和维护也是预防类似问题发生的重要手段。

12）不能使用充电机充电

当发现无法使用充电机为电池充电时，可能的原因是充电机与 BMS 之间的通信出现了故障。BMS 与充电机之间的顺畅通信是保障充电过程安全、高效进行的基础。通信故障可能意味着充电机无法正确读取电池的状态信息、充电需求，或是无法接收到 BMS 发出的充电控制指令，从而导致充电无法进行。造成通信故障的原因多种多样，如通信线路损坏、接口接触不良、BMS 或充电机内部通信模块故障等。

为解决这一问题，技术人员可以采取以下步骤：首先，进行故障源定位，通过交叉测试（用正常充电机连接故障电池组或用故障充电机连接正常电池组）判断故障在 BMS 侧或充电机侧，同时通过 CAN 分析仪捕获通信报文，若 BMS 未发送充电准备就绪信号则排查 BMS，若充电机未响应国标握手协议则检查充电机固件；其次，进行物理层修复，测量充电接口 CAN 线电阻，检查终端电阻安装情况，清洁充电枪端子并使用导通测试仪检测通信线束，若物理层正常，则排查协议与软件问题，确认 BMS 与充电机协议版本匹配，通过上位机升级 BMS 固件或重置充电机至出厂设置。

在整个处理过程中，技术人员需确保操作符合安全规范，避免高压触电风险。为预防类似问题，建议每季度检查充电接口密封性及线束磨损情况，新设备接入前进行协议一致性测试，并建立 BMS 与充电机固件版本管理台账，定期推送兼容性更新。通过系统性排查物理连接、协议适配及硬件功能，可有效解决充电机与 BMS 通信故障，保障充电流程安全可靠。

13）部分电池箱的检测数据丢失

在 BMS 中，检测数据的完整性对于评估电池状态、确保系统安全至关重要。然而，有时会出现部分电池箱的检测数据丢失的情况，这将严重影响对电池组整体状态的准确评估和安全控制。造成这一问题的常见原因包括通信线路物理故障、从控模块故障及主控制器调度异常等。通信线路物理故障可能由接插件接触不良、线束断裂、CAN 总线屏蔽层接地失效或通信线与强电线路并行敷设引发的电磁干扰导致；从控模块故障可能是模块电源电路损坏、采集芯片或通信芯片故障，或模块地址冲突所致；主控制器调度异常则可能表现为主控制器未正确轮询从控模块或通信超时阈值设置过短。

为解决这一问题，技术人员可以采取以下措施：首先，进行物理连接排查，测量通信线束导通电阻及对地绝缘电阻，修复或更换断裂线束，清洁接插件端子并涂抹导电膏，更换老化接插件，同时检查通信线与强电线路间距，增加屏蔽层或磁环抑制干扰；其次，进行从控模块诊断，更换失效电源模块，重新配置模块地址，重启后验证通信恢复情况，替换疑似故障模块并对比数据是否恢复；最后，优化主控制器参数，延长通信超时阈值，增加重发机制，升级主控制器固件以修复调度逻辑漏洞。

在处理这类问题时，技术人员应严格按照操作规范进行，确保操作过程中的安全性和准确性。同时，为预防类似问题的再次发生，建议定期对 BMS 的接插件和模块进行定期维护和检查，从而确保系统的稳定运行和数据的完整性。

14）SOC 异常

电池的荷电状态（SOC）是描述电池当前剩余电量与其满电状态下电量的比值，是评估电池使用情况和预测其续航能力的重要参数。在 BMS 中，SOC 的准确性对于确保电池的安全和性能至关重要。然而，在实际应用中，可能会出现 SOC 异常的情况，这些异常可能表现为 SOC 在系统工作过程中变化幅度很大，或者在几个数值之间反复跳变；在系统充放电过程中，SOC 有较大偏差；SOC 一直显示固定数值不变。

造成 SOC 异常的原因有多种：电流未校准，电流的准确测量是计算 SOC 的基础。如果电流传感器未经校准或校准不准确，将导致电流测量值与实际值存在偏差，从而影响 SOC 的计算精度。电流传感器型号与主机程序不匹配，不同型号的电流传感器具有不同的测量特性和输出范围。如果电流传感器的型号与主机程序不匹配，可能导致测量数据无法被正确解析和处理，进而造成 SOC 计算错误。电池长期未深度充放电，电池的充放电特性会随着使用时间和充放电循环次数的增加而发生变化。如果电池长期未进行深度充放电，其内部化学物质的活性可能会降低，导致电池的容量和性能下降，从而影响 SOC 的准确性。数据采集模块采集跳变，数据采集模块负责实时采集电池的电压、电流和温度等数据。如果数据采集模块存在故障或受到干扰，可能导致采集到的数据出现跳变或异常波动，进而触发 SOC 的自动校准机制，造成 SOC 的异常变化。

为了解决这些问题，技术人员可以采取一系列措施来提高 SOC 的准确性。首先，对电流传感器进行校准，以确保测量数据的准确性；其次，检查并确认电流传感器型号与主机程序的匹配性，避免出现匹配问题；再次，定期对电池进行深度充放电操作，以激活电池内部化学物质的活性；最后，检查并修复数据采集模块的故障或干扰源，确保采集到的电池数据真实可靠。通过这些措施，可有效地提高 SOC 的计算精度和稳定性，从而保障电池的安全运行和使用体验。

2. 储能变流器的安全风险评估

储能变流器（PCS）作为电池储能系统的核心组成部分，其安全性对整个系统的稳定运行至关重要。尽管目前关于 PCS 引发的事故报道尚不多见，但这并不意味着其安全风险可以被忽视。从研究角度出发，对 PCS 可能存在的安全风险进行深入分析，有助于预防潜在问题，确保系统的安全可靠运行。

PCS 的主要功能是通过 DC/AC 双向变流器和控制单元来控制电池的充电和放电过程，实现交直流的变换，并对电网的有功功率和无功功率进行调节。它与 BMS 通过 CAN 接口进行通信，获取电池组的状态信息，从而实现对电池的保护性充放电，确保电池运行安全。然而，PCS 在运行过程中可能会遇到一些常见故障，这些故障有可能诱发安全问题。

以下是 PCS 可能面临的几种安全风险及其分析：

（1）绝缘阻抗低：可能是由于组件本身的质量缺陷或在边缘地方有黑斑烧毁导致组件通过边框漏电到地网。这不仅会降低系统效率，还可能引发严重的触电事故。因此，对 PCS 的绝缘性能进行定期检测和维护至关重要。针对此类问题，主要防范措施如下：采用高质量组件，并进行严格的入库检测；定期对系统进行绝缘测试，及时发现并处理潜在问题；加强安装过程中的质量控制，避免边缘烧毁等安装缺陷。

（2）母线电压低：母线电压低会影响 PCS 的正常运行，甚至导致系统停机。这种情况可能是由电网电压波动、负载过重或 PCS 内部故障等造成的。针对此类问题，主要防范措施如下：配备稳压设备，确保电网电压在允许范围内波动；合理规划负载，避免过载情况发生；定期对 PCS 进行维护和检查，确保其内部电路健康。

（3）漏电流故障：漏电流故障通常与安装质量有关，如接头不良、组件安装不当等。这种故障不仅影响效率，还威胁人身安全。针对此类问题，主要防范措施如下：在安装和维护过程中应严格遵守相关规范和要求，确保所有接头和组件安装牢固、防水；使用高质量的材料和设备，降低故障率；定期对系统进行漏电流检测，及时发现并处理问题。

（4）直流过压保护失效：当直流电压超过 PCS 的承受范围时，可能会触发过压保护机制，导致系统停机或损坏。这种情况可能是由电池组过充电、电网电压过高或 PCS 内部控制故障等造成的。为防止此类问题发生，应合理配置电池组的充电参数，并定期对 PCS 进行过压保护功能的检测和校准。针对此类问题，主要防范措施如下：合理设置电池组充电参数，避免过充电情况发生；配备过电压保护设备，确保电网电压在安全范围内；定期对 PCS 的过压保护功能进行检测和校准。

（5）逆变器开机无响应：可能是由逆变器内部故障、电源故障或控制信号丢失等造成的，导致 PCS 无法对电池进行充放电控制，进而影响整个储能系统的运行。针对此类问题，主要防范措施如下：对逆变器的电源和控制信号进行定期检查和维护；配备冗余电源和控制模块，提高系统可靠性；加强逆变器内部电路的检查和维护工作。

（6）电网适应性不足：电网电压波动、频率偏移或谐波含量超标可能导致 PCS 脱网或器件过热。主要防范措施如下：增强 PCS 的电网适应性设计，如过/欠压保护、过/欠频保护等；配备谐波滤波器，降低谐波对 PCS 的影响；定期测试低电压穿越能力；与电网运营商保持密切沟通，及时了解电网运行状况并采取相应的措施。

2.7.4 铅酸电池储能安全风险评估

1. 铅酸电池的储能工况应用

铅酸电池，作为最成熟且成本效益最高的储能技术之一，在发电厂、变电站充当备用电源已使用多年，并在维持电力系统安全、稳定和可靠运行方面发挥极其重要的作用。行业相关标准对存放期电量保持率有具体要求（实际应用中存放 28 天剩余电量一般建议不低于 90%）。由于铅酸电池的能量密度小，充电时间长，循环寿命短，自放电率高且存在重金属污染风险，难以满足功率和容量须同时兼顾的大规模储能场合（8h 以上放电时间）。尽管初始成本较低，但受限于循环寿命和环境影响，在国际主流储能技术发展中，铅酸电池已逐渐被锂离子电池等更高效环保的技术替代，仅在部分对成本敏感、性能要求不高的低端场景保有应用。

铅酸储能电池在太阳能、风能等可再生能源发电系统中的工作环境具有以下特点：

（1）对于离网式发电系统来说，白天依靠太阳能或者其他可再生能源对储能电池进行充电，晚上以及阴雨天对用电负载进行放电，呈现周期性充放电循环工作方式；而在并网式发电系统中，白天可再生能源通过并网逆变器优先向本地负载供电或并网，电池仅在电网故障或峰谷电价场景下参与充放电（如夜间谷电时段充电、白天峰电时段放电），并非常规性夜间放电。

（2）放电率通常较小，但具体的数值可能因系统设计和应用需求而有所不同。尽管放电率不高，但由于放电周期长且频繁，电池可能会长时间处于放电状态，增加了过放电的风险。

（3）相对于放电时间来讲，一次充电时间较短。一般在白天的充电窗口内约为 10h。受可再生能源间歇性特性的影响，外界能源可能无法持续为电池充满电。在连续阴雨天气中，电池可能会面临过放电和欠充电的风险，这对电池的寿命构成了挑战。

（4）工作环境往往较为恶劣，昼夜温差、极端高温或低温都可能对电池性能产生显著影响。此外，电池多安装在偏远地区，维护条件有限，进一步加速电池的老化和失效。

2. 铅酸电池可能出现的安全问题

1）电极活性物质硫酸盐化

电极活性物质硫酸盐化主要是由于铅酸电池的负极板在放电过程中生成的硫酸铅没有及时进行充电或充电不足，导致小晶粒硫酸铅通过溶解结晶方式形成难以溶解的大晶粒硫酸铅，这种大晶粒硫酸铅难以再次转化，继而导致再充电困难，最后使电池失效。同时，欠充电时充电电流较小，生成的电极活性物质 Pb 和 PbO_2 晶粒较大，降低其与栅板的结合力，容易引发活性物质脱落，也会使极板体积膨胀，造成极板变形。电极活性物质的硫酸盐化与极板膨胀会导致电池内阻增大，在充放电过程中引发热累积。当电池内部热量产生的速率超过电池在一定环境条件下的散热能力时，电池温度会持续上升，进而引发电池壳体破裂或熔化，造成电池热失控。

2）电池失水生成氢气和氧气

在充放电过程中，铅酸电池的栅板可能会腐蚀，正极可能发生过度析氧，在负极上来不及复合而通过安全阀外泄，负极发生析氢反应，氢气与氧气聚集过多时，可能导致内部气体压力过大，造成内部酸液的喷出。而且，当氢气达到爆炸极限时，明火的出现会导致威力巨大的爆炸发生。尤其对储能用蓄电池来说，其工作环境恶劣，当出现持续的高温时，极易发生电池喷液或爆炸的风险。

3）严重的酸分层

酸分层现象主要由充放电过程中电解液对流不充分引起。充电时高密度硫酸在极板表面生成后下沉，导致电池下部酸浓度高于上部，这种现象在大电流充电或过充电时尤为明显。长期酸分层会造成极板不同高度区域的差异反应：底部高浓度区域加速正极板栅腐蚀，顶部低浓度区域加剧负极硫酸盐化，同时导致活性物质体积变化不均而引发极板翘曲。严重时可能造成壳体应力集中，最终导致裂纹和电解液泄漏。

2.7.5　液流电池储能安全风险评估

1. 液流电池的储能工况应用

液流电池不同于传统的固体电极蓄电池，其活性物质是以液体电解质溶液形式存在。这种流动性使得电解质可以大量存储在外部，并通过泵输送到电池内部进行反应，从而大幅提高了电池的规模可扩展性。在液流电池中，正、负极电解液由离子交换膜隔开，充放电过程中，电解液中的活性物质离子在电极表面发生可逆的氧化还原反应，实现电能的存储与释放。

液流电池具有以下特点：①额定功率和额定容量是独立的，功率大小取决于电池堆的尺寸和结构，容量大小取决于电解液体积和活性物质浓度，可通过增加电解液的量或提高电解质的浓度，达到增加电池容量的目的；②充放电期间电池只发生液相反应，不发生普通电池的复杂的固相变化，因而电化学极化较小；③电池的理论保存期无限，储存寿命长，因为只有电池在使用时电解液才循环，电池不用时电解液分别在两个不同的储罐中密封存放，没有普通电池常存在的自放电及电解液变质问题，但电池长期使用后，电池隔膜电阻有所增大，隔膜的离子选择性有所降低，这些对电池的充放电及电池性能有不良影响；④系统支持完全深度放电而不影响电池寿命；⑤电池结构简单，虽然关键组件（离子交换膜）成本较高，但电池堆模块化设计便于维护更新；⑥通过更换电解液，可实现能量快速补充；⑦电池工作时正负极活性物质电解液是循环流动的，有效抑制了浓差极化的形成。

国际上液流电池代表种类包括全钒液流电池、铁铬液流电池、多硫化钠/溴液流电池、锌-溴液流电池等。其中，全钒液流电池是目前技术最成熟、商业化程度最高的液流电池体系，采用不同价态的钒离子溶液分别作为正、负极活性物质，通过外接泵把溶液从储液槽压入电池堆体内完成电化学反应，之后溶液又回到储液槽，液态的活性物质不断循环流动。由于储能容量由电解液总量和浓度决定，而输出功率取决于电池堆的电极面积和结构设计，因此可通过独立调节储罐容积和电池堆规模实现灵活扩容。全钒体系的突出优势在于正负极活性物质均基于同种元素的不同价态，有效避免了异种离子交叉污染，且电解液经再生处理后可持续循环使用，结合模块化设计显著提升了系统经济性。尽管全钒电解液具有较高稳定性，但长期运行中仍会因离子交换膜渗透导致容量衰减，需通过电解液再平衡和膜组件维护来保持性能。目前，全钒液流电池在电网储能、大型可再生能源发电系统、智能微电网储能以及离网型分布式发电系统等领域均有应用。

在电网储能方面，全钒液流电池能够平滑电网负荷、提供调频服务并改善电能质量，增强电网稳定性。特别是在高可再生能源渗透率的电网中，全钒液流电池有效解决了因天气变化引起的电力波动问题。例如，大连液流电池储能调峰电站总建设规模 200MW/800MW·h，可满足 20 万居民一天的用电需求。它利用风能、太阳能等可再生能源进行充电，并在用电高峰时将储存的化学能转化为电能放电，起到“削峰填谷”的作用。

在可再生能源发电系统方面，全钒液流电池作为波动性电源的配套储能装置，可在光照或风力不足时提供持续电力输出。全钒液流电池能够在日照或风力不足时提供持续的电力输出，确保可再生能源的稳定供电。在风电场或光伏发电站，全钒液流电池系统通过储能双向变流器及变压器接入到风电场/光伏电站的母线，通过能量管理系统的高效管理完成智能化的充放电，可实现可再生能源发电的平滑输出，提高可再生能源的跟踪计划发电精度，减少弃风弃光等功能。

在智能微电网储能方面，全钒液流电池在偏远地区或无法接入主电网的地区发挥着重要作用。它们能够提供持续的电力支持，确保微电网的稳定运行。全钒液流电池通过储能双向变流器接入分布式微电网的母线，通过微电网的整体运行策略，可实现平抑可再生能源波动、瞬间调频、调压、平衡负载、削峰填谷、紧急备用的作用。典型应用场景包括工业用户微网系统、电动汽车充电站、绿色建筑等，装机规模一般为百千瓦级至兆瓦级，可根据需求灵活配置。

在离网型分布式发电系统用储能方面，以往偏远无市电地区（如海岛、边防、偏远山区村镇等）的供电来源一般采用柴油机发电。然而，由于负载的频繁变化，柴油机往往无法在额定状态下稳定运行，这不仅导致高昂的维护成本和居高不下的故障率，还使电力供应极不稳定且成本昂贵。全钒液流电池长寿命和高安全性的特点，特别适应偏远地区对储能系统提出的严苛要求。更为突出的是，液流电池的储能规模具有出色的灵活性，可以根据不同场景的实际需求进行个性化定制，实现从千瓦级到数百千瓦级的广泛覆盖。这种高度的可定制性，使得液流电池能够完美匹配各种规模的离网型分布式发电系统。当前，我国全钒液流电池储能技术已处于国际先进行列。

作为后备保护电源的全钒液流电池储能系统，其充放电方式主要包括以下三种模式。①浮充备用模式：在系统开始运行时，浮充机会对全钒液流电池进行深度充电，确保其储能充足。随后，电池组将长期处于浮充电备用状态，随时准备应对交流停电或其他突发事故。一旦发生此类情况，由于直流/交流逆变器和双向直流交换器的电气回路处于闭合状态，当检测到停电或其他突发事故时，控制系统自动闭合回路，全钒液流电池组将自动放电，为变电站提供稳定可靠的电力保障。②峰谷利用模式：为了充分利用电网的峰谷时段差异，可以选择在夜间用电低谷时段对全钒液流电池进行充电。这样，在白天用电高峰时段，电池组就可以作为站用电源使用，有效减轻电网负担，实现电能的优化配置。③定期充放电模式：为确保全钒液流电池储能系统的长期稳定运行，可以设定定期充放电计划。主要用于消除电解液长期静置可能产生的浓度梯度，同时校验系统容量衰减情况。此外，通过控制系统的实时监测功能，可以精确掌握电池系统的电压状态。当电压低于设定值时，系统会自动启动充电程序；当电压高于另一设定值时，则会自动放电，从而确保电池组始终保持在最佳工作状态。

2. 液流电池可能出现的安全问题及诱发原因

液流电池在实际应用中也可能面临一些安全问题。结合最新的数据和业内进展，以下是对液流电池可能出现的安全问题及诱发原因的阐述和分析。

1）过充电与过放电问题

虽然液流电池相较于锂离子电池和铅酸电池具有更低的过充电、过放电风险，但仍需严格控制运行边界。过充电会导致正极电解液过度氧化，引发石墨双极板腐蚀加速，极端情况下可能造成微孔渗漏导致正、负极电解液互混。诱发原因：充电控制不当，充电电压或充电时间设置不合理，导致电池过度充电；监控系统故障，监控系统未能准确检测电池的充电状态，导致过充电。在电池单体长期过充电的情况下，石墨集流体的正极面有可能被腐蚀，严重时石墨板被穿透，导致正、负极的电解液串液，严重影响电池的使用寿命。

2）电解液泄漏风险

液流电池中的电解液是电池的关键组成部分，但同时也存在一定的泄漏风险。电解液通常含有毒性或腐蚀性物质，一旦泄漏，不仅可能导致电池性能下降，还可能对环境和人体健康造成危害。诱发原因：电池密封不良，电池外壳或密封件损坏；电池在运输、安装或使用过程中受到机械撞击或挤压，导致外壳破裂、电解液泄漏等。

3）起火与爆炸风险

虽然液流电池在正常情况下起火和爆炸的风险较低，但在某些极端条件下，由于制造缺陷、使用不当、老化导致的电池内部短路，或电池附近存在明火、高温等外部火源，仍可能引发电池内部的化学反应失控，仍有可能引发起火甚至爆炸的安全事故。

为确保液流电池储能系统的稳定、安全、可靠运行，配备高可靠性的监控系统至关重要。监控系统应能够实时监测电池的充电状态、电解液液位、温度等关键参数，并在出现异常时及时发出警报并采取相应的安全措施。通过高可靠性监控系统的应用，可以大大降低液流电池过充电、过放电、电解液泄漏以及起火、爆炸等安全问题的发生概率，从而实现液流电池长期免维护、无人值守且安全可靠的运行目标。

2.8 电池储能综合评估平台

2.8.1 综合评估平台硬件

电池储能综合评估平台是一套集成了先进硬件和软件的系统，集成电池材料、电池单体、电池组全体系的研究与测试能力。该平台的核心硬件组成之一是电池材料理化性能分析平台（图 2-13），专注于深入探究储能电池的基础层面，包括关键材料的研发和电池工作/失效机理的深入剖析。

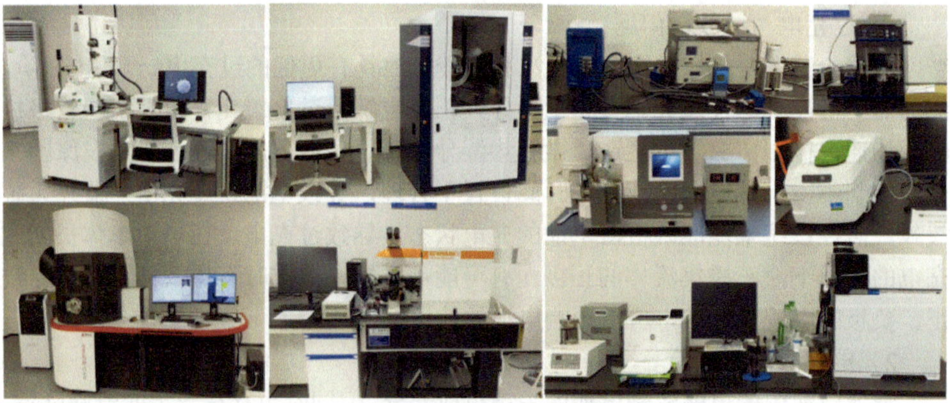

图 2-13 电池材料基本理化性能分析平台

平台配置电感耦合等离子体光谱仪（ICP-OES），能够精确分析各种元素的含量，为电池的研发提供有力的数据支持。此外，该光谱仪还具备仪器自我诊断功能，显著提升了设备的智能化水平，也确保了测试结果的准确性与可靠性。

平台搭载 X 射线衍射仪（XRD）用于精确测定电池关键材料的晶体结构，进行物相分析、定性分析和定量分析，对于理解电池的充放电机制和改善电池性能至关重要。通过 XRD 技术，研究人员能够深入了解电池材料在循环过程中的结构变化，为材料失效机理研究提供原子尺度数据支撑。

平台还配备扫描电子显微镜（SEM）用于高分辨率微区形貌分析，具有景深大、分辨率高，成像直观、立体感强等特点，用来观察电极材料的微观结构、孔隙率和裂纹等特征，这些特征显著影响电池的充放电性能和循环稳定性。

此外，平台还配备 X 射线光电子能谱仪（XPS）、拉曼光谱仪、傅里叶变换红外光谱仪（FTIR）等，用于分析电极材料、电解质界面的化学组成、分子结构和化学状态的详细信息，以及在充放电过程中的结构变化。

搭建安全性评估平台。通过引入绝热加速量热仪和同步热分析仪，平台为电池及材料本身的热安全性研究提供了强大的技术支持，如图 2-14、图 2-15 所示。绝热加速量热仪厂家为英国 Thermal Hazard Technology 公司，可以提供一个近似绝热的环境，对样品热稳定性、安全性进行测试分析，能够模拟电池内部热量不能及时散失时放热反应过程的热特性，获得热失控条件下反应的动力学参数。其测试范围广泛，温度范围覆盖−50～300℃，灵敏度高达 0.01℃，分辨率达到 0.02℃。同时，在放热检测方面，其灵敏度为 0.02℃/min，跟踪速率可达 15℃/min；而在压力测试中，范围宽达 0～50bar（1bar≈10^5Pa），分辨率精确到 0.5%，为确保电池安全性能提供了有力保障。同步热分析仪 STA449F3 Jupiter 用于快速表征和分析不同材料的热稳定性、分解行为、相转变、熔融过程等。

图 2-14　绝热加速量热仪

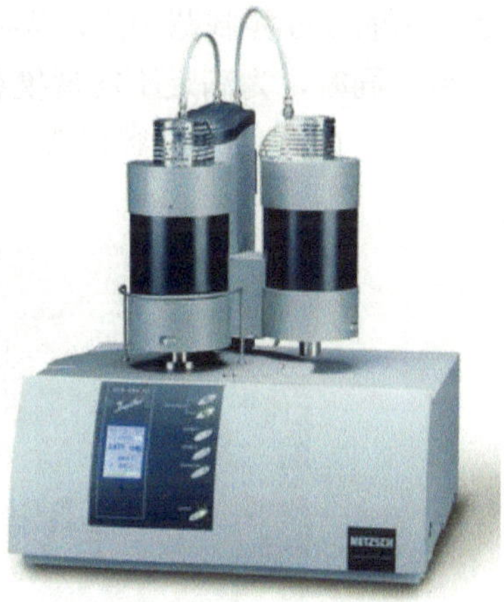

图 2-15　同步热分析仪

实验室与美国一家知名企业合作，成功研发出一台储能电池专用高精度 X 射线断层扫描系统，如图 2-16 所示。该系统采用高分辨率的 X 射线源和先进的探测器，能够穿透电池的外壳，清晰地揭示出电池内部的微观世界。通过系统的扫描，可以更加直观地了解电池的内部状况，包括电极材料的分布、隔膜的完整性以及电解液的浸润情况等关键信息。不仅有助于提升电池的性能和安全性，同时也为储能领域从材料设计到系统集成的全链条检测解决方案提供强有力的技术支持。

图 2-16 储能电池专用高精度 X 射线断层扫描系统

此外，还搭建了电性能测试平台。在进行电池电性能试验时，为确保试验结果的准确性与可靠性，必须提供一个稳定且可控的试验环境。为此，我们引入了大型环境试验箱（图 2-17），该设备能够为电池测试提供所需的精确温度和湿度条件。试验箱的温度控制范围广，从–40℃到 130℃，覆盖电池可能面临的各种极端温度条件。同时，为满足不同规模和类型的电池测试需求，试验箱提供了不低于 $8m^3$ 和不低于 $12m^3$ 等多种容积选择。

图 2-17 大型环境试验箱

为了准确评估电池的充放电性能，平台配备了高精度电池系统充放电性能测试设备，如图 2-18 所示，最大电流输出 500A/1000V，最大功率 250kW，有 3 个功率通道，可并联。电池模块充放电性能测试设备，最大电流输出 300A/100V，最大功率 30kW，4 个功率通道，可并联。

为了评估电池在过充电条件下的安全性，专门配置了电池单体过充电试验机，如图 2-19 所示，最大电流输出 100A，0～10V，8 个功率通道，任意并联，用于安全性评估测试。

图 2-18　电池模块及子系统测试仪

图 2-19　储能电池单体过充电试验机

此外，还有 Autolab PGSTAT302N 电化学工作站，常规电化学测量包括阻抗测量、电位频率扫描、恒电位下的时间频率扫描、单电流下的频率扫描、电流频率扫描和时间频率扫描。仪器电压范围在–5～5V，电流可达 20A，电压分辨率达到 μV 级，电流分辨率达到 nA 级。

硬件平台具备全面有力的实验研究能力，具备电池材料及电池单体、模块、子系统、系统电性能、环境适应性等分析实验能力，可形成从电池材料、电池单体、电池组全体系的研究与测试能力，借助硬件平台研究与实验能力，为深入开展大规模储能的综合评估研究提供硬件基础。

2.8.2　综合评估平台软件

综合评估平台软件是电池储能系统中不可或缺的一部分，负责数据的采集、存储、处理与分析，为用户提供全面、准确、实时的电池储能系统运行信息。通过该平台，用户可以方便地监控电池储能系统的运行状态，评估其性能，以及进行故障预测和诊断。

1. 运行数据采集存储及工况分析评估平台

数据库管理系统由两部分组成，如图 2-20 所示，其中一部分是 ORACLE 等关系数据库，另一部分是基于内存的实时数据库。

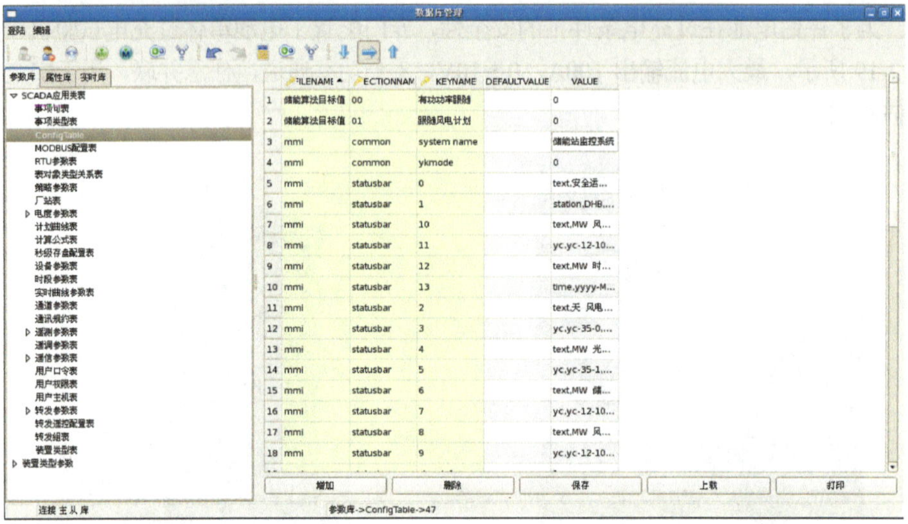

图 2-20　数据库管理系统

储能数据采集存储及运行工况分析评估平台的主要功能在于采集、存储和分析评估储能数据，包括系统监测、数据存储、数据预处理和数据分析四个功能模块。软件平台主界面如图 2-21 所示。

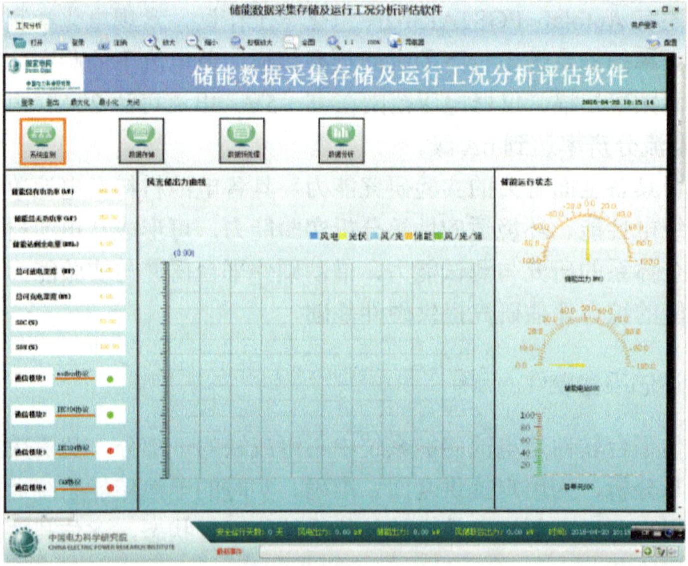

图 2-21　软件平台主界面

1）系统监测

系统监测模块主要完成数据采集和关键信息显示的功能，包括通道通信协议和通信状态的采集，各板块出力情况的曲线展示，以及储能设备整体运行状态监测。

2）数据存储

数据存储模块主要完成储能数据的存储和管理功能，包括对已存储数据的检索和展示功能，数据的导入和导出的功能，以及对存储数据的修改和删除功能。

3）数据预处理

数据存储过程中不可避免地会出现数据丢失和数据损坏的情况，数据预处理模块的主要功能在于对部分内容丢失的数据进行补充，对损坏的数据进行修改完善。具体功能包括对一定时间段内数据状态的检索功能，对存在问题数据的批处理功能，以及未处理和已处理数据的检索、查看、删除功能。

4）数据分析

数据分析模块为储能数据采集、存储及运行工况分析评估软件的核心模块，包括波动率分析模块和工况分析模块，主要完成储能数据的波动率分析和工况分析。

（1）波动率分析。

波动率分析模块的主要功能在于计算一定时间段内数据设定时间级的波动率，并做曲线展示，其中波动率计算的开始时间和结束时间可以自由设置，波动率计算的时间级可以自由设置。上述波动率分析模块的详细信息如图 2-22 所示。

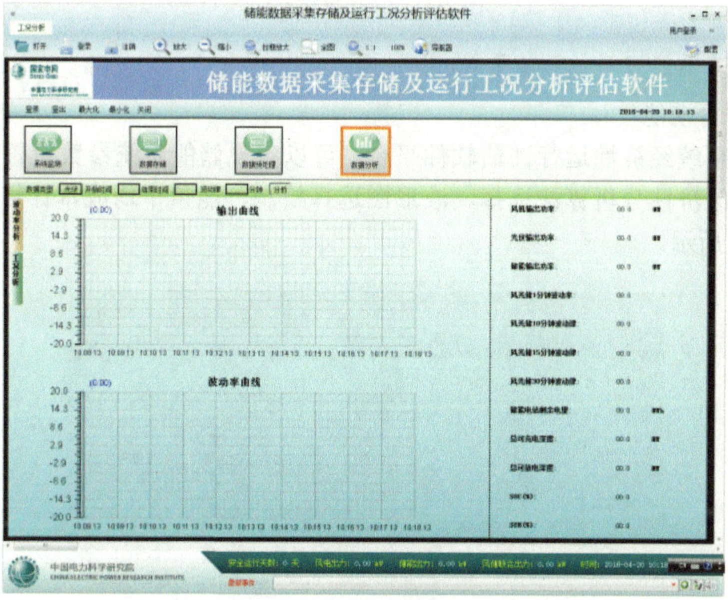

图 2-22　不同应用模式下的应用效果分析界面

（2）工况分析。

工况分析模块的主要功能在于展示一定时间段内功率工况曲线，并按照策略算法筛选出一组符合特定要求的典型功率曲线，其中功率工况曲线的时间段可以自由设置。上述工况分析模块的详细信息如图 2-23 所示。

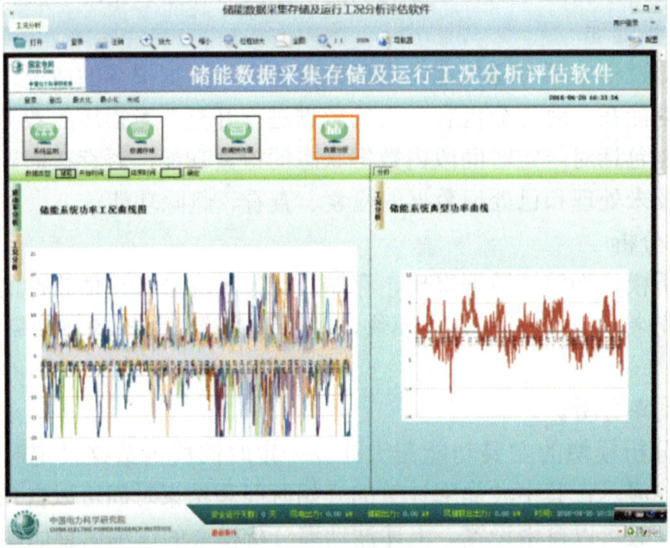

图 2-23　工况分析界面

2. 电池储能经济性评估平台

1）平台功能

储能系统经济性运行评估软件平台，可以实现储能系统参数设置、经济参数设置、经济性分析算法选择、波形图选择绘制、能量平均成本计算等功能，如图 2-24 所示。

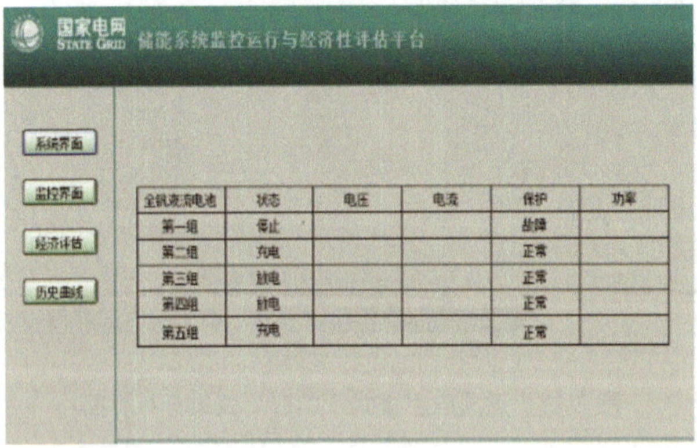

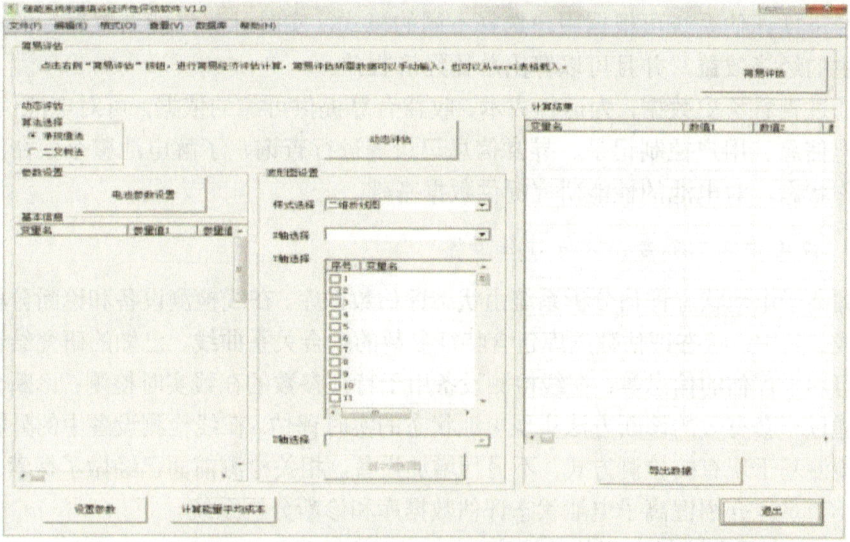

图 2-24　经济性评估平台

平台中的各项功能采用模块化组织形式，通过模块分区，进行各种功能管理与应用，能够针对不同类型储能系统在削峰填谷应用场合的经济性评估，分析储能系统不同配置策略下的经济性，提出不同容量配置策略下最具投资经济性的储能系统的功率、容量，有助于项目投资的经济性分析预算。

2）平台界面

功能模块包括储能监控系统运行和经济性评估模块，另有系统展示界面、实时监控界面、经济评估界面和历史数据输出界面。

监控界面可实时监测风机状态，并通过功率-时间曲线和功率-风速曲线，实时观测风机的输出；同时可以实时监测每组电池的温度、电压、输出/入电量、SOC、工作状态、充放电模式，如图 2-25 所示。

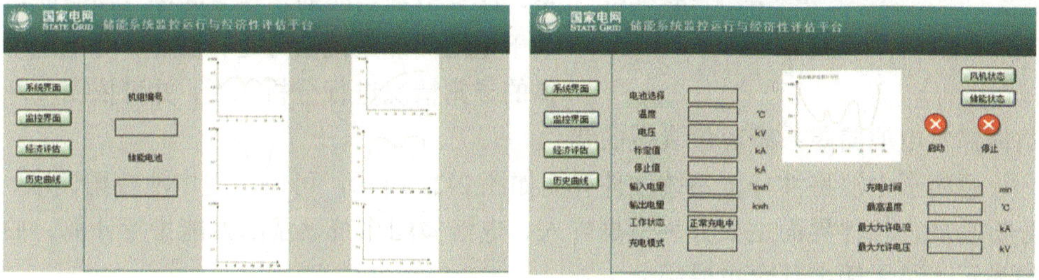

图 2-25　经济性评估平台界面

经济性评估系统可根据用户选择不同的模式，实时计算储能装置运行的成本及产生的经济效益，并且可以算出总体经济收益。

通过查看历史数据，为运行成本、收益合算提供可靠的依据，可对电池信息、充放电信息、用户控制记录、异常信息记录等进行查询，了解电池整个生命周期的工作状态，对电池的性能研究提供数据基础。

3. 锂离子电池综合性能评估数据库

锂离子电池状态评估分析系统由状态评估数据库、在线检测设备和诊断分析系统组成。其中，状态评估数据库包含特征参数的耦合关系曲线、已知的研究结论及其他可用于评估的信息等；在线检测设备用于特征参数的在线实时检测；诊断分析系统通过一套有效的诊断方法实现电池状态的实时评估。在线检测设备中的外特性参数检测基于现有的检测方式，不另行增加设备，相关检测前面已经做了探索，因此本小节重点介绍锂离子电池状态评估数据库和诊断分析系统。

1）锂离子电池状态评估数据库

以先进的 Hadoop 作为分布式存储，以 Spark 作为分布式内存计算，以 Python 编写程序，能够实现海量数据的可靠存储和并行计算，如图 2-26 所示。该数据库已经收集了约 1300Gb 的各类实验和运行数据，一个类型的合并实验数据文件就超过 9Gb。

图 2-26 锂离子电池状态评估数据库

诊断分析系统基于 Matlab 开发，目前诊断采用的特征参数主要包括累计处理能量、容量衰减率和大电流下的电压差。具体到诊断方法，对于容量衰减率来说，首先获取当前累计处理能量数值，然后在数据库中匹配合适类型并综合考虑倍率和放电深度等，处理能量与容量衰减率之间的量化关系，计算得到当前的容量衰减率。该系统可基于电池储能系统实际运行数据，对电池单体的异常情况进行分析判断，并可依据实际数据显示电池储能系统容量衰减曲线。

锂离子电池特性分析系统软件界面如图 2-27 所示，可以实现电池数据读取、分析功能。软件界面主要分为数据导入、电池储能系统显示、性能指标计算、曲线显示、结果输出几个主要部分。

2）储能电站电池性能评估系统

储能电站电池性能评估系统软件界面如图 2-28 所示。

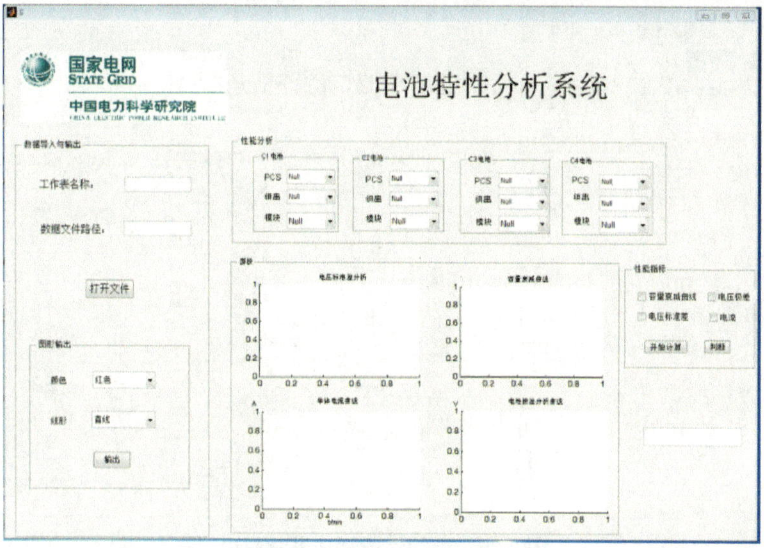

图 2-27　系统软件界面

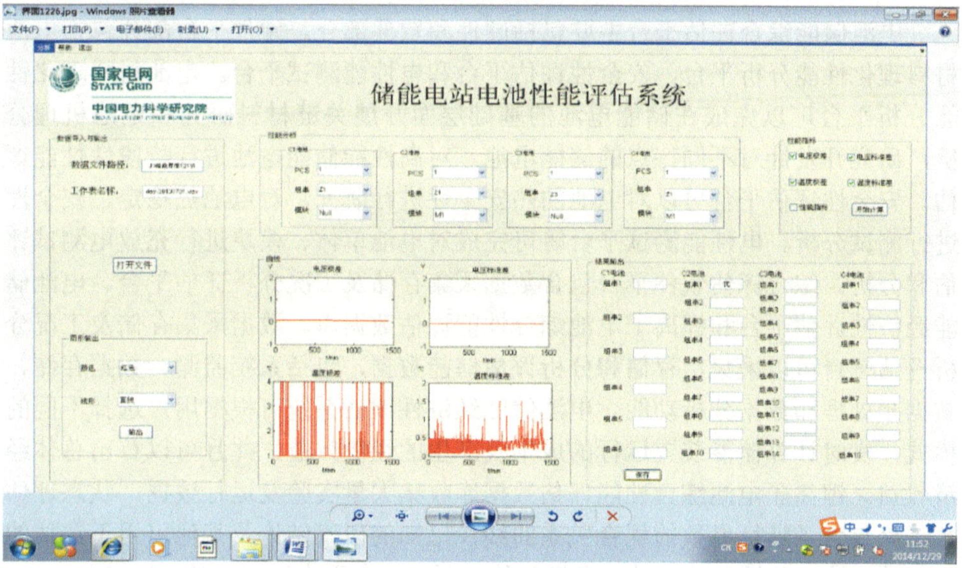

图 2-28　电池性能评估系统主界面

取 650kW/2.6MW·h 锂离子电池储能系统的一个 250kW 锂电池储能单元的历史数据为例，开展一致性分析，分析结果如图 2-29 所示，其中各个组串的评估结果分别为良、良、良、优、良、优、良。曲线显示框中可以显示一个组串的电压极差曲线、电压标准差曲线、温度极差曲线、温度标准差曲线。

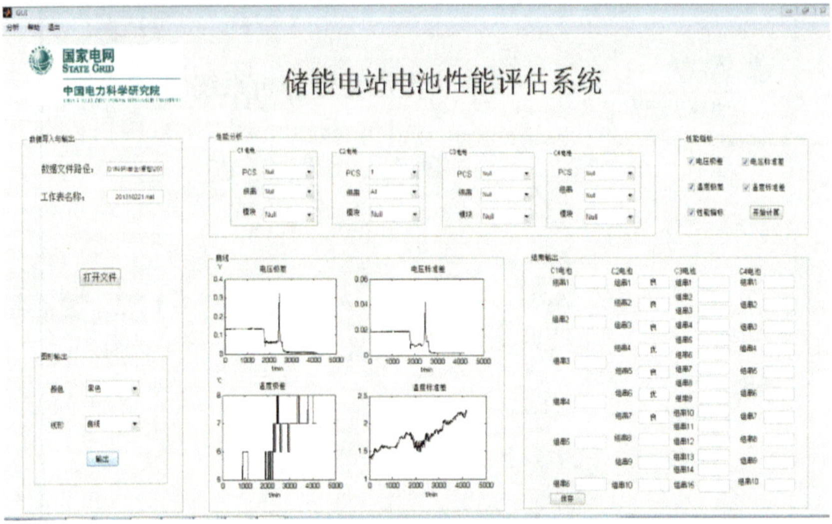

图 2-29　电池性能评估系统应用

2.8.3　小结

电池储能综合评估平台主要包括硬件和软件部分。硬件平台部分包括电池材料理化性能分析平台、安全性评估平台和电性能测试平台。电池材料理化性能分析平台可以完成在储能电池的基础层面开展关键材料研究和电池机理分析，研究开发针对不同特点的储能电池，对高性能储能电池进行阶段性性能评估。安全性评估平台可以对电池的热安全性进行研究，对电池热稳定、安全性进行测试分析。电性能测试平台等可完成对电池单体、模块进行充放电测试评估和分析。综合评估软件平台包含数据采集存储及工况分析评估平台、电池储能经济性评估平台和锂离子电池综合性能评估数据库。数据采集存储及工况分析评估平台可以采集、存储和分析评估储能数据，包括系统监测、数据存储、数据预处理和数据分析功能。电池储能经济性评估系统可根据用户选择不同的模式，实时计算储能装置运行的成本及产生的经济效益，并且可以算出总体经济收益。锂离子电池综合性能评估数据库收集大量实验及运行数据，状态评估数据库包含了特征参数的耦合关系曲线、已知的研究结论及其他可用于评估的信息等；诊断分析系统通过一套有效的诊断方法实现电池状态的实时评估。

参 考 文 献

[1] Feng X, Ouyang M, Liu X, et al. Thermal runaway mechanism of lithium ion battery for electric vehicles: A review. Energy Storage Materials，2018，10：246-267.

[2] Wang Q，Mao B，Stoliarov S I，et al. A review of lithium ion battery failure mechanisms and fire prevention strategies. Progress in Energy and Combustion Science，2019，73：95-131.

[3] Zhang G, Wei X, Tang X, et al. Internal short circuit mechanisms, experimental approaches and detection methods of lithium-ion batteries for electric vehicles: A review. Renewable and Sustainable Energy Reviews, 2021, 141: 110790-110811.

[4] Zhang N, Mei W, Li Y, et al. Investigation on mechanical bending caused thermal runaway of lithium-ion cell. Journal of Energy Storage, 2023, 68: 107688-107698.

[5] Santhanagopalan S, Ramadass P, Zhang J Z. Analysis of internal short-circuit in a lithium ion cell. Journal of Power Sources, 2009, 194 (1): 550-557.

[6] Mao B, Liu C, Yang K, et al. Thermal runaway and fire behaviors of a 300 A·h lithium ion battery with $LiFePO_4$ as cathode. Renewable and Sustainable Energy Reviews, 2021, 139: 110717.

[7] An Z, Zhao Y, Du X, et al. Experimental research on thermal-electrical behavior and mechanism during external short circuit for $LiFePO_4$ Li-ion battery. Applied Energy, 2023, 332: 120519-120529.

[8] Spotnitz R, Franklin J. Abuse behavior of high-power, lithium-ion cells. Journal of Power Sources, 2003, 113 (1): 81-100.

[9] Mallick S, Gayen D. Thermal behaviour and thermal runaway propagation in lithium-ion battery systems–A critical review. Journal of Energy Storage, 2023, 62: 106894-106920.

[10] Lin C K, Ren Y, Amine K, et al. In situ high-energy X-ray diffraction to study overcharge abuse of 18650-size lithium-ion battery. Journal of Power Sources, 2013, 230: 32-37.

[11] Ye J, Chen H, Wang Q, et al. Thermal behavior and failure mechanism of lithium ion cells during overcharge under adiabatic conditions. Applied Energy, 2016, 182: 464-474.

[12] Ren D, Feng X, Lu L, et al. Overcharge behaviors and failure mechanism of lithium-ion batteries under different test conditions. Applied Energy, 2019, 250: 323-332.

[13] Xu P, Li J, Lei N, et al. An experimental study on the mechanical characteristics of Li-ion battery during overcharge-induced thermal runaway. International Journal of Energy Research, 2021, 45 (14): 19985-20000.

[14] Huang L, Zhang Z, Wang Z, et al. Thermal runaway behavior during overcharge for large-format lithium-ion batteries with different packaging patterns. Journal of Energy Storage, 2019, 25: 100811-100817.

[15] Zhao C, Wang T, Huang Z, et al. Experimental study on thermal runaway of fully charged and overcharged lithium-ion batteries under adiabatic and side-heating test. Journal of Energy Storage, 2021, 38: 102519-102528.

[16] Wang Z, Yuan J, Zhu X, et al. Overcharge-to-thermal-runaway behavior and safety assessment of commercial lithium-ion cells with different cathode materials: A comparison study. Journal of Energy Chemistry, 2021, 55: 484-498.

[17] Zhang G, Wei X, Chen S, et al. Unlocking the thermal safety evolution of lithium-ion batteries under shallow over-discharge. Journal of Power Sources, 2022, 521: 230990-2301010.

[18] Guo R, Lu L, Ouyang M, et al. Mechanism of the entire over discharge process and over discharge-induced internal short circuit in lithium-ion batteries. Scientific Reports, 2016, 6 (1): 30248-30256.

[19] Lu L, Han X, Li J, et al. A review on the key issues for lithium-ion battery management in electric vehicles. Journal of Power Sources, 2013, 226: 272-288.

[20] Huang Z, Liu J, Zhai H, et al. Experimental investigation on the characteristics of thermal runaway and its propagation of large-format lithium ion batteries under overcharging and overheating conditions. Energy, 2021, 233: 121103-121117.

[21] Hou J, Feng X, Wang L, et al. Unlocking the self-supported thermal runaway of high-energy lithium-ion batteries. Energy Storage Materials, 2021, 39: 395-402.

[22] Wang H，Du Z，Rui X，et al. A comparative analysis on thermal runaway behavior of Li（$Ni_xCo_yMn_z$）O_2 battery with different nickel contents at cell and module level. Journal of Hazardous Materials，2020，393：122361-122379.

[23] Roth E P，Doughty D H. Thermal abuse performance of high-power 18650 Li-ion cells. Journal of Power Sources，2004，128（2）：308-318.

[24] Zhao L，Watanabe I，Doi T，et al. TG-MS analysis of solid electrolyte interphase（SEI）on graphite negative-electrode in lithium-ion batteries. Journal of Power Sources，2006，161（2）：1275-1280.

[25] 徐振恒，周晓燕，付佳龙，等. 锂离子电池热失控及其预警方法. 科学通报，2023，68（33）：4501-4516.

[26] Shin J S，Han C H，Jung U H，et al. Effect of Li_2CO_3 additive on gas generation in lithium-ion batteries. Journal of Power Sources，2002，109：47-52.

[27] Hou J，Lu L，Wang L，et al. Thermal runaway of Lithium-ion batteries employing $LiN(SO_2F)_2$-based concentrated electrolytes. Nature Communications，2020，11（1）：5100-5110.

[28] Gachot G，Ribière P，Mathiron D，et al. Gas chromatography/mass spectrometry as a suitable tool for the Li-ion battery electrolyte degradation mechanisms study. Analytical Chemistry，2011，83（2）：478-485.

[29] Zou K，Lu S，Chen X，et al. Thermal and gas characteristics of large-format $LiNi_{0.8}Co_{0.1}Mn_{0.1}O_2$ pouch power cell during thermal runaway. Journal of Energy Storage，2021，39：102609-102617.

[30] Wang Q，Sun J，Chen X，et al. Effects of solvents and salt on the thermal stability of charged $LiCoO_2$. Materials Research Bulletin，2009，44（3）：543-548.

[31] Sharifi - Asl S，Lu J，Amine K，et al. Oxygen release degradation in Li - ion battery cathode materials：Mechanisms and mitigating approaches. Advanced Energy Materials，2019，9（22）：1900551-1900587.

[32] Qin P，Jia Z，Wu J，et al. The thermal runaway analysis on $LiFePO_4$ electrical energy storage packs with different venting areas and void volumes. Applied Energy，2022，313：118767-118777.

[33] Huang Z，Zhao C，Li H，et al. Experimental study on thermal runaway and its propagation in the large format lithium ion battery module with two electrical connection modes. Energy，2020，205：117906-117921.

[34] Golubkov A W，Fuchs D，Wagner J，et al. Thermal-runaway experiments on consumer Li-ion batteries with metal-oxide and olivin-type cathodes. RSC Advances，2014，4（7）：3633-3642.

[35] Yuan L，Dubaniewicz T，Zlochower I，et al. Experimental study on thermal runaway and vented gases of lithium-ion cells. Process Safety and Environmental Protection，2020，144：186-192.

[36] Yang M，Rong M，Ye Y，et al. Comprehensive analysis of gas production for commercial $LiFePO_4$ batteries during overcharge-thermal runaway. Journal of Energy Storage，2023，72：108323-108332.

[37] Qi C，Liu Z，Lin C，et al. Study on the thermal runaway characteristics and debris of lithium-ion batteries under overheating，overcharge，and extrusion. Journal of Energy Storage，2023，72：108821-108834.

[38] Wang Q，Jiang L，Yu Y，et al. Progress of enhancing the safety of lithium ion battery from the electrolyte aspect. Nano Energy，2019，55：93-114.

[39] Feng X，Zheng S，Ren D，et al. Investigating the thermal runaway mechanisms of lithium-ion batteries based on thermal analysis database. Applied Energy，2019，246：53-64.

[40] 喻航，张英，徐超航，等. 锂电储能系统热失控防控技术研究进展. 储能科学与技术，2022，11（8）：2653-2663.

[41] 杨军，解晶莹，王久林. 化学电源测试原理与技术. 北京：化学工业出版社，2006.

[42] Zhang G，Wei X，Chen S，et al. Research on the impact of high-temperature aging on the thermal safety of lithium-ion batteries. Journal of Energy Chemistry，2023，87：378-389.

[43] Ouyang D，Weng J，Chen M，et al. Impact of high-temperature environment on the optimal cycle rate of lithium-ion battery. Journal of Energy Storage，2020，28：101242-101251.

[44] 王飞鸿.从锂离子电池失效衰退机理解读标准测试方法. 中国标准化，2022（15）：217-220.
[45] 郭炳焜，李新海，杨松青. 化学电源—电池原理及制造技术. 长沙：中南大学出版社，2009.
[46] 魏学哲，杨静，刘耀锋，等. 锂离子动力电池内阻模型与实验研究. 同济大学学报（自然科学版），2015，43（10）：1542-1549.
[47] Song J M，Cha S Y，Lee W M. Optimal composition of polymer electrolyte fuel cell electrodes determined by the AC impedance method. Journal of Power Sources，2001，94（1）：78-84.
[48] Freedom CAR Program Electrochemical Energy Storage Team. Freedom CAR Battery Test Manual For Power-Assist Hybrid Electric Vehicles . USA：U.S. Department of Energy，2003：13-15.
[49] 艾新平，杨汉西. 浅析动力电池的技术发展. 中国科学（化学），2014，44（7）：1150-1158.
[50] 田崔钧，田君，陈芬，等. 锂离子电池安全性测试分析. 重庆理工大学学报（自然科学），2018，32（10）：34-39.
[51] Duh Y S，Sun Y，Lin X，et al. Characterization on thermal runaway of commercial 18650 lithium-ion batteries used in electric vehicles：A review. Journal of Energy Storage，2021，41：102888-102902.
[52] 朱伟杰，董缇，张树宏. 储能系统锂离子电池国内外安全标准对比分析. 储能科学与技术，2020，9（1）：279-286.
[53] 陈志斌，王志远，邵丹，等. 动力锂离子电池安全性能检测标准化综述. 电池，2022，52（6）：689-693.
[54] Xie Y，Yu H，Li C. Present situation and prospect of lithium-ion traction batteries for electric vehicles domestic and overseas standards. 2014 IEEE Conference and Expo Transportation Electrification Asia-Pacific（ITEC Asia-Pacific）. Beijing：IEEE，2014：1-4.

第3章 电力储能用电池管理系统测试与评价

3.1 引　言

电池管理系统（BMS）是现代电力储能系统的核心组件之一，在确保电池组安全、高效运行方面发挥着至关重要的作用。BMS 的主要功能包括实时监测电池的电压、电流、温度等关键参数，防止电池出现过充电或过放电，从而确保电池组的安全性和稳定性。此外，BMS 还负责优化电池的充放电策略，以延长电池的使用寿命并提高其整体性能。可见，在电化学储能系统中，BMS 不仅保护电池免受损害，还通过精细的管理提升电池的能量利用效率，支持储能系统高效运行。

在当今全球能源结构转型的大背景下，电力储能系统的重要性日益凸显。它不仅是稳定电网、平衡供需的关键技术，更是提高能源利用效率、促进可再生能源接入的重要手段。BMS 作为储能系统的“大脑”，其性能直接关系到整个系统的可靠性和经济性。因此，BMS 技术的不断进步与创新对于推动电力储能领域的发展具有十分重要的意义。

随着全球能源转型的加速和新能源技术的蓬勃发展，电力储能系统在平衡电网、提高能源利用效率以及促进可再生能源接入等方面发挥着越来越重要的作用。我国政府在新能源和储能领域给予了高度重视，通过政策引导和支持推动了行业的快速发展。在此背景下，GB/T 34131—2023《电力储能用电池管理系统》应运而生。该标准的制定响应了国内外技术发展的需求，为行业提供了统一的技术规范，不仅有助于规范 BMS 的设计、生产和测试流程，还将显著提升产品的性能和安全性。

通过实施这一标准，可以促进储能行业的健康发展，提高储能系统的整体技术水平和国际竞争力。同时，该标准也为 BMS 的研发和应用提供了科学依据和技术支持，有助于推动储能技术在更广泛领域的应用，如电动汽车、家庭储能以及大规模电网储能等。

3.2 标准概述

GB/T 34131—2023 的制定旨在规范电力储能用 BMS 的设计、生产、测试和运行，确保 BMS 的质量和性能满足电力储能系统的需求，目的在于提升储能系统的安全性、稳定性和经济性，同时促进储能技术的发展和广泛应用。通过明确 BMS 的技术要求和试验方法，该标准预期能够有效降低储能系统的运行风险，优化储能系统的能源管理，延长电池的使用寿命，从而支持电力系统的高效运行和新能源的大规模接入。

预期效果包括为储能系统提供统一的技术评价标准，促进行业内技术交流与合作，提高产品的市场竞争力。此外，该标准还将引导企业加大研发投入，推动技术创新，加快新技术、新产品的推广应用，为实现能源结构的优化和能源消费的绿色转型提供技术支撑。

该标准规定了 BMS 的术语和定义、技术要求、试验方法等，为电力储能用锂离子电池、钠离子电池、铅酸（炭）电池、液流电池和水电解制氢/燃料电池的 BMS 的设计、制造、试验、检测、运行、维护和检修等提供统一的指导。该标准的测试与评价内容主要包括数据采集、通信、报警和保护、控制、能量状态估算、均衡、绝缘电阻检测、绝缘耐压、环境适应性、电气适应性、电磁兼容等关键技术领域。这些内容旨在全面评估 BMS 的性能，确保其在各种工作条件下的可靠性和适应性。

GB/T 34131—2023 适用于各种规模的电力储能系统，包括但不限于大规模电网侧储能、分布式储能以及家庭储能系统。它覆盖了多种电池类型，如锂离子电池、铅酸电池、钠离子电池和液流电池等，为这些不同类型的 BMS 提供了统一的技术规范和测试方法。标准的实施将有助于提升 BMS 的兼容性和互操作性，为储能系统的集成和运营提供便利。

目标用户群体包括储能系统的设计者、制造商、运营商以及相关的研究机构和监管机构。设计者可以依据该标准进行 BMS 的设计，确保产品满足技术规范；制造商需遵循标准要求，提升产品质量和性能；运营商能够根据标准评估和选择高性能的 BMS 产品，确保储能系统的稳定运行；研究机构和监管机构则可以利用该标准进行技术研究和产品质量监督。通过这些目标用户群体的共同努力，GB/T 34131—2023 将对推动电力储能行业的健康发展起到积极作用。

BMS 检验分为三种类型：型式检验、出厂检验和抽样检验。每种检验方式都有其特定的样品数量、选取方法和判定准则，以确保产品的质量和性能符合既定标准。

（1）型式检验：样品数量是 3 套，样品应采用与正常生产流程相同的材料、设备和工艺，并确保随机抽取，以体现产品的真实质量水平。判定规则：若所有试验样品进行的检验项目全部满足要求，则判定为型式检验合格；若有任何一套试验样品的任何一项试验项目不满足要求，则判定为型式检验不合格。型式检验旨在验证产品的设计和制造是否能够持续满足标准要求。

（2）出厂检验：每一套产品都必须经过出厂检验，确保每一套出厂产品都达到质量标准。判定规则：若被检产品存在任何一项检验项目不满足要求，则判定为出厂检验不合格。

（3）抽样检验：需抽取 3 套产品作为抽样检验的样品。抽样检验基于同一型号产品，若存在多个型号的产品，每个型号都应单独进行抽样检验。抽样应基于实际的供货批次，并确保按成套产品进行抽取。判定规则：抽样检验中，所有试验样品进行的检验项目全部满足要求，则判定为抽样检验合格；若有任何一套试验样品的任何一项检验项目不满足要求，则判定为抽样检验不合格。

检验规则的制定和执行对于确保 BMS 的质量和可靠性至关重要。型式检验、出厂检验和抽样检验共同构成了一个多层次、全方位的质量保障体系。这些检验不仅验证了 BMS 的设计和制造质量，还确保产品在实际应用中的性能和安全性。通过检验，可以及时发现并纠正生产过程中的偏差，防止不合格产品流入市场，保护用户的利益，并提升企业的品牌信誉。

3.3 试验方法及要求分析

3.3.1 数据采集

本试验的目的是测试 BMS 在数据采集方面，特别是电池电压采集的准确性和响应速度。通过对电池单体和电池簇/电堆进行多个电压值的采集，并计算采集误差，以验证 BMS 是否满足标准中规定的电压采集误差及采样周期要求。

1. 电池电压

电池电压的采集是 BMS 的核心功能之一。BMS 通过实时、准确地采集电池单体和电池簇/电堆的电压数据，来评估电池的状态、性能和安全性。这些数据不仅对于电池的健康管理和安全防护至关重要，而且也是优化电池使用和提高能源效率的关键因素。

1）试验方法

根据 GB/T 34131—2023 第 7.4.1 条，测试过程首先要求选择正确的电池电压采集通道，并在标准环境温度下进行一系列的电压输出和采集操作。通过对比电池模拟装置的输出值和 BMS 的显示值，计算出每次的采集误差，并记录在不同温度条件下的误差值。此过程需要在不同的电压范围内重复进行，以全面评估 BMS 的电压采集性能。测试步骤包括连接试验样品和模拟装置、设定环境温度、静置、调节模拟装置输出电压、记录数据，并在不同温度下重复这一过程。

根据 GB/T 34131—2023 第 6.2.4 条，若 BMS 采集电池单体和电池簇电压误差及采样周期结果满足 GB/T 34131—2023 中规定的误差范围（表 3-1），则判定 BMS 的电压数据采集功能合格。这些严格的要求确保了 BMS 在各种工况下的电压采集精度和响应速度。

表 3-1　采集电压误差及采样周期要求

电池类型	电压范围	采集误差	采样周期
锂离子/钠离子/铅酸（炭）电池单体	<5V	≤0.005V	≤100ms
	5～15V	≤0.2%	
锂离子/钠离子/铅酸（炭）电池簇	<500V	≤5V	≤100ms
	≥500V	≤1%	
液流电池电堆		≤1%	≤200ms
水电解制氢电解槽		≤1%	—
燃料电池		≤1%	—

2）关注重点

按照 GB/T 34131—2023 的规定，试验步骤详细且严谨，从试验样品的准备、环境条件的设置、电压值的调节与记录，到误差的计算和结果的判定，形成了一个完整的验证流程。特别是在不同环境温度下进行测试，能够模拟实际使用中可能遇到的各种环境条件，从而更全面地评估 BMS 的电压数据采集性能。此外，测试中的电压采集误差和采样周期要求非常明确，需要取所有试验样品中电池电压采集误差的最大值作为试验结果，体现了对 BMS 数据采集精度和实时性的高要求。对于不同类型的电池［如锂离子电池、钠离子电池、铅酸（炭）电池等］以及不同的电压范围，都设定了具体的采集误差和采样周期标准。这些要求确保了 BMS 在实际应用中能够提供准确、及时的数据支持，从而保障电池系统的安全、高效运行。

2. 电池簇/电堆电流

电池簇/电堆电流采集是 BMS 中另一项关键的数据采集功能。与电压采集类似，电流采集的准确性对于评估电池的工作状态、性能以及进行安全防护都至关重要。BMS 需要精确地监控电池充放电过程中的电流变化，以确保电池在安全范围内运行，并优化其使用效率。测试的主要目的是确保 BMS 能够在规定的电流范围内，以准确的误差和适宜的采样周期采集电流数据。这一测试在不同的环境温度下进行，以模拟实际应用中可能遇到的各种情况，从而评估 BMS 的适应性和可靠性。

1）试验方法

根据 GB/T 34131—2023 第 7.4.2 条，测试步骤从选择正确的电流采集通道开始，包括连接试验样品和电池模拟装置，设置环境温度，并进行一系列的充放电电流输出和采集操作。在每个电流输出点，都需要记录模拟装置的电流输出值和 BMS 的显示值，以便计算电流采集误差。这一过程在不同的电流范围和温度条件下重复进行，以全面评估 BMS 的性能。

根据 GB/T 34131—2023 第 6.2.4 条，BMS 的电流采集误差和采样周期要求被明确列出。管理系统采集电池簇/电堆电流误差及采样周期结果满足 GB/T 34131—2023 中规定的误差范围（表 3-2），则判定 BMS 的电流数据采集功能合格。这些要求确保了 BMS 在各种工况下的电流采集精度和响应速度。

表 3-2 采集电池簇/电堆电流误差及采样周期要求

电池类型	电流范围	采集误差	采样周期
锂离子电池、钠离子电池和铅酸（炭）电池簇	<200A	≤2A	≤50ms
	≥200A	≤1%	
液流电池电堆	<30A	≤0.3A	≤200ms
	≥30A	≤1%	
水电解制氢电解槽		≤1%	—
燃料电池		≤1%	—

2）关注重点

该项测试旨在验证 BMS 在采集电池簇/电堆电流时的准确性和响应速度。通过模拟不同环境温度下电池簇/电堆的充电和放电过程，并计算电流采集误差，取所有试验样品中电池簇/电堆电流采集误差的最大值作为试验结果，以评估 BMS 是否满足标准中规定的电流采集误差及采样周期要求。其中，采样周期的要求非常重要。较短的采样周期意味着 BMS 能够更频繁地监控电流变化，从而更及时地响应潜在的异常情况，对于预防电池过热、过充电或过放电等安全问题至关重要。此外，不同类型的电池［如锂离子电池、钠离子电池、铅酸（炭）电池等］在电流采集方面的要求可能有所不同。因此，测试中针对不同类型的电池设定了具体的采集误差和采样周期标准，以确保测试的全面性和准确性。这种差异化的测试方法有助于更精确地评估各类 BMS 的性能表现。

GB/T 34131—2023 为 BMS 的电流采集功能提供了全面的测试框架，确保

BMS 在电流监测方面的精确性和及时性。遵循这些测试方法和要求，可以有效地评估和提升 BMS 的性能，为电池的安全运行和高效使用提供坚实的技术支撑。

3. 温度

温度采集是 BMS 中至关重要的功能之一，因为电池的工作性能和安全性与温度密切相关。准确地监控电池温度可以帮助预防热失控、确保电池在最佳工作温度范围内运行，并延长电池寿命。本试验旨在评估 BMS 在采集电池温度时的准确性和响应速度，确保 BMS 能够在各种温度条件下精确监控电池状态。

1）试验方法

根据 GB/T 34131—2023 第 7.4.3 条，BMS 需要在一系列预设的温度点进行采集，包括–40℃、–15℃、0℃、25℃、40℃、60℃、85℃和 125℃。这些温度点覆盖电池可能遇到的极端温度条件，确保测试的全面性。在每个温度点，都需要记录模拟装置的输出值和 BMS 的显示值，以便计算温度采集误差。

若 BMS 采集电池温度误差及采样周期结果符合 GB/T 34131—2023 中第 6.2.4 条规定的误差范围，如表 3-3 所示，则判定 BMS 的温度数据采集功能合格。

表 3-3　采集电池温度误差及采样周期要求

<table>
<tr><th>电池类型</th><th>温度范围</th><th>采集误差</th><th>采样周期</th></tr>
<tr><td rowspan="2">锂离子电池、钠离子电池和铅酸（炭）电池单体、模块正负极端子</td><td>–20～65℃</td><td>≤1℃</td><td rowspan="2">≤1s</td></tr>
<tr><td>–40℃≤<i>T</i><–20℃，
65℃<<i>T</i>≤125℃</td><td>≤2℃</td></tr>
<tr><td colspan="2">液流电池电解液</td><td>≤1℃</td><td>≤1s</td></tr>
<tr><td colspan="2">水电解制氢电解槽</td><td>≤1℃</td><td>—</td></tr>
<tr><td colspan="2">燃料电池</td><td>≤1℃</td><td>—</td></tr>
</table>

2）关注重点

在测试过程中，BMS 的显示信息与电池模拟装置的输出值进行对比，通过公式计算出温度采集误差，并取所有试验样品中温度采集误差的最大值作为试验结果，这个误差值直接反映 BMS 在温度数据采集方面的准确性。同时，通过多次重复测试，可以确保结果的稳定性和可靠性。此外，采样周期的要求也非常重要。较短的采样周期意味着 BMS 能够更频繁地监控温度变化，对于及时发现电池温度异常、预防热失控等安全问题至关重要。标准中明确规定了采样周期的要求，以确保 BMS 能够快速响应温度变化。同样，不同类型的电池在温度采集方面的要求有所不同。因此，测试中应针对不同类型的电池设定具体的采集误差和采样周期标准，以确保测试的准确性和全面性。

通过这样的差异化测试方法，可以更精确地评估各类 BMS 在温度数据采集方面的性能，确保其在实际运行中的可靠性和准确性，为电池的健康管理和性能优化使用提供坚实的数据支持。

4. 压力

电池压力是反映电池安全状态的重要参数，特别是在使用液流电池、水电解制氢或燃料电池等系统中，压力的准确监控至关重要，直接关系到系统的安全运行和性能。准确的压力数据不仅有助于评估电池的工作状态，还能及时预警潜在的安全风险。本测试旨在评估 BMS 在采集这些关键压力数据时的准确性。

1）试验方法

根据 GB/T 34131—2023 第 7.4.4 条，测试步骤包括选择正确的压力采集通道、连接试验样品和模拟装置、设置环境温度、进行一系列的压力输出和采集操作，并计算压力采集误差。测试时，通过调节电池模拟装置来模拟不同的压力值，依次输出压力量程的 20%、40%、60%、80% 和 100%，以全面评估 BMS 在不同压力条件下的数据采集能力。在每个设定的压力点，都会记录 BMS 的显示值，并与电池模拟装置的实际输出值进行对比。通过这种对比，可以准确地计算出压力数据的采集误差，并取所有试验样品中压力采集误差的最大值作为试验结果，该误差值是评估 BMS 数据采集准确性的关键指标。此外，测试还在不同环境温度下进行重复，以模拟 BMS 在实际工作中可能遇到的各种环境条件，有助于评估 BMS 在各种极端环境下的性能稳定性和可靠性。不同类型的电池系统对压力数据采集的要求可能有所不同。因此，针对不同类型的电池设定了具体的采集误差和采样周期标准。这些差异化的要求体现了各类电池系统的特性和运行需求。

GB/T 34131—2023 第 6.2.4 条规定了严格的压力采集误差和采样周期要求，如表 3-4 所示。

表 3-4　采集电池压力误差及采样周期要求

电池类型	采集误差	采样周期
液流电池电解液	≤1%	≤1s
水电解制氢冷却水、制氢系统氢气出口压力	≤0.5%	—
燃料电池入口氢气压力、储氢系统压力	≤1%	—

2）关注重点

①BMS 在不同压力范围内的数据采集精度是否满足行业标准；②BMS 在不同温度条件下的压力采集性能表现，以评估其在实际应用中的可靠性；③对于不同类型的电池，如液流电池、水电解制氢系统和燃料电池等，BMS 的压力数据采

集功能是否满足采集误差和采样周期要求。

通过这一系列严谨的测试步骤和误差分析，可以确保 BMS 在实际应用中能够准确、及时地采集电池压力数据，为电池的安全运行和性能优化提供重要保障。

5. 流量

流量数据对于液流电池、水电解制氢及燃料电池等系统的运行至关重要，因为它直接关系到电池系统的效率、稳定性和安全性。本试验的主要目的是评估 BMS 在流量数据采集方面的准确性和稳定性。通过模拟不同流量和环境条件，检验 BMS 是否能够精确地采集并显示流量数据，从而确保其在实际运行中的可靠性。

1）试验方法

根据 GB/T 34131—2023 第 7.4.5 条，测试步骤涉及选择正确的流量采集通道、连接试验样品和模拟装置、设定环境温度、进行一系列的流量输出和采集操作，并计算流量采集误差。在测试过程中，BMS 需要在一系列预设的流量点进行采集，包括量程值的 20%、40%、60%、80%和 100%。这些流量点覆盖系统可能遇到的正常和极端流量条件，旨在检验 BMS 在不同流量下的采集精度和响应速度。在每个流量点，都需要记录模拟装置的输出值和 BMS 的显示值，以便计算流量采集误差。误差计算是评估 BMS 流量采集性能的重要指标，它直接反映了 BMS 在实际应用中的可靠性，采取所有试验样品中流量采集误差的最大值作为试验结果。此外，通过在极端温度条件下重复测试，可以验证 BMS 在各种环境下的稳定性和耐用性。

根据 GB/T 34131—2023 第 6.2.4 条，不同类型的电池和系统对流量采集误差和采样周期有不同的要求，如表 3-5 所示。这些要求确保了 BMS 在各种应用场景下都能提供准确、及时的流量数据，从而保障整个电池系统的安全和高效运行。

表 3-5　采集电池流量误差及采样周期要求

电池类型	采集误差	采样周期
液流电池电解液	≤5%	≤1s
水电解制氢电解液循环流量	≤2.5%	—
燃料电池供氢管道氢气流量	≤2%	—

2）关注重点

①BMS 采集的流量数据与实际流量之间的误差是否在规定的范围内，特别是在不同流量和环境温度下的表现；②试验在不同温度下重复进行，以检验 BMS 在各种环境下的性能稳定性；③本试验还涉及不同类型的电池，包括液流电池、

水电解制氢系统和燃料电池等，因此需要关注 BMS 是否能够满足不同类型电池的特定采集误差和采样周期要求，以确保其在实际应用中的广泛适用性。

流量采集试验是评估 BMS 在流量数据采集性能方面的重要测试，其准确性和稳定性对于确保电池系统的安全运行和性能优化至关重要。通过严谨的试验步骤和误差分析，可以确保 BMS 在实际应用中能够准确、及时地采集和显示电池的流量数据。

6. 液位

液位数据采集是 BMS 中又一关键性的监控环节，特别是对于那些涉及液体电解质或冷却液的电池系统而言。液位的准确监测不仅关系到电池系统的正常运行，还直接关系到系统的安全性。本试验的主要目的是验证 BMS 在液位数据采集方面的准确性和稳定性。准确的液位监测对于预防电池泄漏、干涸等安全问题至关重要，因此 BMS 必须具备在各种条件下都能精确采集和报告液位数据的能力。

1）试验方法

根据 GB/T 34131—2023 第 7.4.6 条，测试时，通过调节电池模拟装置模拟不同的液位值，从液位量程的 20%逐步增加到 100%，以全面评估 BMS 在不同液位条件下的数据采集能力。在每个模拟的液位点，都会详细记录 BMS 显示的液位值，并与电池模拟装置的实际输出值进行严格对比。通过这种对比，可以精确地计算出液位数据的采集误差，该误差值是评估 BMS 数据采集准确性的重要依据。为了更贴近实际应用场景，测试还在不同的环境温度下进行重复，从而评估 BMS 在各种温度条件下的性能稳定性和可靠性，有助于发现 BMS 在不同环境下可能存在的性能差异或问题。不同类型的电池系统可能对液位数据采集有不同的精确度要求。因此，测试中也会根据具体电池类型的特性和运行需求，设定相应的采集误差标准。

2）关注重点

①BMS 采集的液位数据与实际液位之间的误差是否在可接受的范围内，准确性是评估 BMS 性能的重要指标，因为它直接影响到电池系统的安全性和效率；②通过在不同温度下重复试验，检验 BMS 在各种环境温度下的性能稳定性，稳定的性能对于确保 BMS 在各种工作条件下都能提供准确的液位数据至关重要。

在本测试中，对于液位数据采集的准确性和响应性都有着严格的要求。这些要求确保了 BMS 在各种应用场景下都能提供准确、及时的液位数据，从而保障整个电池系统的安全和高效运行。通过这种测试流程，可以全面评估 BMS 在液位数据采集方面的性能，为电池系统的优化设计和安全运行提供重要保障。

7. 气体浓度

气体浓度数据采集在 BMS 中具有至关重要的作用，特别是在涉及气体监测的电池系统，如水电解制氢系统和燃料电池等。在这些系统中，气体浓度的准确监测对于预防潜在的安全风险、优化系统性能和保证效率至关重要。本试验的主要目的是评估 BMS 在采集气体浓度数据时的准确性。

1）试验方法

根据 GB/T 34131—2023 第 7.4.7 条，BMS 需要在一系列预设的气体浓度点进行采集，包括量程值的 20%、40%、60%、80%和 100%。这些浓度点覆盖系统可能遇到的正常和极端气体浓度条件，确保测试的全面性。在每个模拟的气体浓度点，都需要记录 BMS 的显示值，并与电池模拟装置的实际输出值进行比对。通过比对，可以精确地计算出气体浓度数据的采集误差，该误差值是衡量 BMS 数据采集准确性的重要依据。此外，为模拟 BMS 在实际工作中可能遇到的不同环境条件，测试还在不同的环境温度下进行重复，从而评估 BMS 在各种环境下的性能稳定性和可靠性。

根据 GB/T 34131—2023 第 6.2.4 条，不同类型的电池系统对气体浓度数据采集的精确度要求可能不同，如表 3-6 所示。水电解制氢/燃料电池的氢中氧浓度、氧中氢浓度的采集误差需控制在 2%以内，而氢中微氧含量的误差更是要求在 1μL/L 以内，环境氢气浓度的采集误差则需控制在 5%以内，并且试验结果均需选取所有试验样品中气体浓度采集误差的最大值，这些严格的标准确保了 BMS 在各种应用场景下都能提供准确的气体浓度数据，从而保障整个电池系统的安全和高效运行。

表 3-6 采集气体浓度误差及采样周期要求

电池类型	采集误差	采样周期
水电解制氢/燃料电池氢中氧浓度、氧中氢浓度	≤2%	—
水电解制氢/燃料电池氢中微氧含量	≤1μL/L	—
环境氢气浓度	≤5%	—

2）关注重点

①BMS 采集的气体浓度数据与实际气体浓度之间的误差是否在规定的范围内，准确性是评估 BMS 性能的重要指标，因为它直接影响到电池系统的安全性和效率；②通过在不同温度下重复试验，检验 BMS 在各种环境温度下的性能稳定性，稳定的性能对于确保 BMS 在各种工作条件下都能提供准确的气体浓度数据至关重要；③本试验涉及不同类型的气体浓度监测，包括氢中氧浓度、氧中氢浓度以及环境氢气浓度等，需要关注 BMS 是否能够满足不同类型气体浓度监测的特定采集误差和采样周期要求，以确保其在实际应用中的广泛适用性。

气体浓度采集试验是评估 BMS 在气体浓度数据采集性能方面的重要测试。

通过严谨的试验步骤和误差分析，可以确保 BMS 在实际应用中能够准确、及时地采集和显示电池的气体浓度数据，从而为电池系统的安全运行和性能优化提供有力保障。

3.3.2 通信

通信试验是评估 BMS 在信息传递方面的性能，主要关注 BMS 的通信接口类型和通信协议的符合性。通过这一系列测试，可以确保 BMS 与不同设备之间的信息交互既准确又可靠，从而保障整个电池系统的稳定运行。

1）试验方法

根据 GB/T 34131—2023 第 7.5 条，首先在室温条件下将试验样品与信号发生及采集装置进行连接，并接通试验样品的供电电源。在确认试验样品正常工作后，通过信号发生及采集装置发送并接收 30s 的报文 ID 或相关指令，同时监测 CAN、RS-485 串口和网口 30s 的报文情况。这一过程中，需要详细记录试验样品的通信接口类型和所使用的通信协议，目的是验证 BMS 在不同通信协议下的响应速度和准确性。

GB/T 34131—2023 第 6.3 条详细规定了 BMS 应具备的通信功能，包括与多种设备进行信息交互的能力，以及应支持的通信接口和协议。这些要求确保了 BMS 在实际应用中能够与各种设备无缝对接，实现信息的实时、准确传输。特别是对于支持多种通信协议的要求，体现了 BMS 在兼容性和灵活性方面的考量。

2）关注重点

①BMS 应具备多种通信接口，如 CAN、RS-485 串口和以太网接口等，以适应不同设备之间的连接需求，这些接口的稳定性和兼容性是评估 BMS 通信性能的重要指标；②BMS 还需支持多种通信协议，如 Modbus、DL/T634.5104、DL/T860 等，这些协议的符合性是确保 BMS 与其他设备正常通信的关键；③在通信过程中，信息的准确性至关重要，因此重点关注发送和接收报文来验证 BMS 在信息交互过程中的准确性，确保数据在传输过程中不会出现丢失或错误。

通过测试 BMS 的通信接口类型和通信协议的符合性，可以确保其在实际应用中能够与其他设备实现准确、可靠的信息交互，从而保障电池系统的安全、稳定运行。

3.3.3 报警和保护

报警和保护试验是验证 BMS 在异常情况下的响应和处理能力的关键环节。主要目的是验证 BMS 在异常或故障情况下的报警和保护功能的可靠性和有效性。通过模拟各种潜在的异常情况，测试 BMS 是否能够及时、准确地发出报警信息，并采取适当的保护措施来防止电池系统发生进一步损坏或引发安全事故。

1. 报警分级和处理

1）试验方法

根据 GB/T 34131—2023 第 7.6 条，测试包括模拟各种潜在的异常情况，以验证 BMS 的报警和保护机制。测试过程中，会设置超出各级报警阈值的情况，并记录 BMS 的响应时间和行为，包括报警信息的显示、降低电池运行功率指令的发出以及停机指令的发出等。此外，还会模拟非越限报警项目的触发条件，以全面评估 BMS 的报警和保护性能。

GB/T 34131—2023 第 6.4 条明确 BMS 的报警信息根据严重程度分为三级，每级对应不同的处理措施。根据标准的报警分级，一级报警信息指的是需要立即停机或停电处理的严重情况，二级报警信息需要立即采取应急处理措施，而三级报警信息则要求加强监视及关注一、二级报警的复归情况。BMS 在设备状态异常或故障时，必须能够迅速发出报警信息并上传，以便及时采取应对措施。同时，对于一级和二级报警，BMS 还需记录报警信息前后各 10s 的模拟量和状态量，为后续的故障分析和处理提供重要数据。这种分级制度有助于操作人员根据报警级别采取相应的应对措施，从而确保电池系统的安全运行。

2）关注重点

①BMS 必须能够准确、及时地检测出异常情况并发出相应的报警信息，这要求 BMS 的传感器和算法具有高度的灵敏性和可靠性；②在发出报警信息的同时，BMS 还需要采取必要的保护措施，如降低电池运行功率或停机等，以防止故障扩大或引发安全事故，这些保护措施的可靠性直接关系到电池系统的安全稳定运行。

报警和保护试验是评估 BMS 性能和安全性的重要环节。通过严格的测试和验证，可以确保 BMS 在实际应用中能够及时、准确地检测出异常情况并采取相应的保护措施，从而保障电池系统的安全稳定运行。

2. 报警内容

报警内容的详细规定是确保 BMS 能够在关键参数超出安全范围时及时发出警报，从而预防潜在的安全风险和设备损坏。不同类型的电池系统由于其化学特性和工作原理的差异，需要监控的报警内容也会有所不同。

1）锂离子电池、钠离子电池和铅酸（炭）电池管理系统的报警内容

电压越限：当电池电压超出安全范围时触发报警，以防止电池过充电或过放电。

电压极差越限：同一电池簇内电池单体之间的电压差异过大时报警，这可能意味着某些电池单体性能下降或存在故障。

簇电流越限：电池簇的电流超过设计限值时报警，以防止电池过热或损坏。

温度越限：电池工作温度超出允许范围时报警，以避免热失控等安全问题。

绝缘电阻越限：当电池的绝缘电阻低于安全值时报警，以防止漏电或短路。

此外，还包括簇内电池单体温度极差越限、电压采集线异常、温度采集线异常、电池簇充放电回路异常、通信异常等。对于两簇以上电池直流端并联的锂离子电池、钠离子电池和铅酸（炭）电池管理系统还应具有电池簇间环流越限报警。

2）液流电池管理系统的报警内容

电压越限、电压极差越限、电流越限、温度越限、流量越限、压力越限、液位越限、漏液故障、通信异常等。

3）水电解制氢/燃料电池管理系统的报警内容

电压越限、电流越限、温度越限、流量越限、液位越限、压力越限、氢中氧浓度越限、氧中氢浓度越限、环境氢气浓度越限、通信异常等。

通过监控电压、电流、温度等常规参数，以及各种电池系统特定的其他关键参数，如流量、压力、液位和气体浓度等，这些报警内容的规定为电池系统的安全稳定运行提供了重要保障。

3. 保护

BMS 的保护功能对于确保电池系统的安全性和稳定性至关重要。当系统检测到潜在的安全风险或严重故障时，BMS 能够迅速而有效地采取措施以保护电池和整个系统。具体来说，BMS 在以下情况下会采取相应的保护措施。

1）一级报警后的保护措施

当 BMS 发出一级报警时，通常意味着存在严重的故障或安全风险。此时，BMS 应在发出报警信息后的 300ms 内迅速发出停机指令。紧接着，系统应在 5s 内断开电池簇或电池阵列的充放电回路。此措施旨在立即停止电池的充放电活动，以防止故障进一步扩大或造成更严重的后果。

2）二级报警后的保护措施

在二级报警发出后，BMS 应在 300ms 内发出降低电池运行功率的指令。这一措施旨在减少电池的负荷，以降低故障对系统的影响，并给操作人员提供更多的时间来应对和处理问题。

这些保护措施的设计是为了最大限度地减少故障对电池系统的影响，并确保操作人员的安全。BMS 通过迅速响应和采取相应的控制措施，能够有效防止潜在的安全风险演变为严重事故。同时，这提醒操作人员应及时关注并处理系统发出的报警信息，确保电池系统持续稳定运行。

3.3.4 控制

控制功能试验是验证 BMS 对电池系统各项控制功能有效性的关键环节。试验的主要目的是确保 BMS 能够准确、可靠地执行控制指令，确保电池系统的安全、稳定和高效运行。

1）试验方法

根据 GB/T 34131—2023 第 7.7 条，步骤包括在室温环境下连接试验样品与信号发生及采集装置，接通试验样品供电电源并检查试验样品的显示信息，通过信号发生及采集装置下发控制端口的闭合和断开指令，并记录试验样品的响应状态。此过程需要确保 BMS 能够准确执行所有控制指令，并及时反馈控制结果。接通 BMS 的供电电源后，需要检查其显示信息是否正确，以确保系统处于正常工作状态。通过信号发生及采集装置向 BMS 下发所有控制端口的闭合和断开指令。此步骤是为了测试 BMS 对控制指令的响应准确性和速度。通过信号发生及采集装置查询并记录 BMS 所有控制端口的闭合和断开状态。这些数据将用于后续的分析和评估。

GB/T 34131—2023 第 6.5 条对 BMS 的控制功能提出了具体要求。对于锂离子电池、钠离子电池和铅酸（炭）电池管理系统，应能够控制电池簇和电池阵列的投入和退出，这是确保电池系统灵活性和可靠性的关键。此外，BMS 还应具备通过冷却或加热系统调节电池温度的能力，以适应不同的工作环境和保持电池的最佳工作状态。对于液流电池管理系统，除了基本的控制功能外，还需要控制电解液循环泵的泵速和阀门通断，以确保液流电池的正常运行和效率。

2）关注重点

①确保 BMS 能够准确理解和执行下发的控制指令，无论是闭合还是断开控制端口，都应无误执行；②BMS 在接收到控制指令后的反应时间是衡量其性能的重要指标，快速且及时的响应能够确保电池系统在关键时刻能够迅速做出调整，避免潜在的安全风险；③BMS 执行控制指令后的状态应与预期结果一致，如果指令是关闭某个端口，那么端口状态应当确实变为关闭，并且系统应能够正确记录和显示这一变化；④测试应覆盖 BMS 的所有控制功能，包括电池簇和电池阵列的投入与退出控制、温度调节控制，以及液流电池中电解液循环的控制等。

此试验旨在全面评估 BMS 的控制性能，为电池系统的安全、稳定、高效运行提供保障。通过确保 BMS 在实际应用中能准确、高效地执行控制操作，试验对维护电池系统安全稳定起到关键作用，同时有助于提升 BMS 的整体性能和可靠性。

3.3.5　能量状态估算

能量状态估算测试是 BMS 性能评估的关键组成部分，其目的在于确保 BMS 能够准确、实时地监测和评估电池的剩余能量状态（SOE）。这一功能对于电池的有效管理、安全运行、性能优化以及寿命延长至关重要。

1）试验方法

根据 GB/T 34131—2023 第 7.8 条，能量状态估算试验包含一系列详细的步骤，包括在室温环境下连接试验样品与电池模拟装置，并设置初始 SOE 为 50%。试验过程中，通过电池模拟装置模拟恒功率充电和放电过程，记录不同时间点的 SOE 值，并计算 SOE 估算误差。该过程需要进行 3 次，并取 3 次充电和放电过程中 SOE 估算误差的最大值作为试验结果，以确保结果的准确性和可靠性。试验过程中，BMS 的 SOE 估算误差是通过与电池模拟装置的 SOE 进行比较来计算的。这个误差值反映了 BMS 在估算电池 SOE 方面的精度。

根据 GB/T 34131—2023 第 6.6 条，估算误差的最大允许范围为±5%，这是为了确保 BMS 提供的能量状态信息具有一定的准确性和可信度。为了满足这些要求，BMS 通常采用先进的算法和模型来实时估算电池的 SOE。这些算法包括基于电池电压、电流、温度等参数的复杂计算，以及考虑电池老化、温度影响等因素的补偿机制。

2）关注重点

关注重点为试验样品在充电和放电过程中的 SOE 估算准确性，以及与电池模拟装置记录的 SOE 之间的偏差。SOE 估算误差应满足标准规定的±5%最大允许误差要求，以确保 BMS 的准确性和可靠性。

通过这些测试，可以全面评估 BMS 的能量状态估算功能，确保其在实际运行中的准确性和稳定性。这对于电池的健康管理、优化使用和安全运行提供了重要的数据支持，同时也为电池系统的维护和运营决策提供了依据。

3.3.6　均衡

由于电池组内的电池单体在长时间使用和充放电过程中会出现性能差异，BMS 的均衡功能就显得尤为关键。均衡试验的主要目的是验证 BMS 的均衡功能是否有效，并评估其在不同电压差异情况下的响应和效果。

1）试验方法

根据 GB/T 34131—2023 第 7.9 条，试验步骤包括在室温环境下连接试验样品与电池模拟装置，选取电池模拟装置的电池单体电压通道，将其分别设置为 50% SOE 所对应的电压值，作为实验通道以模拟电池单体之间的电压差异。然后，记录均衡前后的电压值以及试验样品的均衡动作状态。这一过程需要在两个方向上进行，即按照 10mV 步长从低向高和从高向低调整电压，以全面评估 BMS 的均衡能力。

GB/T 34131—2023 第 6.7 条明确规定了锂离子电池、钠离子电池和铅酸（炭）电池管理系统应具有均衡功能，且可以采用主动均衡或被动均衡中的一种或两种，确保了不同类型的 BMS 都能有效地进行均衡操作，从而保障电池组的性能和安全性。

2）关注重点

均衡功能试验是检验 BMS 在维持电池组内电池单体电压一致性方面的有效

性。试验中需特别关注以下两点：①BMS 对电池单体间电压差异的识别和响应能力；②均衡操作的执行效率和效果，包括均衡过程中的能量损失和时间。

通过精准的试验步骤和数据记录，可以全面评估 BMS 在均衡过程中的性能表现，从而确保其在实际应用中能够有效地平衡电池组内各电池单体的性能差异，提升电池组的整体性能和安全性。

3.3.7　绝缘电阻检测

绝缘电阻检测是 BMS 中的一项关键功能，对确保电池系统的安全性和可靠性至关重要。绝缘电阻的降低可能会导致电池系统的漏电、短路等安全隐患，因此 BMS 需要具备准确的绝缘电阻检测能力。绝缘电阻检测试验的主要目的是验证 BMS 的绝缘电阻检测功能是否符合标准要求，并评估其在不同电压和电阻值条件下的检测精度。

1）试验方法

根据 GB/T 34131—2023 第 7.10 条，绝缘电阻检测试验步骤涉及在室温环境下连接试验样品、电池模拟装置和电阻阵列，并调节电池模拟装置输出不同的电压水平，同时改变电阻阵列的电阻值。通过记录电阻阵列的设置值和试验样品的显示值，可以计算出绝缘电阻检测误差，并根据计算公式进行评估。

根据 GB/T 34131—2023 第 6.8 条，BMS 应具备电池簇绝缘电阻检测功能，并能够在接收到外部其他设备启动绝缘检测功能时自动关闭该功能。此外，绝缘电阻检测误差的具体要求根据电池簇电压范围的不同而有所差异，如表 3-7 所示。

表 3-7　锂离子电池、钠离子电池和铅酸（炭）电池管理系统绝缘电阻检测误差要求

电池簇电压范围	绝缘电阻范围	检测误差
$60V<U<400V$	$R\leqslant50k\Omega$	$\leqslant\pm15k\Omega$
	$R>50k\Omega$	$\leqslant\pm30\%$
$U\geqslant400V$	$R\leqslant75k\Omega$	$\leqslant\pm15k\Omega$
	$R>75k\Omega$	$\leqslant\pm20\%$

2）关注重点

①绝缘电阻检测的准确性和响应时间是 BMS 关注的重点，确保系统能及时检测到绝缘性能的变化，从而迅速做出反应；②对绝缘电阻检测误差的精确计算和评估也至关重要，这直接关系到 BMS 是否满足标准规定的误差范围要求；③BMS 还需在不同电池簇电压水平下保持稳定的检测性能，以提供在各种工作条件下都可靠的绝缘电阻检测服务。这三个方面共同构成评估 BMS 绝缘电阻检测功能是否优秀的关键指标。

该试验可以全面评估 BMS 的绝缘电阻检测性能，确保其在实际应用中能够及时发现和处理绝缘电阻降低等安全隐患，保障电池系统的安全性和可靠性。

3.3.8 绝缘耐压

绝缘耐压是评估 BMS 安全性能的重要指标，包括绝缘性能和介质强度两个方面。这两个方面的试验都是为了确保 BMS 在正常工作或异常情况下，都能保持足够的绝缘能力，防止电流泄漏或电气击穿，从而保障使用者和设备的安全。

1. 绝缘性能

绝缘性能试验的目的是验证 BMS 各端子之间的绝缘电阻是否达到规定的标准，以确保系统在正常或异常操作条件下均能保持足够的绝缘强度，避免电流泄漏或电气击穿的风险。

1）试验方法

根据 GB/T 34131—2023 第 7.11.1 条，首先，在非带电状态下，断开试验样品的接地端子、采集端子和通信端子，此操作旨在确保测试结果的准确性与安全性。随后，在试验样品的各个端子组合之间（采集端子与接地端子、通信端子与接地端子、采集端子与通信端子、供电端子与通信端子）施加相应的直流电压，电压的大小根据样品的额定绝缘电压来确定，具体可参照表 3-8。

表 3-8 绝缘电阻试验电压

额定绝缘电压 U_i	绝缘电阻试验电压
U_i＜500V	500V
500V≤U_i≤1000V	1000V
U_i＞1000V	2500V

根据 GB/T 34131—2023 第 6.13.1 条，管理系统绝缘性能要求如下：BMS 与电池相连的采集端子和接地端子之间、通信端子与接地端子之间、采集端子和通信端子之间、供电端子与通信端子之间，应承受如表 3-8 中所规定的历时 1min 的直流电压，且绝缘电阻值不应小于 10mΩ。这一要求确保了 BMS 在实际使用中能够提供足够的绝缘保护，防止因绝缘性能不足而导致电气故障或安全事故。

2）关注重点

①试验前后绝缘电阻值的变化，确保在施加直流电压后，BMS 的绝缘电阻仍能满足标准要求；②要密切关注试验过程中是否有任何异常现象，如击穿、闪络或漏电，这些都可能指示绝缘性能不足；③绝缘性能试验的重复性也至关重要，验证 BMS 在多次测试后是否能保持稳定的绝缘强度，从而全面确保系统的安全可靠性。

绝缘性能试验是评估 BMS 安全性的重要环节，它通过对各端子间绝缘电阻的测量，确保 BMS 在各种工作条件下都能维持良好的绝缘状态，从而为用户提供安全可靠的电池管理服务。

2. 介质强度

与绝缘性能试验类似，介质强度试验也需要在不同的端子之间施加电压，但不同的是，这里施加的是工频交流电压或直流电压，并且电压等级更高。介质强度试验的核心目的是确保 BMS 在高电压环境下不会发生绝缘击穿和闪络现象，从而保障系统的安全运行。通过该试验，可验证 BMS 各端子之间的介质是否能够承受规定的电压等级，而不会出现漏电或击穿等问题。

1）试验方法

根据 GB/T 34131—2023 第 7.11.2 条，在非带电状态下，断开试验样品的接地端子、采集端子和通信端子，以保证测试的安全性和准确性。在试验样品的各个端子组合之间（采集端子与接地端子、通信端子与接地端子、采集端子与供电端子、采集端子与通信端子、供电端子与通信端子）施加工频交流或直流电压。电压的等级根据样品的额定绝缘电压来确定，具体可参照表 3-9。在施加电压的过程中，记录试验后的漏电流数据，这是评估介质强度的重要指标。

表 3-9　介质强度试验电压等级

额定绝缘电压 U_i	介质强度试验电压	
	交流	直流
$U_i \leqslant 60V$	1080V	1530V
$60V < U_i \leqslant 300V$	1420V	2010V
$300V < U_i \leqslant 690V$	1970V	2800V
$690V < U_i \leqslant 800V$	2120V	3000V
$800V < U_i \leqslant 1000V$	2400V	3390V
$1000V < U_i \leqslant 1500V$	3100V	4380V
$1500V < U_i \leqslant 2000V$	3800V	5370V

GB/T 34131—2023 第 6.13.2 条对管理系统介质强度提出具体要求：BMS 与电池相连的采集端子和接地端子之间、通信端子与接地端子之间、采集端子和供电端子之间、采集端子和通信端子之间、供电端子与通信端子之间，应承受如表 3-9 中规定的历时 1min 的工频交流电压（或直流电压），应无绝缘击穿和闪络现象，漏电流应小于 10mA。

2）关注重点

①试验过程中是否有绝缘击穿或闪络现象，这些都是绝缘失效的直接指标；②试验后的漏电流大小，确保其满足标准规定的小于 10mA 的要求；③试验的一致性和重复性，以验证 BMS 的绝缘强度在多次测试后仍保持稳定。

该试验不仅有助于确保 BMS 在实际应用中能够抵御电气击穿和过大的漏电流风险，也为保障系统的电气安全性提供重要的技术支撑。

3.3.9 环境适应性

BMS 的环境适应性是评估其在不同环境条件下能否正常工作的重要指标。根据 GB/T 34131—2023 的要求，BMS 需要经过高温、低温、耐湿热和耐盐雾等环境试验，以验证其在极端环境下的性能表现。

1. 高温

高温试验旨在模拟 BMS 在高温环境下的工作情况，有助于评估 BMS 在高温条件下是否能够准确采集电池电压数据，并保持稳定的性能。

根据 GB/T 34131—2023 第 7.12.1 条，试验过程中 BMS 被置于 65℃和 85℃的高温环境中。在 65℃下静置 2h 后，接通供电电源。随后，按照 GB/T 2423.2 规定的高温试验方法运行 16h，并进行电池电压数据采集试验。之后，断开电源并将环境温度提升至 85℃进行 16h 的储存试验。最后在室温下静置 2h 后，再次进行电池电压数据采集试验。

该试验旨在全面评估 BMS 在高温环境下的性能表现，确保其在实际应用中能够稳定、可靠地工作。通过高温试验的 BMS，将更能适应各种复杂多变的工作环境，为电池系统的安全、高效运行提供有力保障。

2. 低温

低温试验则是为了检验 BMS 在寒冷环境下的性能。试验步骤包括将试验样品置于–20℃和–40℃的低温环境中进行运行和储存试验，同样需要验证电池电压采集功能的准确性。通过低温试验，可以确保 BMS 在寒冷条件下也能正常工作，不会因为温度过低而影响其性能。

根据 GB/T 34131—2023 第 7.12.2 条，首先将 BMS 与电池模拟装置连接，并置于环境模拟装置中。将环境温度设定为–20℃，静置 2h 后接通供电电源，并根据 GB/T 2423.1 中规定的方法进行 16h 的低温运行试验。在此过程中，对 BMS 的电池电压数据采集功能进行持续监测。随后，断开电源将环境温度降至–40℃进行 16h 的储存试验。最后，将 BMS 取出并在室温下静置 2h，再次进行电池电压数据采集试验。该系列测试不仅考察 BMS 在寒冷环境下的即时性能，还关注其在持续低温储存后的恢复能力。

该试验可以全面评估 BMS 在低温环境下的工作稳定性和数据采集的准确性。只有经过这样严格的测试，才能确保 BMS 在实际应用中，即使在寒冷的冬季或极端低温环境中，也能正常工作，为电池系统的安全运行提供有力保障。

3. 耐湿热

耐湿热试验是为了模拟 BMS 在潮湿环境下的工作情况。试验过程中，需要按照规定的交变湿热条件进行试验，并检查电池电压采集功能以及绝缘耐压性能。这有助于评估 BMS 在潮湿环境下是否能够保持稳定的性能，并确保其绝缘耐压能力不受影响。

根据 GB/T 34131—2023 第 7.12.3 条，交变湿热试验按照 GB/T 2423.4 规定的试验方法，高温温度被设定为 55℃，并且试验持续 24h，旨在充分模拟潮湿且温度较高的环境，以检验 BMS 的性能。完成湿热试验后，环境模拟装置将恢复至室温。随后，接通试验样品和电池模拟装置的供电电源，并按照规定的电压采集试验步骤进行电池电压数据采集试验。该步骤的目的是验证 BMS 在经历湿热环境后，其电池电压采集功能是否仍然正常。最后，进行绝缘耐压试验，检验 BMS 在潮湿环境下的绝缘耐压能力是否受到影响。

4. 耐盐雾

耐盐雾试验是为了检验 BMS 在海洋等盐雾环境下的耐腐蚀性能。通过该试验可以确保 BMS 在盐雾环境下也能正常工作，不会因为腐蚀而影响其性能和安全性。

根据 GB/T 34131—2023 第 7.12.4 条，BMS 样品按照 GB/T 2423.17 规定的试验方法在盐雾试验装置中暴露 16h，以模拟海洋气候对设备的影响。试验后，样品在室温下静置 2h 后接通电源并进行电池电压数据采集试验，以验证 BMS 在盐雾环境下的电池电压采集功能是否正常。

通过这些环境适应性测试，可以全面评估 BMS 在极端温度、湿度和腐蚀环境下的性能和可靠性。这些测试结果对于确保 BMS 能够在各种环境条件下提供稳定、准确的电池管理功能至关重要，从而保障电池系统的安全运行和延长其使用寿命。

3.3.10　电气适应性

电气适应性是评估 BMS 在电气条件变化时能否保持正常工作的关键指标。包括供电电压的波动、过电压、反向电压以及通信线回路短路等异常情况。

1. 供电电压

供电电压试验是检验 BMS 在供电电压波动时性能稳定性的关键环节。该试验旨在确保 BMS 在供电电压发生波动时，仍然能够正常工作，并且性能不会受到影响。

1）试验方法

根据 GB/T 34131—2023 第 7.13.1 条，供电电源电压被调节为额定工作电压的 80%、90%、110%和 115%，并在每个电压水平下持续运行 10min，然后进行电池电压数据采集试验。该过程旨在模拟电网波动或其他电源不稳定情况对 BMS 的影响。

GB/T 34131—2023 第 6.14.1 条规定了不同类型 BMS 的供电电压偏差范围。对于锂离子电池、钠离子电池、铅酸（炭）电池和燃料电池管理系统，应采用直流供电，供电电压偏差范围应为 BMS 额定工作电压的 80%～115%。而对于液流电池管理系统，应采用交流供电，供电电压偏差范围应为 BMS 额定工作电压的 90%～110%。这些要求确保了 BMS 在实际应用中能够适应电网波动或其他可能导致供电电压变化的情况，保障电池系统的安全和有效运行。

2）关注重点

①BMS 在电压波动条件下是否能够保持稳定工作，特别是在电压低于或高于额定值时；②在供电电压变化的情况下，BMS 的电池电压数据采集功能是否仍然准确无误；③BMS 对于供电电压偏差的容忍范围，以及在偏差范围内的运行效率和功能完整性；④在经过多次电压波动测试后，BMS 的性能是否仍然满足标准要求，无性能退化或损坏现象。

2. 过电压

过电压试验是为了验证 BMS 在承受高于额定工作电压的电压时的耐受能力。

1）试验方法

根据 GB/T 34131—2023 第 7.13.2 条，调节供电电源电压至额定工作电压的 1.5 倍，并让系统在该电压水平下持续运行 1h，以模拟实际使用中可能出现的过电压情况。运行结束后，将供电电压恢复至正常工作范围。完成过电压暴露后，按照规定的电压采集试验步骤进行电池电压数据采集试验，目的是验证 BMS 在承受过电压后是否仍能正常工作，系统是否受到损坏，以及性能是否有所下降。

GB/T 34131—2023 第 6.14.2 条明确规定管理系统应能够耐受 1.5 倍额定工作电压。这是为了确保 BMS 在过电压情况下能够保持稳定性和可靠性，从而保障电池系统的安全运行。

2）关注重点

①验证 BMS 在高于额定工作电压 1.5 倍的条件下是否能够承受过电压冲击，而不发生损坏或功能失效；②在过电压条件后，检查 BMS 是否能够迅速恢复到正常工作状态，并维持电池电压数据采集的准确性；③评估 BMS 内部的过电压保护机制是否有效，能否在过电压事件中保护系统免受损害。

通过过电压试验，可以有效评估 BMS 在过电压条件下的耐受能力，为 BMS 在实际应用中的可靠性和安全性提供重要保障。

3. 反向电压

反向电压试验是评估 BMS 在面临供电电源极性反接情况时的耐受能力和保护机制的重要环节。

1）试验方法

根据 GB/T 34131—2023 第 7.13.3 条，样品的供电电源电压设置为反接电压值，并持续施加 1min。此步骤模拟电源极性反接的异常情况，以测试 BMS 的耐受能力和保护措施。完成 1min 的反向电压施加后，供电电源电压应立即恢复至正常状态，按照电压采集试验步骤进行电池电压数据采集试验，验证 BMS 在经历反向电压冲击后是否能恢复正常工作，并准确采集和处理电池电压数据。

根据 GB/T 34131—2023 第 6.14.3 条的规定，BMS 应能够耐受持续 1min 的反向电压。该要求确保了 BMS 在面临极性反接等异常情况时具有足够的稳定性和保护能力，从而防止潜在的损坏或故障发生。

2）关注重点

①检验 BMS 在供电电源极性反接时是否具备有效的保护措施，以防止潜在的损害和安全风险；②在反向电压条件下，评估 BMS 的响应时间以及其在恢复正常电压后的功能恢复情况；③确保在反向电压的影响下，BMS 的核心功能尤其是电池电压数据采集，仍然能够正常运行。

通过反向电压试验，可以有效评估 BMS 在极性反接时的耐受能力和保护机制，为 BMS 在实际应用中的安全性和可靠性提供重要保障。同时，此试验也为 BMS 的设计和改进提供了有价值的反馈信息，有助于不断提升系统的稳定性和安全性。

4. 通信线回路短路

该试验是为了模拟通信线路发生短路时 BMS 的响应情况，旨在评估系统在通信线路发生短路时的响应和稳定性。在实际应用中，通信线路的短路可能由于线路老化、损坏或外部因素干扰等而发生，这种情况对 BMS 的通信功能可能构成威胁。因此，进行通信线回路短路试验至关重要，以确保 BMS 在面临此类异常情况时能够保持稳定性和可靠性。

1）试验方法

根据 GB/T 34131—2023 第 7.13.4 条的规定，试验样品的通信线进行短路操作，并持续 1min。此步骤模拟通信线路短路的异常情况，以测试 BMS 的响应和稳定性。完成短路操作后，通信线路会立即恢复至正常工作模式。随后，按照规定的电压采集试验步骤进行电池电压数据采集试验，验证 BMS 在经历通信线短路后是否仍然能够准确采集和处理电池电压数据，从而确保系统的正常运行。

根据 GB/T 34131—2023 第 6.14.3 条的要求，管理系统应能够耐受通信线回路短路。该要求是为确保 BMS 在面临通信线路短路等异常情况时具有足够的稳定性和可靠性，从而防止潜在的通信故障或系统崩溃发生。

2）关注重点

①评估 BMS 在通信线路发生短路时的即时反应和保护措施是否立即启动，以防止进一步的系统损害；②在短路发生期间和之后，检查 BMS 是否能够维持电池电压数据采集的连续性和准确性；③验证 BMS 在通信线短路后恢复至正常工作模式的能力，确保系统功能不受影响。

电气适应性试验是确保 BMS 在各种电气条件下都能正常工作的重要环节。通过严格执行通信线回路短路试验，可以全面评估 BMS 在通信线路短路条件下的性能表现，进而确保其在实际应用中的安全性和可靠性。

3.3.11 电磁兼容

电磁兼容是确保 BMS 在电磁环境中能够稳定运行，且不会对其他设备造成不可接受的电磁干扰。

1）试验方法

根据 GB/T 34131—2023 第 7.13.3 条，电磁兼容试验包括多个方面，如静电放电抗扰度、电快速瞬变脉冲群抗扰度、浪涌（冲击）抗扰度、工频磁场抗扰度、脉冲磁场抗扰度、阻尼振荡磁场抗扰度、0Hz～150kHz 共模传导骚扰抗扰度、直流电源输入端口纹波抗扰度以及阻尼振荡波抗扰度等，以确保 BMS 在各种电磁干扰下都能正常工作。在进行这些试验时，BMS 应处于正常工作状态，且不应依赖外接抗干扰元件来满足电磁兼容标准。这是为了真实反映 BMS 自身的电磁兼容性能。GB/T 34131—2023 第 6.15 条明确规定了管理系统的电磁兼容性能要求，应满足表 3-10。

表 3-10　电磁兼容性能要求

序号	检验项目	符合标准	试验级别
1	静电放电抗扰度试验	GB/T 17626.2	3 级
2	电快速瞬变脉冲群抗扰度试验	GB/T 17626.4	3 级
3	浪涌（冲击）抗扰度试验	GB/T 17626.5	3 级
4	工频磁场抗扰度试验	GB/T 17626.8	3 级
5	脉冲磁场抗扰度试验	GB/T 17626.9	3 级
6	阻尼振荡磁场抗扰度试验	GB/T 17626.10	3 级
7	0Hz～150kHz 共模传导骚扰抗扰度试验	GB/T 17626.16	4 级
8	直流电源输入端口纹波抗扰度试验	GB/T 17626.17	3 级
9	阻尼振荡波抗扰度试验	GB/T 17626.18	3 级

2）关注重点

BMS 在电磁干扰作用下应保证功能、性能正常及动作的正确性。

通过这些电磁兼容试验，可以全面评估 BMS 在复杂电磁环境中的性能，确保其在实际应用中能够在各种电磁干扰条件下保持正常工作，从而保障电池系统的安全和有效运行，对于提高 BMS 的市场竞争力和用户满意度具有重要意义。

3.3.12　系统可用性

根据 GB/T 34131—2023 第 6.16 条的要求，合格的 BMS 产品运行寿命应该不小于 10 年，平均无故障使用时间不宜少于 20 000h，通过对 BMS 严格的使用寿命要求，能够有效保证 BMS 市场发展的稳定性和消费使用者的权益，有利于产品力的提升和行业的健康发展。

3.4　标准实施对 BMS 设计和运行效果的影响

随着相关标准的制定和实施，BMS 的设计和运行效果受到显著影响。

3.4.1　规范化设计

GB/T 34131—2023 的推出，为 BMS 的设计带来了规范化的变革。在标准化之前，市场上的 BMS 设计方案因缺乏统一的技术规范而呈现出多样性，这种多样性在电路设计、控制算法和通信协议等方面表现得尤为明显，虽然在一定程度上促进了技术创新，但也带来了系统集成的复杂性和维护的困难，影响了电池系统的稳定性和可靠性。

新国家标准的实施，通过明确规定 BMS 的工作环境、技术要求和试验方法，为设计者提供了统一的设计蓝图。这些规定不仅涵盖 BMS 的基本功能，如电池状态监测、充放电管理、故障诊断和保护，还包括对性能的具体要求，如数据采集的精度、系统的响应时间和通信的可靠性。此外，新国家标准还强调安全保护措施的重要性，如过充电、过放电、过流和短路保护，确保了电池系统的安全性。

规范化设计的实施，使得不同厂商的 BMS 产品在功能和性能上具有一致性，不仅方便了用户的选择和集成工作，还大幅降低系统的维护成本，提高整体的可维护性和可升级性。由于采用了统一的通信协议，BMS 现在能够更轻松地与其他系统组件实现兼容，进而简化整个系统的架构。这一变革无疑为 BMS 行业的健康发展注入了新的活力。

3.4.2 提高性能和效率

安全性是 BMS 设计的首要考虑因素。新国家标准对 BMS 的安全性能提出了更高要求，特别是在电池单体电压、电流、温度的采集误差和采样周期方面进行了更精细化的规定。这些规定有助于提高 BMS 对电池状态的监控精度，从而及时发现并处理潜在的安全隐患。

新国家标准要求 BMS 具备更高的数据处理和存储能力，以适应更高的采样频率和数据量。为了满足这一要求，BMS 制造商开始升级硬件和软件，采用更先进的处理器和算法，提升系统的整体效率和性能。

BMS 制造商在追求高性能的同时，也致力于优化系统的功耗管理。通过采用低功耗设计和休眠模式等技术，新一代的 BMS 能够在保证性能的同时，显著降低系统的能耗，不仅延长了电池的使用寿命，还减少了能源浪费，符合当前绿色、低碳的发展趋势。

此外，新国家标准对 BMS 的兼容性也提出更高的要求。为满足多样化的电池类型和不同应用场景的需求，BMS 必须具备更强的适应性和可扩展性。因此，制造商们在设计时充分考虑模块化和标准化的理念，使得 BMS 能够更灵活地适应各种电池系统和集成需求，不仅降低了生产和维护成本，还提高了系统的互换性和升级便利性。

同时，新国家标准还推动 BMS 在智能化方面的发展。现代的 BMS 不仅具备传统的监控和管理功能，还融入更多的智能决策和优化算法。通过实时分析电池状态和使用环境，BMS 能够自动调整工作策略，以实现最佳的性能和效率。这种智能化的管理方式不仅提高电池系统的运行效率，还增强系统的稳定性和可靠性。

3.4.3 促进行业创新

新国家标准的实施为 BMS 行业注入强大的创新动力。为了满足标准中更为严格和精细化的要求，企业不得不跳出传统的技术框架，积极探索新的技术路径和解决方案。这种外部压力转化为内部驱动力，促使行业内各企业不断加大研发投入，推动技术创新。

新国家标准还推动了 BMS 在智能化和网络化方面的发展。为了满足标准中对电池状态实时监控和远程管理的要求，企业需要研发更为智能的 BMS 系统，能够与云计算、大数据等先进技术相结合，实现电池系统的智能化管理和优化，不仅提升 BMS 产品的附加值，还为企业在激烈的市场竞争中脱颖而出提供有力支持。

此外，新国家标准的实施还促进 BMS 行业的国际合作与交流。为达到新国家标准的要求，国内企业需要积极引进国外的先进技术和管理经验，同时，也将自身的技术创新成果推向国际市场，从而推动全球 BMS 技术的进步和发展。

3.5 小　结

GB/T 34131—2023 的颁布实施，标志着我国在电力储能领域迈出了坚实的一步。该标准不仅为 BMS 的设计、生产、应用及维护提供全面、统一的技术规范，更为行业的健康发展注入强大的动力，核心目的在于确保 BMS 能够精准监控电池状态，实现性能最优化，及时预防潜在故障，并与其他系统实现高效协同。

通过实施这一标准，BMS 技术水平得到了显著提升，同时，也保障了储能系统的安全稳定运行。该标准通过严谨的技术指标设定和科学的试验方法，保障 BMS 在各种复杂环境下均能表现出稳定、可靠的性能，进而提升电池储能系统的整体可靠性、运行效率和安全性能，不仅为电力储能系统的安全、高效运行提供了坚实保障，更是对我国能源结构调整和清洁能源发展战略的有力支撑。

该标准重点关注多类型 BMS 的适用性，不仅涵盖锂离子电池等主流技术，还包括钠离子电池、铅酸（炭）电池、液流电池及水电解制氢/燃料电池等，展现广泛的适用性，顺应储能技术多样化趋势。同时，该标准在保障系统高性能管理的同时，也强调异常条件下的报警和保护要求，实现性能与安全性的双重提升。

此外，通过制定通用的通信协议和接口标准，极大地增强了不同厂商、不同型号 BMS 之间的兼容性和互操作性，为构建庞大而复杂的分布式电力储能系统提供坚实的技术基础，不仅有助于降低系统集成成本，提高运行效率，更为未来智能电网的建设提供关键支持。

该标准通过设定清晰的技术门槛和性能指标，不仅推动了储能行业的技术进步和产品升级，提升了行业整体竞争力，对于提升 BMS 技术的整体水平和国际竞争力具有深远的意义。

基于以上分析，呼吁业界持续关注标准的更新和技术进步，以推动电力储能行业的健康发展。同时，加强 BMS 技术的研发和创新，积极探索新的技术路径，以满足未来电力储能系统对更高性能、更高安全性和更高效率的需求。加强行业间交流与合作，共同推动电力储能技术的进步和应用，为社会的可持续发展做出更大的贡献。

第4章 储能变流器测试与评价

4.1 引言

储能变流器是电池储能系统与外部电网或其他能源系统进行能量交换的关键接口，直接影响储能系统的运行性能及经济效益。储能变流器作为实现锂离子电池系统并网运行或孤岛运行模式灵活切换的枢纽，确保了系统在各种运行模式下的稳固与安全。同时，还承载着电力电子转换的重任，能有效提升电池能量的利用率，进而增强系统的经济效益。此外，储能变流器通过运用先进的控制策略，积极参与电网的频率和电压调节，从而显著改善电网的电能质量和运行稳定性。

尽管储能变流器的技术成熟度不断提高，但在工程应用中，随着其功率的不断增大、电压水平不断提升，测试环节也面临新的挑战。对接入储能系统的储能变流器进行全面检测，是确保其性能符合设计要求、满足锂离子电池系统实际需求的关键环节。这种检测不仅能验证储能变流器在各种工况下的性能，如转换效率、稳定性和响应速度，保证储能系统、储能电站及电网的安全稳定运行。因此，需要对接入储能系统的储能变流器进行检测，设定其并网门槛。对于保障储能系统、储能电站及电网的安全稳定运行，推动我国储能变流器的高质量生产，以及提升储能行业的国际竞争力都具有至关重要的意义。

在上述背景下，为规范储能变流器的技术要求，确保其性能和质量，并推动储能行业的健康发展，我国特制定了 GB/T 34133—2023《储能变流器检测技术规程》。这一标准的出台，不仅为储能变流器的质量检测提供了技术指导和评价依据，也为行业的健康发展注入强大的动力。通过设定一系列严格的检测项目和指标，该标准旨在确保储能变流器在各种应用场景下均能表现出优异的性能，从而保障电力储能系统的安全、稳定和高效运行。

在此背景下，深入理解和掌握 GB/T 34133—2023 的内容和要求，对储能变流器生产商、系统集成商以及用户来说都至关重要，不仅有助于提升产品的市场竞争力，还能为电力储能系统的持续优化和升级奠定坚实的基础。本章将围绕该标准展开详细的测试与评价工作，以期为储能变流器的研发和应用提供有益的参考和借鉴。

4.2　标准概述

该标准详细规定储能变流器的外观检查和防护等级、基本功能、电气性能、安全性能、电磁兼容、辅助系统、标志、包装等检测方法，以及检测条件、检测仪器设备等内容。通过这些详细的测试规程，该标准旨在确保储能变流器的性能稳定、安全可靠，并能在各种环境条件下正常工作。

该标准适用于以电化学电池作为储能载体，交流端口电压在 35kV 及以下储能变流器的设计、制造、试验、检测、运行、维护和检修。其测试与评价内容主要包括基本功能检测、电气性能检测、安全性能检测、电磁兼容检测和辅助系统检测。

4.3　检测方法及要求分析

4.3.1　基本功能检测

1. 启停机

启停机检测是储能变流器性能检测中至关重要的一环，旨在评估储能变流器在启动、稳定运行以及停机过程中的性能表现。该检测不仅涵盖放电模式，还包括充电模式下的性能表现，从而确保储能变流器在各种工作状态下都能可靠运行。

1）检测方法

启停机检测依据 GB/T 34133—2023 第 8.1 条进行。首先需按照要求连接检测电路，并确保开关处于闭合状态。设置储能变流器的运行模式为放电模式，并通过信号发生及采集装置或储能变流器控制面板向储能变流器下发启动指令。储能变流器启动后，需设置其有功功率在额定功率（P_n）下运行，并持续观察其输出功率是否上升至额定功率。一旦达到额定功率，保持该状态运行 2min 后向储能变流器下发停机指令。在此过程中，利用数据采集装置以 200ms 为周期记录从下发启动指令到停机过程中储能变流器交流端口的有功功率有效值，并据此绘制有功功率-时间曲线。通过计算从下发启动指令到第 1 次达到 90%P_n 时刻的时间，以及从下发停机指令时刻到第 1 次达到 10%P_n 时刻的时间，可以评估储能变流器的启动和停机性能。同样的步骤也需要在充电模式下重复进行，以确保储能变流器在充电状态下的性能也得到充分验证。

通过模拟放电和充电两种模式下的启动与停机流程，不仅能够深入评估储能变流器的响应敏捷性和控制精确性，还能检查其功率输出的平稳度和动态响应能力。这些性能指标对于衡量储能变流器在电网中的实际应用效果具有决定性的影响，同时也是保障电力系统平稳运行和提高能源使用效率的关键因素。

2）关注重点

①储能变流器在启动和停机过程中的响应时间，以评估其快速投入或退出运行的能力；②储能变流器在额定功率下的稳定运行情况，包括功率输出的稳定性和波动范围；③停机过程中功率下降的速率和平稳性，以判断储能变流器在紧急情况下的安全停机能力。

启停机检测的核心旨在全面验证储能变流器在各种运行模式下的性能，包括响应速度、控制精度、功率输出的稳定性以及动态特性。此项检测能确保储能系统在实际运行中能够快速适应电网的需求波动，从而保持电网的稳定性和可靠性。

2. 报警与保护

1）极性反接

极性反接报警与保护检测的主要目的是验证储能变流器在面临潜在的安全风险时，是否能够迅速并准确地做出反应。通过该测试，可以确保储能变流器在实际应用中具备足够的安全防护能力，从而保障整个储能系统的稳定运行。

（1）检测方法：该检测主要依据 GB/T 34133—2023 的第 8.2.1 条执行。首先，需按要求连接好检测电路，并确保开关处于断开状态。接着，将储能变流器的直流输入极性反接，以模拟实际操作中可能出现的错误连接情况。随后闭合开关并启动储能变流器，此时应密切关注储能变流器的运行状态和报警信息。标准要求储能变流器在直流输入极性反接的情况下，应具备报警与保护功能，即在检测到极性反接时，储能变流器应能发出报警信息并启动相应的保护措施以防止设备损坏。完成反接检测后，需要断开开关，将直流输入极性正确连接，并重新启动储能变流器，以验证其在正常情况下的运行状态和报警复位情况。

（2）关注重点：①报警的准确性和及时性，储能变流器在检测到极性反接时，应能立即发出报警信号，以便操作人员及时采取措施；②除发出报警信号外，储能变流器还应能自动启动相应的保护措施，如断开电路或进入安全模式，以防止设备因极性反接而受损；③在极性正接后，储能变流器应能自动复位报警状态，并恢复正常运行。此功能的正常运作对于确保储能变流器的连续性和可靠性至关重要。

该检测能够全面评估设备在面临极性反接风险时的报警灵敏度和保护措施的有效性，不仅确保储能变流器在遇到操作失误时的安全性能，也为用户在实际应用中提供了强有力的安全保障，避免因极性接错而导致设备损坏或引发更严重的安全事故。

2）交流进线相序错误

该检测是检验储能变流器是否能准确检测并响应此类电网异常情况。交流进线相序错误可能导致设备损坏、性能下降或产生电网谐波，因此储能变流器必须具备相应的报警与保护功能。通过模拟相序反接的情况并观察储能变流器的响应，测试确保储能变流器能够准确识别相序错误，并触发相应的报警和保护措施，从而维护系统的安全运行。该检测旨在确保储能变流器在交流进线相序错误的情况下，能够迅速识别并做出正确的安全响应，从而避免设备损坏、性能下降或电网谐波的产生。这既是对储能变流器安全性能的考验，也是对其电网适应性的评估。

（1）检测方法：根据 GB/T 34133—2023 的第 8.2.2 条，首先按要求连接好检测电路，并确保开关处于断开状态。接着，将储能变流器交流端口的进线任意两相相序反接，以模拟电网中的相序错误情况。随后闭合开关并启动储能变流器，此时应密切关注并记录储能变流器的运行状态和发出的报警信息。此步骤旨在验证储能变流器是否能准确识别相序错误，并触发相应的报警和保护措施。完成反接测试后，需要断开开关，将相序正确连接，并重新启动储能变流器，以验证其在正常相序下的运行状态和报警复位情况。

（2）关注重点：①储能变流器在检测到相序错误时，应能立即发出准确的报警信号；②除报警外，储能变流器还应能及时启动有效的保护措施，以防止设备受损或性能下降；③在相序正确连接后，储能变流器的报警状态应能可靠复位，并确保设备恢复正常运行。

这项检测能够全面评估储能变流器在面临相序错误时的报警灵敏度和保护措施的有效性，提升储能变流器在复杂电网环境中的适应性和安全性。

3）直流电压

a. 直流过压

直流过压报警与保护检测主要验证储能变流器对直流过压情况的识别和应对能力。检测通过逐步提高电池模拟装置的输出电压，直至触发储能变流器的直流过压保护动作，从而评估其过压报警与保护功能的准确性和可靠性。这种检测不仅关乎设备的安全运行，也直接影响电网的稳定性和安全性。

检测方法：根据 GB/T 34133—2023 第 8.2.3.1 条，检测方法包括连接检测电路、设置储能变流器的运行模式和输出功率、逐步提高电池模拟装置的输出电压直至触发保护动作，并记录相关保护动作值和报警信息。检测过程中，首先在放电模式下进行，然后切换到充电模式重复相同的步骤，以全面评估储能变流器在不同工作状态下的过压保护性能。

关注重点：①检测需要验证当直流电压超过设定值时，储能变流器能否准确触发直流过压保护动作，这是评估储能变流器安全性能的重要指标，确保设备在异常电压情况下能够及时采取措施，防止损坏；②储能变流器还需要在直流过压时发出准确的报警信息，检测需要关注报警信息是否及时、准确地反映直流过压的情况，以便运维人员能够及时响应并处理；③保护动作不仅需要准确，还需要可靠，检测应关注储能变流器在多次触发保护动作时的一致性和稳定性，确保设备在多次遇到直流过压情况时都能做出正确的反应；④在直流电压恢复正常后，储能变流器应能够自动复位并恢复到正常工作状态，检测需要关注设备复位功能是否有效，以及复位后设备的运行状态是否正常；⑤储能变流器可能在放电模式和充电模式下工作，检测需要关注设备在这两种不同模式下的直流过压报警和保护功能是否都能正常工作，以全面评估设备的性能。

通过该检测可以全面评估储能变流器在面对直流过压风险时的性能和可靠性，确保电池系统在各种工作条件下的安全运行。对于预防电池过充电、延长电池寿命以及保护整个储能系统免受电压异常影响至关重要。

b. 直流欠压

直流欠压报警与保护检测是针对储能变流器在直流电压过低情况下的安全性和稳定性的重要测试，核心目的在于验证当直流电源电压降低到预设的安全阈值以下时，储能变流器是否能迅速响应，并触发相应的保护措施，从而避免电池因过度放电而导致的性能衰减或安全风险。

检测方法：根据 GB/T 34133—2023 第 8.2.3.2 条，检测步骤涵盖模拟直流欠压条件，逐步降低电池模拟装置的输出电压，并监测储能变流器是否能够在达到欠压保护设定值时激活报警和保护机制。通过记录储能变流器的反应和保护动作值，可以评估其对直流欠压的响应效率和准确性。此外，检测还包括在恢复正常电压后，检查储能变流器的运行状态和报警复位情况，以确认其在欠压解除后能否正常运行并自动恢复正常状态，然后切换到充电模式重复以上操作，检验在不同模式下的功能运行情况。

关注重点：①验证储能变流器是否能在直流电压低于设定值时准确触发保护功能，这是评估设备安全性的关键指标；②确保储能变流器在触发保护功能时能够发出准确的报警信息，以便运维人员能够迅速响应并处理异常情况；③验证储能变流器在直流电压恢复正常后是否能够自动复位并恢复到正常工作状态，这是评估设备稳定性的重要指标；④通过在放电模式和充电模式下进行重复测试，全面评估储能变流器在不同工作模式下的性能表现和安全稳定性。

此检测确保储能变流器在实际应用中能够有效地检测直流电压降低到设定阈值以下的情况，并执行相应的保护措施，保障系统的安全稳定运行。

4）过电流

a. 交流端口

交流端口过电流报警与保护检测是针对储能变流器在交流端口出现过电流时的安全响应机制进行测试的重要环节。该检测旨在确保储能变流器在交流端口电流超过设定限值时，能够及时触发报警并采取必要的保护措施，以防止设备因过电流而受损或发生更严重的安全事故。

检测方法：根据 GB/T 34133—2023 第 8.2.4.1 条，需要根据标准连接好检测电路并确保相关开关处于闭合状态，将储能变流器设置为放电模式，并调节电网模拟装置的输出电压至储能变流器交流端口的额定电压，这是为了模拟实际工作条件下的电网环境。然后设定储能变流器交流端口的过电流保护限值为 90%的额定电流，并通过调节使储能变流器的交流端口输出电流在额定电流运行，以观察其反应。当交流端口的电流超过设定的保护限值时，储能变流器应能立即触发报警并启动相应的保护措施，以防止设备因过电流而损坏。通过记录过电流保护动作值和报警信息，可以评估储能变流器的反应速度和保护机制的可靠性。该检测通过在充电和放电两种模式下进行检测，可以全面验证储能变流器在不同工作状态下的过电流保护性能。

关注重点：①验证储能变流器在交流端口电流超过设定限值时是否能准确触发保护功能；②确保在触发保护功能时，储能变流器能够发出准确的报警信息，以便及时响应和处理异常情况；③评估储能变流器在检测到交流端口过电流后，是否能迅速启动保护动作，以降低设备受损的风险；④全面评估储能变流器在放电模式和充电模式不同工作模式下的过电流保护性能。

b. 直流端口

直流端口的过电流报警与保护检测也是为验证储能变流器在直流电流超过设定限值时能否准确触发报警并启动保护措施，从而防止设备损坏和潜在的安全风险。

检测方法：根据 GB/T 34133—2023 第 8.2.4.2 条，需要根据标准连接好检测电路并确保相关开关处于闭合状态。随后，在放电模式下，通过调节电网模拟装置的输出电压以模拟实际运行环境，并设置直流端口的过电流保护限值和输出电流以触发保护动作。在此过程中，记录保护动作值和报警信息，并核对储能变流器是否具备相应的过电流报警与保护功能。为更全面地评估设备性能，还需在充电模式下重复此检测。整个检测流程旨在确保储能变流器在直流电流超标时能够及时、准确地做出反应，从而防止设备损坏和潜在安全风险的发生。

关注重点：①验证储能变流器在直流电流超过设定限值时是否能准确触发保护功能，这是评估设备安全性的关键指标；②确保在触发保护功能时，储能变流器能够发出准确的报警信息，以便运维人员能够迅速响应并处理异常情况；③评估储能变流器在检测到过电流后是否能迅速启动保护动作，以降低设备受损的风险；④全面评估储能变流器在放电模式和充电模式下的过电流保护性能。

通过对交流端口和直流端口的过电流性能进行检测，可以全面评估储能变流器在面临过电流风险时的安全性能。此检测不仅对验证储能变流器的安全保护功能至关重要，也确保在实际运行中，储能变流器能够对过电流状况做出快速、准确的反应，避免因电流过大而导致设备损坏或引发安全事故。同时，通过在放电和充电两种模式下进行检测，确保储能变流器在各种工作状态下都能保持高度的安全性和稳定性。

5）过温

过温报警与保护检测是确保储能变流器安全运行的重要测试环节，主要目的是验证储能变流器在内部温度超过安全范围时，能否及时触发报警并启动相应的保护措施，以防止设备因过热而损坏或发生更严重的安全事故。

（1）检测方法：根据 GB/T 34133—2023 第 8.2.5 条，设置储能变流器的运行模式为放电模式或充电模式，以模拟设备在实际使用中的不同工况。为制造过温工况，测试人员可以采取多种方法。一种方法是停止或限制部分冷却系统的工作，使设备内部温度逐渐升高至过温限值。另一种方法是通过加热温度检测元件，使其达到保护动作点。还有一种方法是通过降低过温保护限值来模拟过温工况。这些方法都是为了触发储能变流器的过温报警与保护功能。在制造过温工况的过程中，需要密切关注储能变流器的运行状态和报警信息。一旦设备触发报警或保护动作，应立即记录相关信息，包括触发时的温度、设备状态等。这些信息对于后续的设备评估和改进具有重要意义。测试完成后，确认储能变流器是否具备过温报警与保护功能。如果设备在过温工况下能够及时触发报警并启动相应的保护措施，则说明其过温报警与保护功能有效。

（2）关注重点：①验证过温报警与保护功能是否能够在设备内部温度超过安全范围时准确触发；②确保触发的报警信息准确无误，以便运维人员及时响应和处理异常情况；③评估保护措施是否能够在设备过热时迅速启动，以降低设备受损的风险。

通过检测可以全面评估储能变流器在运行中产生过温情况下的报警和保护功能，确保其在实际应用中能够提供必要的安全保障。

6）通信故障

在现代电力系统中，通信设备之间的数据传输对于系统的稳定运行至关重要。一旦通信出现故障，可能导致储能变流器无法正确接收控制指令或发送状态信息，进而影响整个系统的安全运行。该检测的核心目的是确认储能变流器在通信发生故障时，能否有效地进行报警并启动相应的保护措施，从而防止因通信问题引发的系统不稳定或安全事故。

（1）检测方法：根据 GB/T 34133—2023 第 8.2.6 条，需要按照要求连接好检测电路，并确保开关处于闭合状态，这是进行通信故障测试的基础。接着，设置储能变流器的运行模式为放电模式或充电模式，以模拟实际运行环境中的不同工况。在模拟通信故障时，需断开储能变流器与信号发生及采集装置之间的连接，旨在模拟实际运行中可能出现的通信中断或异常情况，以检验储能变流器对此类问题的响应能力。在断开连接后，需要密切关注储能变流器的运行状态和报警信息。一旦设备检测到通信故障并触发报警或保护动作，应立即记录相关信息，包括触发报警时的设备状态、报警代码以及后续的设备行为等，均对评估储能变流器在通信故障时的性能表现具有重要意义。

（2）关注重点：①报警功能的敏感性，即储能变流器能否在通信故障出现时及时报警；②保护措施的及时性和有效性，设备在检测到通信故障后应能迅速启动预设的保护措施，以确保系统的稳定性和安全性。

此检测有助于减少由于通信故障导致的系统不稳定或数据丢失风险。通过模拟通信中断，可以验证储能变流器的通信监控和故障响应机制的有效性，确保在通信系统出现问题时，储能变流器能够及时响应并采取适当的保护措施，确保整体系统可靠性。

7）冷却系统故障

冷却系统对于储能变流器的正常运行至关重要，因为其能有效地将设备运行中产生的热量带走，防止设备过热。一旦冷却系统出现故障，储能变流器可能会因为过热而损坏，甚至引发安全事故。冷却系统故障报警与保护检测旨在验证储能变流器在冷却系统出现故障时能否及时发现并启动保护措施，从而确保设备的安全运行。

（1）检测方法：根据 GB/T 34133—2023 第 8.2.7 条，首先按照要求连接好检测电路，并确保开关处于闭合状态，为检测提供稳定的电路环境。然后，设置储能变流器的运行模式为放电模式或充电模式，以模拟实际使用场景。在储能变流器以额定功率运行并确保冷却系统正常工作后，测试进入关键阶段。此时，需要控制储能变流器停机，并停止或部分限制冷却系统的工作，以模拟冷却系统故障的情况。随后，再次设置储能变流器有功功率以额定功率运行，并密切观察设备的运行状态和报警信息。

（2）关注重点：①核对储能变流器是否具备冷却系统故障报警与保护功能，在冷却系统出现故障时，储能变流器应能迅速检测到异常情况并触发报警，同时启动相应的保护措施，如降低功率输出、停机等，以防止设备因过热而损坏；②重点评估储能变流器在冷却系统故障时的保护措施是否有效，包括设备在检测到故障后是否能迅速降低功率输出或停机，以及是否能通过报警信息准确指示故障类型和位置，以便运维人员及时排除故障。

通过该检测可以全面评估储能变流器在冷却系统故障情况下的报警和保护功能，通过模拟各种可能的故障和异常情况，可以验证储能变流器是否能够在面临挑战时保持稳定运行，并及时触发报警和保护机制。

3. 绝缘电阻监测

绝缘电阻是衡量电气设备和线路安全性能的关键指标，反映了设备或线路的绝缘能力。如果绝缘电阻过低，可能会导致电流泄漏、设备损坏甚至触电事故。绝缘电阻监测功能检测的核心目的是验证储能变流器在绝缘电阻降低时能否有效地进行报警并采取相应的保护措施，从而避免电流泄漏、设备损坏或触电事故的发生。

1）检测方法

根据 GB/T 34133—2023 第 8.3 条，涉及连接特定的检测电路、设置储能变流器的不同运行模式、调节电阻值以模拟特定的绝缘条件，并监测储能变流器的运行状态和报警信息。测试过程中，通过对直流端口的正极和负极分别进行接地，来模拟绝缘电阻降低的情况，并观察储能变流器的反应。其中，设置储能变流器的运行模式为放电模式或充电模式，以模拟设备在实际使用中的工况。然后，将可调电阻的阻抗调节为 $90\%V_{dc\_max}$/30mA，这是为了在接下来的测试中通过调节可调电阻来模拟绝缘电阻的变化。闭合接地开关 K_1，使储能变流器直流端口的正极通过可调电阻接地，然后闭合开关 Q_1 和 Q_2。接下来，调节电池模拟装置的电压至储能变流器的最大直流电压值，并启动储能变流器。在此过程中，需要密切关注储能变流器的运行状态和报警信息。一旦设备检测到绝缘电阻异常并触发报警或保护动作，应立即记录相关信息。这些信息包括触发报警时的绝缘电阻值、设备状态以及报警代码等，都对评估储能变流器在绝缘性能下降时的性能表现具有重要意义。完成正极接地测试后，需要断开开关 Q_1 和 Q_2 以及接地开关 K_1，然后闭合 K_2，使储能变流器直流端口的负极通过可调电阻接地，并重复上述测试步骤。该测试全面评估储能变流器在正负两极绝缘性能下降时的反应能力，确保其在实际应用中能够提供必要的安全保障。

2）关注重点

①报警功能的准确性，即储能变流器是否能在绝缘电阻低于安全阈值时及时报警；②设备在报警后的应对措施是否得当，包括是否能迅速停机或降低功率以防止故障扩大；③设备在绝缘故障恢复后的自动重启能力，以确保系统的持续稳定运行。

4. 通信与运行信息监测

在现代电力系统中，通信设备之间的数据传输和准确的状态监测对于系统的稳定运行至关重要。储能变流器不仅需要能够准确接收和执行外部控制指令，还需要能够实时监测和报告自身的运行状态，以便及时发现潜在问题并进行处理。通信与运行信息监测功能检测的核心在于验证储能变流器是否能够及时准确接收外部指令，并根据指令进行相应操作，同时确保其能够正确地上报运行状态和关键参数。

1）检测方法

根据 GB/T 34133—2023 第 8.4 条，该检测包括连接检测电路、连接储能变流器与信号发生及采集装置、启动储能变流器、下发启停机和功率控制指令、记录响应情况、设置储能变流器运行功率以及检查采集的运行信息等步骤。其中，通过信号发生及采集装置向储能变流器下发启停机指令后，再次下发以 20%P_n运行的功率控制指令，并记录储能变流器执行启停机和功率控制指令的响应情况。这一步骤的目的是验证储能变流器对外部指令的响应速度和准确性。在完成上述检测后，需要通过信号发生及采集装置设置储能变流器在 30%P_n运行，并检查信号发生及采集装置采集的储能变流器的各项运行信息，包括直流端口电压、电流和功率，交流端口电压、电流、频率和功率等，目的是验证储能变流器状态监测功能的准确性。通过这些步骤，可以验证储能变流器的通信接口是否稳定，是否能够无误地接收和执行外部指令，以及其监测系统是否能够准确地采集和上报关键运行参数。

2）关注重点

①验证储能变流器能否准确接收并执行外部指令，以确保在实际运行中能够按照上级系统的要求进行启停机和功率控制；②检查储能变流器是否能够实时、准确地上报其运行状态和关键参数，为上级系统提供必要的数据支持，以便进行更精确的调度和控制。

此检测通过模拟下发控制指令和检查运行信息，可以有效地评估储能变流器在通信接收与执行、状态监测与报告方面的性能，对于确保储能变流器在实际应用中能够与上级控制系统有效通信、正确执行控制指令并提供可靠的运行数据至关重要。

5. 数据显示、统计与存储

数据显示、统计与存储功能检测是针对储能变流器在信息处理和记录方面的性能测试，主要验证储能变流器是否能够精确显示当前的工作状态，有效地统计运行过程中的关键数据，并且能够安全地存储这些信息，以便于后续的数据分析、系统优化以及故障排查。

1）检测方法

根据 GB/T 34133—2023 第 8.5 条，检测步骤包括对储能变流器在启停机检测过程中的状态、参数、保护设置和事件记录等信息进行检查和记录，以及通过查询功能检查和记录报警与保护检测以及绝缘电阻监测过程中的故障信息和充放电能量统计数据。该步骤验证储能变流器的信息显示界面是否直观易读，数据记录是否详尽准确，以及统计和存储功能是否满足要求。

2）关注重点

该检测核心在于验证储能变流器是否能准确记录和存储运行状态、参数、保护设置以及事件记录等关键信息，能否提供有效的数据查询功能，包括验证储能变流器是否能正确记录和保存其运行过程中的各种状态、参数和事件，以及是否能够通过查询功能方便地检索这些信息。因此在检测过程中，应重点关注储能变流器显示数据的准确性和实时性、统计功能的完善性以及存储功能的安全性和可靠性。同时，还需要注意检查设备在故障情况下的信息记录和显示能力，以确保在出现问题时能够及时发现并进行处理。

通过该检测，可全面评估储能变流器的信息管理及数据处理性能，以提升设备的可维护性和运行效率。

4.3.2 电气性能检测

1. 功率输出范围

功率输出范围检测旨在确保储能变流器能够在标称功率范围内稳定运行。通过逐步调整功率输出，并观察其在各种功率组合下的表现，可以有效地评估储能变流器的性能稳定性和可靠性。

1）检测方法

根据 GB/T 34133—2023 第 9.1 条，功率输出范围检测主要有以下步骤：首先，需要按照指定的电路图连接检测电路，并确保开关处于闭合状态，为后续的功率设置和数据采集奠定基础。接着，检测从储能变流器交流端口的有功功率最大充电功率开始，以固定的功率步长逐步增加至最大放电功率。在每个有功功率设置点上，都会设置储能变流器输出最大感性无功功率和最大容性无功功率，并维持运行 2min，以观察其稳定性。

在此过程中，数据采集装置以 20ms 的时间间隔持续记录储能变流器交流端口的无功功率和有功功率的有效值，确保数据的准确性和实时性。通过对记录数据的分析，计算出有功功率和无功功率的平均值，并基于 GB/T 34120 计算出每个有功功率平均值对应的无功功率参考值，进一步计算无功功率平均值与无功功率参考值的差值，根据此差值在不同象限的正负情况作为评估储能变流器功率输出是否满足标准要求。

2）关注重点

①储能变流器在各功率设置下是否能保持稳定输出，不出现明显的波动或异常；②确保数据采集装置能够精确、实时地记录储能变流器的功率输出数据，为后续的分析提供可靠依据；③通过比较实际无功功率平均值与按国家标准计算出的参考值，准确评估储能变流器的性能表现是否达标。

功率输出范围检测不仅评估储能变流器在不同负载条件下的功率调节能力，还验证其在整个功率范围内提供稳定可靠的有功功率和无功功率输出是否符合电力系统需求。

2. 有功功率控制

有功功率控制检测是针对储能变流器在放电和充电模式下对其输出或输入的有功功率进行精确控制能力的测试，是为了评估储能变流器在不同功率设置下的有功功率输出性能，特别是其响应时间、调节能力和控制精度。

1）检测方法

根据 GB/T 34133—2023 第 9.2 条，有功功率控制检测主要分为放电模式和充电模式下的有功功率控制两个部分。在放电模式下，首先需要确保储能变流器处于正确的运行模式，然后按照预定的功率控制曲线逐步设置储能变流器交流端口的输出有功功率。在每个设定的功率值上，设备需要持续运行 2min，以确保稳定性。同时，使用数据采集装置以 20ms 的周期记录交流端口的有功功率有效值，捕捉功率输出的动态变化。完成放电模式后，储能变流器切换到充电模式，并遵循相同的步骤，但这次是按照充电模式的有功功率控制曲线进行操作。在整个过程中，数据采集装置持续记录数据，以便后续分析。

在整个测试过程中，通过计算每个功率设置值的有功功率控制响应时间、调节时间和控制偏差等关键指标，可以全面评估储能变流器在放电和充电模式下的有功功率控制能力。这些指标不仅反映了储能变流器的动态性能，也是评估其是否满足行业标准和应用需求的重要依据。

2）关注重点

①储能变流器应能够准确跟踪设定的有功功率曲线，控制偏差应在可接受的范围内，这是评估储能变流器性能的重要指标之一；②储能变流器应能够快速响应功率控制指令，及时调整其输出或输入的有功功率，响应时间的快慢直接影响到储能系统的稳定性和效率；③在功率设置值改变时，储能变流器应能够平稳、迅速地过渡到新的功率输出或输入状态，避免出现过大的超调或振荡。

有功功率控制检测是评估储能变流器性能的重要环节，它涉及控制精度、响应时间、调节能力和稳定性等多个方面。通过严格的检测流程和数据分析，可以确保储能系统在实际运行中能够满足电力系统对动态调节和稳定性的要求。

3. 一次调频

一次调频作为电力系统的重要功能，要求储能设备能够根据电网频率的变化自动调节输出功率，以稳定电网频率。一次调频检测是评估储能变流器在电网频率发生变化时，其有功功率输出如何快速调整以维持电网稳定的重要测试。

1）检测方法

根据 GB/T 34133—2023 第 9.3 条，连接好相应检测电路并闭合开关后，设置储能变流器运行模式为放电模式，并调整电网模拟装置的输出电压和频率为储能变流器交流端口的额定电压和额定频率。然后，设置储能变流器的有功功率在 $10\%P_n \sim 30\%P_n$ 的范围内运行，以模拟正常运行状态。接着，设置储能变流器的一次调频调差率和死区值，以模拟储能变流器对电网频率变化的敏感度和响应范围。随后，通过调节电网模拟装置的频率，从 50Hz 阶跃至标准规定的各个测点频率，并在每个测点频率上持续运行一段时间后恢复至 50Hz。这个过程中，数据采集装置以 20ms 的周期记录储能变流器交流端口的频率和有功功率有效值。

完成上述步骤后，根据标准中的方法计算每个一次调频测点的响应时间、调节时间和控制偏差，以评估储能变流器的性能。此外，为全面地评估储能变流器的性能，还需要在 $70\%P_n \sim 100\%P_n$ 功率范围内重复上述频率阶跃和采集步骤，并在充电模式下进行相同的测试。

2）关注重点

①响应时间：响应时间直接影响电网稳定性和调频效果，因此储能变流器应快速响应电网频率变化，及时调整有功功率输出；②调节能力：调节能力决定储能变流器在维持电网稳定中的作用，因此应确保其平稳、准确地调节有功功率输出，以适应电网频率变化；③控制偏差：控制偏差反映储能变流器的控制精度和稳定性，因此在调频过程中，其有功功率输出应与实际需求匹配；④充放电模式下的性能一致性：储能变流器在充放电模式下的一次调频性能应保持一致，以确保在各种工作状态下能有效地维持电网的稳定。

通过检测可以全面了解储能变流器在不同操作模式和负载条件下对电网频率变化的响应能力，从而确保其在实际电网运行中能有效地进行频率调节，支持电网稳定。此检测对于验证储能系统的灵活性和调频能力至关重要，是保障电力系统可靠性和效率的关键。

4. 惯量响应

在实际电网中，当大量电源突然脱网或者负荷突然增加时，电网频率会迅速变化。此时，具有惯量响应能力的设备可以通过快速调整其功率输出来阻尼这种频率的快速变化，从而帮助稳定电网。惯量响应检测的核心目的是评估储能变流器在电网频率发生快速变化时，如何通过其惯量响应来支持电网的稳定。

1）检测方法

根据 GB/T 34133—2023 第 9.4 条，惯量响应检测主要基于模拟电网频率的快速变化，并观察储能变流器的响应。检测开始时，连接好检测电路后闭合开关，设置储能变流器运行模式为放电模式，调节至额定电压和额定频率，确保基础条件符合实际运行环境。通过设定储能变流器的有功功率在 $10\%P_n \sim 30\%P_n$ 范围内运行，随后设置惯性时间常数和死区值，按标准规定的频率设定曲线调节电网模拟装置输出频率变化，根据储能变流器对频率波动做出即时反应的情况评估其惯量响应性能。数据采集装置以 20ms 的周期记录储能变流器的频率和有功功率响应，进而计算响应时间、调节时间和控制偏差，确保储能变流器的惯量响应符合预期效果，并在充电模式下也进行相同测试。

2）关注重点

①响应时间：响应时间的快慢直接影响到电网的稳定性和调频效果，因此当电网频率发生变化时，储能变流器应快速响应并开始调整其功率输出；②调节能力：储能变流器应能够根据其内部算法和设定的惯性时间常数，平稳、准确地调整其有功功率输出，以适应电网频率的变化；③控制精度：在调频过程中，储能变流器的有功功率输出应与实际需要的功率值相匹配，控制偏差的大小反映了储能变流器的控制精度；④充放电模式下的性能一致性：无论是在放电模式还是充电模式下，储能变流器的惯量响应性能都应保持一致，以确保在各种工作状态下都能有效地维持电网的稳定。

通过检测可以全面评估储能系统对电网稳定性支持能力，确保其能够在电网频率发生变化时，迅速并准确地提供或吸收功率，以维持电网频率的稳定。

5. 无功功率控制

1）电压/无功控制

电压/无功控制是储能系统的重要功能，其关系到储能设备与电网之间的无功功率交换，以及电网电压的稳定。电压/无功控制检测是为了验证储能变流器在不同电压水平下的无功功率调节能力，确保其能有效支持电网电压稳定性。

（1）检测方法：根据 GB/T 34133—2023 第 9.5.1 条，连接好检测电路并闭合开关后，设置储能变流器运行模式为放电模式，在特定的有功和无功功率下运行，并通过电网模拟装置控制储能变流器交流端口电压的阶跃变化。随后，利用数据采集装置记录储能变流器的响应，并与预设的电压/无功控制曲线进行对比，评估其调控性能，最后在充电模式重复上述操作。

（2）关注重点：①响应的准确性和迅速性，当电网电压发生阶跃变化时，储能变流器应能迅速并准确地调整其无功输出，以符合预设的电压/无功控制曲线，这既要求储能变流器的控制系统具有高度的灵敏性和准确性，也要求其具备快速的响应能力；②控制策略的有效性，试验不仅关注储能变流器在单一电压阶跃下的响应，还关注其在连续多个电压阶跃下的表现，这要求储能变流器的控制策略能够在各种电压条件下都保持有效和稳定；③充放电模式下的性能一致性，储能变流器在放电和充电模式下都应具备相似的无功功率调控能力，这是由于储能系统在实际应用中需要在两种模式下频繁切换，以保持电网的稳定。

通过该检测，可以确保储能系统在实际运行中有效地参与电网电压调节，提升电网的稳定性和可靠性。

2）功率因数控制

功率因数控制检测旨在验证储能变流器在设定的功率因数下能否准确控制无功功率，以维持电网的电压稳定和提高能量转换效率。

（1）检测方法：根据 GB/T 34133—2023 第 9.5.2 条，连接好检测电路并闭合开关后，设置储能变流器运行模式为放电模式，并设定储能变流器在某一特定的有功功率下运行，然后根据规定曲线改变其功率因数的设定值并持续运行一段时间，期间利用数据采集装置记录储能变流器的无功功率有效值，并与该有功功率下不同功率因数的无功功率目标值进行对比，计算无功功率的控制偏差，从而评估其功率因数控制的准确性，最后在充电模式重复以上操作。

（2）关注重点：①准确性，当设定了特定的功率因数后，储能变流器是否能准确地输出对应的无功功率是试验关注的重点，因此要求储能变流器的控制系统具有高度的准确性和稳定性；②动态响应，储能变流器在功率因数发生变化时的动态响应能力也是评估的重点，一个优良的储能变流器应该能够在短时间内调整其无功功率输出，以适应新的功率因数设定；③充放电模式下的性能，储能变流器在放电和充电模式下的功率因数控制能力都需要进行评估，以确保其在各种工作状态下都能保持稳定的性能。

该检测可以全面评估储能变流器的功率因数控制能力，确保其能够在电网中有效地调整无功功率，优化功率因数，从而提高电能质量和电网运行效率。

3）恒无功功率控制

恒无功功率控制是储能变流器中的重要功能，确保储能系统在输出或接收有功功率的同时，能够按照设定值稳定地输出或吸收无功功率，以支持电网的电压稳定和功率平衡。恒无功功率控制检测旨在验证储能变流器在指定的无功功率设置下的控制稳定性和精确性。

（1）检测方法：根据 GB/T 34133—2023 第 9.5.3 条，连接好检测电路并闭合开关后，设置储能变流器运行模式为放电模式，设定储能变流器在某一特定的有功功率下运行，并设定其无功功率的输出值。随后，通过数据采集装置记录无功功率的有效值，并根据标准方法计算控制的响应时间、调节时间和控制偏差。最后，在充电模式下重复测试，以全面评估储能变流器的性能。

（2）关注重点：①稳定性，任何明显的波动或偏差都可能导致电网的不稳定，因此储能变流器是否能长时间稳定地输出是该试验的一个关键关注点；②精确性，精确的控制可以确保电网的功率平衡和电压稳定，因此储能变流器输出的无功功率是否与设定值一致也是评估的重点；③动态响应，优良的储能变流器应该能够迅速并准确地调整到新的设定值，因此当设定的无功功率发生变化时，储能变流器的响应速度和准确性也是试验关注的重点。

恒无功功率控制检测可以全面评估储能变流器的恒无功功率控制能力，确保其能够在电网中有效地支撑无功功率需求，维持电网的电压稳定，提高电能质量和系统的整体效率，对于电网的稳定运行和优化电力资源分配具有重要意义。

4）无功控制模式在线切换

在实际运行中，根据电网的需求和条件，储能系统可能需要频繁地在不同的无功控制模式之间切换。本检测的核心目的是验证储能变流器在不同无功控制模式（如电压/无功控制、功率因数控制、恒无功功率控制）之间进行在线切换的能力。

（1）检测方法：根据 GB/T 34133—2023 第 9.5.4 条，首先连接检测电路并闭开关，设置储能变流器运行模式为放电模式，在 50%的额定功率下运行。随后，通过电网模拟装置调节电网条件，观察储能变流器在不同交流端口电压下的响应。测试开始时，设置储能变流器的无功控制模式为电压/无功控制，并根据预设曲线设置相关参数。接着，在线将无功控制模式切换为功率因数控制，将功率因数设置为 0.95，持续 2min 后切换成恒无功功率控制，并以 20%的额定功率运行 2min，以验证其切换过程的稳定性和响应时间。期间数据采集装置以 20ms 为周期记录储能变流器的交流端口电压、无功功率有效值和功率因数，为后续的数据分析提供准确依据。测试完成后，绘制电压-无功功率和电压-功率因数曲线，以便更直观地评估储能变流器的性能表现。

（2）关注重点：①不同无功控制模式间切换的平稳性，平稳性确保切换过程中电网供电不受明显功率波动或中断影响，对电网稳定运行和设备可靠性至关重要；②响应时间，反映了储能变流器的动态性能和控制灵敏度，是性能评估的关键指标；③切换后的稳定性，保证了储能系统不仅能快速适应变化，还能持续稳定地为电网提供支持。这些关注点共同构成了对储能变流器无功控制模式在线切换性能的全面评估，是确保电网灵活性、稳定性和可靠性的重要环节。

通过此检测可以全面评估储能变流器在实际运行中切换无功控制模式的能力，确保其能够根据电网需求灵活调整无功输出，有效支持电网的稳定性和可靠性。

6. 过载能力

过载能力检测是评估储能变流器在超出额定负载条件下的运行性能和安全性的重要手段，旨在确保储能变流器在短暂过载情况下能够正常工作，并且在严重过载时能够及时触发保护机制，防止设备损坏。该检测可以验证储能变流器在实际电网运行中可能遇到的短时高负荷条件下的稳定性和安全性。

1）检测方法

GB/T 34133—2023 第 9.6 条，连接好检测电路并闭合开关，使储能变流器在放电模式下运行，并逐步增加其输出电流至110%额定电流，持续10min，再恢复到额定电流运行2min，最后增大到120%的额定电流运行1min，以测试其在不同过载程度下的性能。测试过程中，利用数据采集装置记录储能变流器交流端口电压和电流有效值，并绘制电流-时间曲线进行结果分析。

2）关注重点

①运行稳定性是评估储能变流器性能的重要指标，特别是在电流超过额定值时，稳定的电流输出和平稳的电压波动是确保电网稳定性的关键；②报警和保护功能的可靠性对于防止设备在过载情况下受损至关重要，及时的报警和有效的保护措施能够最大程度地减少设备故障和损坏的风险；③设备的耐久性也是测试的重点，通过过载测试可以模拟极端运行条件，从而评估储能变流器在长时间过载运行下的使用寿命和可靠性，为预测其在实际应用中的性能提供依据。

过载能力检测关键在于验证储能变流器能否安全、有效地处理电网的过载条件，不仅关系到储能变流器本身的可靠性，也直接影响到整个电力系统的稳定运行和安全。通过确保储能变流器具有足够的过载能力，从而保障整个储能系统的安全性和可靠性。

7. 充放电转换时间

储能变流器的快速充放电转换能力是实现电网稳定和高效运行的关键，特别是在需要快速调节电网频率和电压的情况下。该检测主要评估储能变流器在充电和放电模式之间切换的速度和效率，对于储能系统在电力市场中的响应能力和电网服务的有效性尤为关键，确保储能变流器能够迅速适应电网需求的变化。

1）检测方法

根据GB/T 34133—2023第9.7条，储能变流器需要经历放电-充电-放电的过程，首先在额定功率放电状态下运行，然后切换到额定功率充电状态，运行相同时间，并再次转换到额定功率放电状态下运行。转换时间分别是从储能变流器达到90%额定功率放电（或充电）状态的那一刻开始，直到它达到90%额定功率充电（或放电）状态，以及从第一次达到90%额定功率充电时刻，到第一次90%额定功率放电时刻之间的转换时间。

2）关注重点

①转换时间的快慢是衡量储能变流器响应速度和灵活性的重要指标，快速的转换能够确保储能系统及时适应电网需求变化，维护电网的稳定运行；②功率转换的平稳性对于减少电网波动和冲击至关重要，平稳的转换有助于保护电网设备，防止因功率突变而导致损坏；③数据采集的准确性是进行精确测试和分析的基础，只有确保数据的准确性，才能有效评估储能变流器的性能表现，并为后续的优化和改进提供可靠依据。

该检测通过准确计算储能变流器在两个工作状态间切换的时间，评估其快速响应电网需求变化的能力。

8. 并离网切换时间

1）主动并离网切换时间

主动并离网切换时间检测的主要目的是评估储能变流器从并网状态主动切换到离网状态所需的时间。该时间是衡量储能变流器在电网异常或需要孤岛运行时，能否快速、准确地切换到独立运行模式的重要指标。

（1）检测方法：根据 GB/T 34133—2023 第 9.8.1 条，首先按照要求连接好检测电路，并确保所有相关开关都已闭合。随后，将储能变流器设定为并网运行模式，调整至额定功率放电状态。调节交流阻性负载以匹配储能变流器的额定功率，待运行 2min 后通过控制面板或信号装置下发离网运行指令。此时，数据采集工作同步开始，以 20ms 为周期记录各项关键电气参数。当储能变流器交流端口电压稳定在负荷额定电压的±5%范围内时，停止数据采集，并计算整个切换过程所需的时间。为确保结果的全面性和准确性，上述过程需在储能变流器额定功率的 100%、66%和 33%三种负载条件下重复进行。最终，取三种负载条件下切换时间的最大值，以此作为评估储能变流器并离网切换性能的关键指标。

（2）关注重点：①切换速度，快速的切换时间可以确保在电网故障或需要孤岛运行时，储能系统能够迅速接管供电，从而维持电力系统的稳定性和连续性，因此切换速度是评估储能变流器性能的重要指标；②电压稳定性，在切换过程中，储能变流器交流端口的电压应能迅速稳定在负荷额定电压的±5%范围内，既体现了储能变流器的控制精度，也直接关系到负荷的正常运行和电力系统的安全；③负载适应性，通过在三种不同负载工况下进行测试，可以全面评估储能变流器在不同负载条件下的切换性能，从而确保其在实际运行中的可靠性和稳定性。

该检测确保储能变流器在实际应用中能够在必要时迅速从并网状态切换到离网状态，保障关键负载的电力供应不受中断，特别是在电网故障或维护时，储能变流器的这一能力显得尤为重要。通过该测试可以确保储能系统的可靠性和灵活性，增强电力系统的稳定性。

2）被动并网转离网切换时间

被动并网转离网切换时间检测的主要目的是评估储能变流器在电网断开后，被动地从并网状态切换到离网状态的速度和能力。这种切换通常发生在电网故障或电网停电时，储能变流器需要迅速切换到独立供电模式，以确保关键负载的持续供电。此测试是评估储能变流器在应对电网异常时的可靠性和稳定性的重要手段。

（1）检测方法：根据 GB/T 34133—2023 第 9.8.2 条，依据要求构建测试电路，并确保主动并离网切换开关和并网开关处于闭合状态；设置储能变流器在并网模式下以额定功率放电。为模拟实际工作条件，调节交流阻性负载至储能变流器的额定功率，并让系统运行 2min 以达到稳定状态。随后，通过断开并网开关模拟电网断开的情况。在断开开关的同时，数据采集装置开始以 20ms 的周期记录负载电压、网侧电压和储能变流器放电电流的有效值。切换时间的计算从并网开关断开的瞬间开始，直到储能变流器交流端口的电压稳定在负载额定电压的±5%以内。这个过程需要在三种不同的负载条件下重复进行：额定功率的 100%、66%和 33%，取三种工况条件下切换时间的最大值作为结果以全面评估储能变流器的性能。

（2）关注重点：①切换速度，快速的切换时间有助于减少电力中断对关键负载的影响，是评估储能变流器在电网断开后迅速接管供电能力的关键指标；②电压和电流稳定性，在切换过程中，稳定的电压和电流可以确保负载在切换过程中不会受到过大的冲击或损坏，因此负载电压和储能变流器放电电流的稳定性至关重要；③负载适应性，通过在三种不同负载条件下进行测试，可以评估储能变流器在不同负载下的切换性能，有助于了解储能变流器在实际运行中的可靠性和稳定性。

通过该检测，可以确保储能变流器在关键时刻能够独立、稳定地供电，从而维持电力系统的稳定性和连续性。

3）离网转并网切换时间

离网转并网切换时间检测是评估储能变流器从离网状态转换到并网状态所需的时间以及此过程中的稳定性。该转换通常发生在电网恢复供电后，储能变流器需要从独立供电模式切换回并网模式。检测结果反映了储能变流器在电网恢复后的快速并网能力和稳定性。

（1）检测方法：根据 GB/T 34133—2023 第 9.8.3 条，首先，根据要求搭建测试电路，确保主动并离网切换开关处于断开状态，而并网开关则处于闭合状态。接着，将储能变流器设置为离网运行模式，并调整交流端口电压至额定电压。在储能变流器或主动并离网切换开关发出满足同期条件的标志位信号后，调节交流阻性负载功率至储能变流器的额定功率，并让系统运行 2min 以达到稳定状态。随后，通过信号发生及采集装置或储能变流器控制面板向储能变流器下发离网转并网运行指令。在切换过程中，数据采集装置以 20ms 的周期记录负载电压、网侧电压、储能变流器放电电流的有效值以及同期标志位信号。切换时间的计算从满足同期条件的时刻开始，直到储能变流器放电电流稳定在最终稳态值的±10%额定电流范围内。这个过程需要在三种不同的负载条件下重复进行：额定功率的 100%、66%和 33%，取三种工况条件下切换时间的最大值作为结果以便全面评估储能变流器的性能。

（2）关注重点：①切换速度，快速的切换时间可以减少电力中断，并提高电力系统的可靠性，因此切换速度是评估储能变流器在电网恢复后能否迅速重新并网的关键指标；②电流稳定性，稳定的电流可以确保切换过程的平滑进行，避免对电网造成冲击，因此储能变流器在切换过程中的放电电流稳定性至关重要；③负载适应性，通过在三种不同负载条件下进行测试，可以全面了解储能变流器在不同负载下的切换性能，有助于评估储能变流器在实际运行中的可靠性和稳定性。

该检测的核心在于全面评估储能变流器的快速响应能力、平稳切换能力以及负载适应性，以确保在电网恢复后，储能变流器能够迅速、稳定地并入电网，保障电力的连续供应。

9. 电压纹波和电流纹波

电压纹波和电流纹波检测的主要目的是评估储能变流器在充电模式下直流端口的电压和电流稳定性，通过该检测可以了解直流端口在充电过程中的波动情况，进而判断储能变流器的质量和性能。

1）检测方法

根据 GB/T 34133—2023 第 9.9 条，按要求连接检测电路，并确保开关处于闭合状态。接着，设置储能变流器运行模式为充电模式，并调节电网模拟装置的输出电压，使其与储能变流器交流端口的额定电压相匹配。随后，通过电池模拟装置调节储能变流器直流端口的电压至最大直流电压，并设置储能变流器交流端口的功率为额定功率，持续运行 2min 以达到稳定状态。在此期间，数据采集装置以 200ms 的周期记录储能变流器直流端口的电压和电流的交流分量有效值。通过公式分别计算电压纹波系数和电流纹波系数，用以量化纹波的大小，从而评估储能变流器在充电过程中的稳定性。为全面评估储能变流器的性能，测试在不同直流电压条件下进行，包括最大、最小和中间电压值，并取 3 种直流电压工况下的电压纹波系数和电流纹波系数的最大值作为检测结果。这种方法确保了评估的全面性和准确性。

2）关注重点

①纹波系数的大小：电压纹波系数和电流纹波系数是评估储能变流器稳定性的关键指标，较小的纹波系数意味着更好的稳定性，对电池寿命和系统性能的影响也更小；②直流端口的电压和电流稳定性：在充电模式下，直流端口的电压和电流稳定性对于储能系统的安全运行至关重要，稳定的电压和电流可以确保电池在充电过程中不会受到过大的冲击或损坏；③多种工况下的性能表现：通过在三种不同的直流电压工况下进行测试，可以更全面地了解储能变流器在不同条件下的性能表现，有助于评估储能变流器在实际运行中的可靠性和稳定性。

通过电压纹波和电流纹波的检测，可以有效评估储能变流器在不同工作条件下的性能和电能质量，确保其能在实际应用中提供高质量的电能，对于储能系统的稳定运行和效率优化至关重要。

10. 电能质量

1）谐波电流

谐波电流是由于非线性负载导致的电流波形畸变，它们可能对电网造成污染，影响其他电气设备的正常运行。因此，对储能变流器进行谐波电流测试是至关重要的，以确保其符合相关标准，不会对电网造成不良影响。谐波电流检测是评估储能变流器在不同功率条件下对电网电能质量的影响，特别是谐波电流的产生和传输。

（1）检测方法：根据 GB/T 34133—2023 第 9.10.1 条，依据要求构建测试电路，并确保开关处于闭合状态。接着，设置储能变流器运行模式为放电模式，并调节电网模拟装置的输出电压，使其与储能变流器交流端口的额定电压相匹配。然后，设置储能变流器交流端口的输出有功功率分别为 33%P_n、66%P_n 和 100%P_n，并在每个功率设置下持续运行 10min。该步骤是为了评估储能变流器在不同负载条件下的谐波电流产生情况。在每个功率设置下，利用数据采集装置，按照 GB/T 14549 规定的方法检测并记录谐波电流，确保数据的准确性和可比性。提取并记录每个功率设置下的各次谐波电流和总谐波电流值，这些数据将作为检测结果。最后，设置储能变流器运行模式为充电模式，并重复上述步骤以全面评估储能变流器在充电和放电模式下的谐波电流产生情况。

（2）关注重点：①谐波电流的产生量，关注储能变流器在不同功率条件下产生的谐波电流量，以评估其对电网电能质量的影响；②各次谐波的含量，分析并记录各次谐波的含量，特别是高次谐波，因为它们可能对电网造成更大的干扰；③充电与放电模式的差异，比较储能变流器在充电和放电模式下谐波电流的产生情况，以全面了解其性能。

通过该检测可以全面了解储能变流器在不同工作模式和不同功率输出下的谐波电流情况，减少对电网的污染，有助于提高电网的电能质量和稳定性。

2）间谐波电压

间谐波是介于基波和谐波之间的频率成分，它可能对电网造成干扰，影响电力设备的正常运行和电能质量。间谐波电压检测的主要目的是评估储能变流器在放电和充电模式下产生的间谐波电压情况。该检测可以帮助识别储能变流器可能产生的间谐波电压，确保储能变流器在实际运行环境中的电能输出符合质量标准。

（1）检测方法：根据 GB/T 34133—2023 第 9.10.2 条，间谐波电压检测主要步骤如下：首先，依据要求构建测试电路，并确保开关处于闭合状态。接着，设置储能变流器运行模式为放电模式，并调节电网模拟装置的输出电压至储能变流器交流端口的额定电压。然后，设置储能变流器交流端口的输出有功功率分别为

33%P_n、66%P_n 和 100%P_n，在每个功率下持续运行 10min，以便稳定地检测和记录数据。利用数据采集装置，遵循 GB/T 24337 规定的方法，精确地检测并记录各个功率下的间谐波电压。提取并记录每个功率下的各次间谐波电压值，这些数据将作为重要的检测结果。最后，为全面评估储能变流器的性能，需要将其设置为充电模式，并重复上述步骤从而获取充电模式下的间谐波电压数据。

（2）关注重点：①间谐波电压的产生量，关注储能变流器在不同功率条件下产生的间谐波电压量，是评估其对电网电能质量影响的关键指标；②各次间谐波的含量，详细分析各次间谐波的含量，特别是那些可能对电网稳定性造成较大影响的间谐波；③充电与放电模式的对比，比较储能变流器在充电和放电模式下间谐波电压的产生情况，有助于更全面地了解其性能特性。

3）谐波电压

谐波电压是由非线性负载或设备产生的，它们可能对电网造成不利影响，如增加电网损耗、干扰其他电气设备和降低电能使用效率。因此，对储能变流器进行谐波电压检测是确保其满足电网接入标准的关键步骤。

a. 并网模式

谐波电压并网模式检测旨在评估储能变流器在并网运行时产生的谐波电压情况。

在谐波电压测试中主要关注储能变流器在不同功率输出（33% P_n、66% P_n 和 100% P_n）下产生的电压总谐波畸变率，其反映设备对电网电能质量的影响程度。同时，也需要关注数据采集的准确性、充电和放电模式下的一致性以及测试结果的可靠性，以确保测试的准确性和有效性。通过这些关注点的细致检测和分析，能够确保储能变流器在并网运行时不会对电网造成谐波污染，从而保障电力系统的稳定运行和电能质量。

b. 离网模式

在离网模式下，储能变流器作为电源为负载供电，因此其输出的电能质量直接关系到负载设备的正常运行。谐波电压离网模式检测主要目的是评估储能变流器在离网运行状态下产生的谐波电压情况，确保储能变流器在离网运行时能够提供稳定、高质量的电能。

在离网模式的谐波电压检测中，主要关注储能变流器在不同负载条件下（0%P_n 和 100%P_n）产生的电压总谐波畸变率。该指标能够反映设备在离网运行时的电能质量。同时，数据采集的准确性、测试条件的一致性以及测试结果的可靠性也是测试的关键，以确保测试的准确性和有效性。

这两种模式的检测帮助评估储能变流器在全范围负载条件下的性能，确保其在不同运行模式和负载条件下都能控制谐波电压水平，从而保护电网免受过高谐波水平的影响，优化电能质量，为储能系统的优化和电网的稳定运行提供支持。

4）直流分量

直流分量检测是评估储能变流器在放电模式下交流端口电流的直流分量，关系到储能变流器对电网的影响及其电能质量。直流分量是指在交流信号中存在的直流成分，它可能对电网中的变压器、电机等设备造成不利影响，如饱和、过热等问题。因此，对储能变流器的直流分量进行检测是确保其输出电能质量符合标准的重要环节。

（1）检测方法：根据 GB/T 34133—2023 第 9.10.4 条，将储能变流器的运行模式设置为放电模式。调整电网模拟装置的输出电压，以匹配储能变流器交流端口的额定电压。设定储能变流器交流端口的输出为额定有功功率，并在此条件下持续运行 10min，以确保系统稳定运行并便于准确测量。使用数据采集装置，以 200ms 为周期持续记录储能变流器交流端口电流的直流分量有效值。这种高频采样可以确保数据的准确性和代表性。在 10min 的测试期间内，计算所有记录的直流分量数据的平均值，该平均值将作为最终的检测结果。

（2）关注重点：在该检测中重点关注储能变流器交流端口输出电流中的直流分量有效值。该指标是评估设备输出电能质量的关键参数，它直接关系到电网的稳定运行和设备的损耗情况。

直流分量检测是确保储能变流器输出电能质量符合标准的重要环节。通过此检测，可以识别和量化储能变流器交流端口电流中的直流成分，从而评估其对电网的潜在影响，并确保储能变流器的输出电能质量满足要求。

5）电压偏差

电压偏差检测旨在评估储能变流器在并网和离网模式下维持电网电压稳定性的能力。在并网模式下，储能变流器与电网连接，其输出电压应与电网电压保持同步。电压偏差的检测在这里显得尤为重要，因为其直接影响到电网的稳定性和连接设备的正常运行。在离网模式下，储能变流器作为独立电源为负载供电，电压偏差的检测同样重要。

a. 并网模式

试验方法：根据 GB/T 34133—2023 第 9.10.5.1 条，首先，需根据标准电路图连接好检测电路并确保相关开关处于闭合状态。随后，将储能变流器的运行模式设置为放电模式，并通过电网模拟装置调节其输出电压至储能变流器的额定电压。接着，设置储能变流器交流端口的输出有功功率分别为 33%P_n、66%P_n 和 100%P_n，并在每个功率下持续运行 10min 以确保系统稳定。在此期间，利用数据采集装置按照 GB/T 12325 规定的方法，精确地检测并记录各个功率下的电压偏差。完成放电模式下的测试后，还需将储能变流器的运行模式设置为充电模式，并重复上述步骤以全面评估其性能。

关注重点：①储能变流器在不同功率输出下（33%P_n、66%P_n 和 100%P_n）的电压偏差情况，该指标能够反映设备对电网电压稳定性的影响；②数据采集的准确性、测试条件的一致性以及测试结果的可靠性也是测试的关键，以确保测试的准确性和有效性。

电压偏差并网模式检测是评估储能变流器在并网运行时对电网电压稳定性影响的重要环节。通过精确测量和记录不同功率输出下的电压偏差，可以确保储能变流器在并网运行时不会对电网造成过大的电压波动，从而保障电力系统的稳定运行和设备的安全性。

b. 离网模式

检测方法：根据 GB/T 34133—2023 第 9.10.5.2 条，首先，需按照要求连接好检测电路，并确保开关处于闭合状态。接着，将储能变流器的运行模式设置为离网模式，模拟储能系统在独立运行时的状态。通过调节交流阻性负载的功率，分别设置为 0%P_n 和 100%P_n，在每个功率下持续运行 10min，以确保系统的稳定运行。按照 GB/T 12325 规定的方法，使用数据采集装置精确地检测并记录每个功率下的电压偏差，并计算相位偏差值。

关注重点：储能变流器在空载（0%P_n）和满载（100%P_n）条件下的电压偏差情况。该指标反映了设备在不同负载条件下的电压调节能力。

通过精确测量和记录空载和满载条件下的电压偏差及相位偏差，可以确保储能变流器在离网运行时能够提供稳定、符合标准的电压输出，从而保障负载设备的正常运行和安全性。

6）电压不平衡

电压不平衡是指三相电压在幅度或相位上存在不对称的现象。在电力系统中，电压不平衡可能导致电机过热、设备效率降低，以及产生不必要的谐波等问题。电压不平衡度检测在储能变流器的评估中是评定其电能质量的重要指标。该检测分为并网和离网模式，旨在确定储能变流器在不同工作状态下维持电网电压平衡的能力。在并网模式下，储能变流器与电网相连，其输出的电能质量直接影响到电网的稳定性。在离网模式下，储能变流器作为独立电源供电，电压不平衡度的检测同样重要。

a. 并网模式

根据 GB/T 34133—2023 第 9.10.6.1 条，首先要根据标准电路图连接好检测电路，并确保相关开关处于闭合状态。随后，设置储能变流器运行模式为放电模式，通过电网模拟装置调节其输出电压至储能变流器的额定电压。为全面评估储能变流器在不同负载下的性能，需要设置储能变流器交流端口的输出有功功率分别为 33%P_n、66%P_n 和 100%P_n，并在每个功率下持续运行 10min。此期间，利用数据采集装置以 3s 为周期连续记录负序电压不平衡度，这样的高频采样有助于准确捕捉电压不平衡度的变化。测试完成后，计算每个功率设置值下负序电压不平衡度测量值的 95%概率大值和最大值，以此作为检测结果。为了全面评估储能变流器在充放电状态下的性能，还需将储能变流器运行模式设置为充电模式，并重复上述测试步骤。

b. 离网模式

根据 GB/T 34133—2023 第 9.10.6.2 条，首先需要按照指定的电路图连接好检测电路，并确保相关开关处于闭合状态。接着，将储能变流器的运行模式设置为离网模式，模拟储能系统在脱离电网独立运行时的状态。为了检测储能变流器在不同负载条件下的性能，需要调节交流阻性负载的功率分别为 0%P_n 和 100%P_n，在每个功率下持续运行 10min。在此期间，使用数据采集装置以 3s 为周期连续记录 10min 内的负序电压不平衡度，这样的采样频率有助于捕捉到电压不平衡度的瞬时变化。检测结束后，计算在每个功率设置值下负序电压不平衡度测量值的 95%概率大值和最大值并作为该项检测结果，这两个值分别代表不平衡度的常见情况和极端情况。

关注重点：①确保储能变流器在不同运行模式（并网和离网）及不同负载条件下能够有效地维护电网电压的平衡和稳定性。检测应详细设置储能变流器在代表性的负载级别（如 33%P_n、66%P_n 和 100%P_n）上运行，以全面模拟实际运行中可能遇到的电网负载情况。②数据采集的连续性和准确性至关重要，需以适当的时间间隔（如每 3s）记录电压不平衡度，以确保能够捕捉到储能变流器对电压波动的响应和调节能力。通过计算每个功率设置下的电压不平衡度 95%概率大值和最大值，可以精确评估储能变流器的性能，并确保其在所有操作条件下均能维持电网稳定。③检测需在储能变流器的充电和放电模式下进行，以确保其在整个操作范围内的电压控制能力符合电能质量标准，从而保障电网的可靠性和效率。

电压不平衡度检测是评估储能变流器性能的重要环节。在并网和离网模式下，都需要对储能变流器的电压不平衡度进行详细的检测和分析。通过此检测，可以了解储能变流器在不同运行模式和负载条件下的电压输出平衡性，从而确保其在实际应用中的稳定性和可靠性。

7）电压波动和闪变

a. 持续运行

持续运行检测旨在评估储能变流器在连续运行过程中对电网电压波动和闪变的影响。电压波动是指电压方均根值一系列的变动或连续的改变，而闪变则是由电压波动引起的灯光闪烁对人眼视觉的影响。

根据 GB/T 34133—2023 第 9.10.7.1 条，首先需确保检测电路的正确连接，并设置储能变流器运行模式为放电模式，电网模拟装置的输出电压调至储能变流器的额定电压。在无功功率输出为零的条件下，逐步增加储能变流器的有功功率输出，从 10%P_n 开始，以 10%P_n 为步长，升高至 100% P_n，且在每个功率设置值持续运行 10min（100% P_n 设置值持续运行 30min）。在此过程中，利用数据采集装置记录每个功率设置值的短时闪变值，并依据 GB/T 12326 规定的方法计算长时闪变值，取每个功率设置值的短时间闪变值和长时闪变值作为测试结果。为全面评估储能变流器的性能，还需在充电模式下重复上述测试步骤。

b. 启停机操作

启停机操作可能导致瞬间的电压变化，从而影响电网的稳定性和用户的电气设备。启停机操作检测旨在评估储能变流器在启动和停机过程中对电网电压波动和闪变的影响，从而确保其在实际应用中的可靠性和稳定性。

根据 GB/T 34133—2023 第 9.10.7.2 条，测试步骤包括电路连接、设置储能变流器运行模式为放电模式、调节电网模拟装置的输出电压，以及在无功功率输出为零的条件下，先设置储能变流器待机 5min，启动储能变流器并在额定功率运行 10min，再停机并在待机状态持续 5min，连续操作 12 次。在每个启机操作和停机操作的前后 5min 内，利用数据采集装置分别记录短时闪变值，并根据 GB/T 12326 规定的方法计算长时闪变值，取每次的启机和停机短时闪变值以及计算得到的长时闪变值作为测试结果。为了全面评估储能变流器的性能，测试还应在充电模式下重复上述步骤。

关注重点：①储能变流器在持续运行和启停机操作中对电网电压稳定性的影响；②检测过程中需要密切关注设备在不同功率输出和启停机瞬间的电压波动和闪变情况，以评估其对电网电能质量的影响。

该检测对于理解和评估储能变流器在不同运行条件下对电网电压稳定性的影响至关重要，有助于保证电能质量，能够有效地减少电网的电压波动和闪变。

8）动态电压瞬变

动态电压瞬变检测的目的是评估储能变流器在离网模式下，当负载发生快速变化时，其输出电压的稳定性和响应速度。该检测模拟实际使用中可能出现的负载突变情况，如大功率设备的突然开启或关闭。

（1）检测方法：根据 GB/T 34133—2023 第 9.10.8 条，首先连接检测电路并设置储能变流器运行模式为离网模式，然后通过快速调节交流阻性负载功率来模拟实际使用中可能出现的负载突变情况。在此过程中，以高频率记录储能变流器交流端口的电压有效值，并通过特定公式精确计算负荷突增和突减时的动态电压瞬变值及稳态电压偏差，并以过程中的最大值作为测试结果。

（2）关注重点：在该检测中重点关注储能变流器在负载快速变化时的电压稳定性和响应能力。特别是当负载从 20%P_n 突增到 100%P_n 或从 100%P_n 突减到 20%P_n 时，储能变流器的输出电压是否能够在短时间内恢复稳定，以及稳态电压偏差的大小。这些指标直接反映设备在实际使用中的可靠性和性能表现。

该检测是评估储能变流器在负载快速变化时性能的重要手段，可以有效地确保储能变流器在实际应用中的可靠性和稳定性。

11. 故障穿越

1）低电压穿越

低电压穿越检测的目的是评估储能变流器在电网电压突然跌落时的运行能力和响应特性。该检测模拟实际电网中可能出现的电压暂降情况，旨在确保储能变流器在这种情况下能够维持正常运行，不脱网，从而保障电力系统的稳定性和安全性。

a. 检测准备

根据 GB/T 34133—2023 第 9.11.1.1 条，连接检测电路并选择至少 5 个电压跌落点进行测试，包括 0%U_n和 20%U_n，其中 A1 和 A2 类储能变流器还应包括在 30%U_n～50%U_n、50%U_n～70%U_n 和 70%U_n～90%U_n 三个区间的跌落点，B1 和 B2 类储能变流器其他各跌落点在 30%U_n～50%U_n、50%U_n～70%U_n 和 70%U_n～85%U_n 三个区间内均有分布。

检测重点观察储能变流器在电压突然跌落时的响应特性和运行稳定性，特别是在不同电压跌落程度下的表现。同时，也关注电压恢复后储能变流器的恢复情况，以确保其能迅速恢复到稳定、高效的工作状态。这些评估指标对于确保储能变流器的性能及电力系统的整体稳定性具有关键作用。

b. 空载检测

空载检测是在储能变流器停机状态下，通过模拟不同的电压跌落故障，来评估其在异常情况下的耐受能力和响应机制。

根据 GB/T 34133—2023 第 9.11.1.2 条，首先，确保储能变流器处于停机状态；其次，利用低电压故障发生装置模拟三相对称的电压跌落故障，并确保电压跌落点符合 9.11.1.1 的要求；再次，模拟表 4-1 中列出的一种类型的不对称跌落故障，同样确保电压跌落点满足预设条件；最后，调整低电压故障发生装置的参数，以确保电压跌落的幅值和持续时间均满足容差要求。

表 4-1 线路不对称故障类型表

故障类型	故障相		
单相接地短路	A 相	B 相	C 相
两相相间短路	AB 相间	BC 相间	CA 相间
两相接地短路	AB 两相	BC 两相	CA 两相

关注重点：①储能变流器在模拟故障条件下的响应和性能表现，特别是其在对称和不对称电压跌落时的稳定性；②分析电压跌落的幅值和持续时间对储能变流器性能的具体影响，以全面评估其在不同故障程度下的耐受能力。

该检测有助于全面了解储能变流器的性能特点，并为其在实际电网中的应用提供安全保障。

c. 负载检测

负载检测旨在评估储能变流器在带负载运行时对电网电压跌落的响应和性能。

检测方法：根据 GB/T 34133—2023 第 9.11.1.3 条，负载检测在空载检测结果满足要求后进行，确保低电压故障发生装置的设置和故障模拟工况与空载检测一致。检测过程中，首先设置储能变流器运行模式为放电模式，并针对不同类别的储能变流器设定相应的动态无功电流比例系数。随后，在设定的有功功率输出范围内运行储能变流器，并模拟三相对称电压跌落，详细记录交流端口电压、有功/无功电流及有功功率等关键数据。这些数据不仅包括电压跌落期间的动态变化，还覆盖电压恢复正常后的一段时间，以确保全面评估储能变流器的响应特性。在数据处理和分析阶段，计算电压跌落的持续时间、动态无功电流的增量、响应和调节时间以及故障结束后的动态无功电流增量退出时间和有功功率恢复速率等关键指标。这些指标能够反映储能变流器在电压跌落时的无功支持和有功功率恢复能力，是评估其性能的重要依据。此外，检测还包括模拟不对称电压跌落的情况，并记录相应的正序和负序分量数据，有助于评估储能变流器在更复杂电网故障下的性能表现。最后，通过在不同有功功率输出范围和动态无功电流比例系数下的重复测试，以及切换储能变流器的充放电运行模式，确保在各种可能的工作条件下都能全面评估其性能。

关注重点：①储能变流器在电压跌落时的稳定性和响应速度，以及其提供无功支持的能力，通过在不同功率输出和运行模式下模拟对称与不对称电压跌落故障，全面评估储能变流器在各种电网故障场景下的表现；②详细记录并分析交流端口电压、有功/无功电流及有功功率等关键参数，深入了解储能变流器的动态响应特性和无功补偿能力；③储能变流器在不同动态无功电流比例系数设置下的性能变化，以评估其在不同电网需求下的适应性。

负载检测旨在确保储能变流器在电网故障时能够稳定运行、快速响应，并为电网提供有效的无功支持，从而提升电力系统的稳定性和安全性。

2）高电压穿越

高电压穿越检测主要评估储能变流器在电网电压异常抬升时的稳定运行和适应能力。检测流程包括检测准备、空载检测和负载检测。

a. 检测准备

根据 GB/T 34133—2023 第 9.11.2.1 条，在检测准备阶段，需要根据标准连接检测电路，并选择至少 3 个电压抬升点进行测试，其中包括 130%U_n 的抬升点，另外 2 个抬升点应在 110%U_n～120%U_n 和 120%U_n～125%U_n 两个区间内，以确保测试能全面反映储能变流器在不同电压抬升程度下的性能。

b. 空载检测

根据 GB/T 34133—2023 第 9.11.2.2 条，空载检测阶段是在储能变流器停机状态下进行的。通过模拟三相对称电压抬升故障，并调整电压抬升的幅值和持续时间，满足相应容差要求，以评估储能变流器在空载状态下的耐受能力。

c. 负载检测

负载检测是评估储能变流器在带负载情况下对电压抬升的响应。

根据 GB/T 34133—2023 第 9.11.2.3 条，在空载检测结果满足要求的情况下，可进行高电压穿越负载检测。负载检测时高电压故障发生装置的设置和故障模拟工况应与空载检测保持一致。首先，将储能变流器运行模式设置为放电模式，并调整其直流端口电压至满足高电压穿越要求的最低值。接着，设置动态无功电流比例系数，并设定储能变流器的有功功率输出范围。然后，通过调节高电压故障发生装置模拟三相对称电压抬升，并详细记录交流端口电压、有功/无功电流及有功功率等数据，用于计算电压抬升持续时间、动态无功电流增量、响应时间和调节时间以及故障结束后的动态无功电流增量退出时间和有功功率恢复速率等关键指标，以全面评估储能变流器的性能。此外，检测还包括在不同有功功率输出范围和动态无功电流比例系数下的重复测试，以及在充电模式下的重复测试，以确保在各种可能的工作条件下都能全面评估储能变流器的性能。

此检测可以确保储能变流器能在高电压事件中保持稳定，有效地支持电网安全和稳定运行。通过调整不同的动态无功电流比例系数和电压条件，检测储能变流器在各种高电压穿越场景下的性能，从而评估其适应电网波动和故障的能力。

3）连续故障穿越

a. 连续低电压穿越

连续低电压穿越检测目的是评估储能变流器在遭遇连续两次电压跌落事件时的响应和恢复能力。检测模拟实际电网中可能出现的连续故障情况，旨在确保储能变流器在这种情况下能够维持正常运行，从而保障电力系统的稳定性和安全性。

（1）检测准备：根据 GB/T 34133—2023 第 9.11.3.1.1 条，在检测准备阶段，需要根据标准连接检测电路，储能变流器的连续低电压穿越检测应至少选取标准中规定的故障曲线，相邻低电压穿越之间的时间间隔应在 0.2～2s 之间选择。这些故障曲线反映了不同的电压跌落程度，旨在全面评估储能变流器在不同故障情况下的性能。

（2）空载检测：根据 GB/T 34133—2023 第 9.11.3.1.2 条，空载检测是在储能变流器停机状态下进行的。通过模拟连续两次三相对称电压跌落故障，电压跌落点应满足标准的要求。通过调节电压跌落的幅值和持续时间，以评估储能变流器在空载状态下的稳定性和耐受能力。

（3）负载检测：负载检测是评估储能变流器在带负载情况下对连续电压跌落的响应。根据 GB/T 34133—2023 第 9.11.3.1.3 条，在空载检测结果满足要求的情况下，可进行连续低电压穿越负载检测。首先，将储能变流器设置为放电模式，并设置动态无功电流比例系数。然后，设定储能变流器的有功功率在 $10\%P_n$～$30\%P_n$、$70\%P_n$～$100\%P_n$范围，并通过调节连续故障发生装置模拟连续两次三相对称电压跌落。在此过程中，以 1ms 为步长、以 20ms 为滑窗周期详细记录第一次电压跌落前 3s 到第二次电压恢复正常后 6s 之间的交流端口电压、有功/无功电流及有功功率等数据。这些数据将用于计算电压跌落持续时间、动态无功电流增量、响应时间和调节时间等关键指标，以全面评估储能变流器的性能。

负载检测考查在实际工作负荷下储能变流器对连续电压跌落的适应性，特别关注其动态无功电流调节和有功功率恢复的效率。通过设置不同功率水平和动态无功电流比例系数，测试揭示了储能变流器在严苛电网条件下的性能，关键在于监测故障期间和故障后的电流、电压和功率参数，以确保储能变流器能够在电网不稳定情况下提供必要的电力支持和稳定控制。

b. 连续低-高电压穿越

连续低-高电压穿越检测的目的是评估储能变流器在连续经历低电压和高电压波动时的性能表现。这种连续的低-高电压穿越情况可能在电网故障或不稳定时出现，对储能变流器的稳定性和响应能力提出了较高要求。通过此检测，可以确保储能变流器在实际电网环境中能够可靠运行，减少因电网波动导致的停机或损坏风险。

（1）检测准备：根据 GB/T 34133—2023 第 9.11.3.2.1 条，在准备阶段，首先需要根据标准连接检测电路，并确保开关处于闭合状态。接着，储能变流器的连续低-高电压穿越检测应至少选取标准中规定的故障曲线进行，这些曲线反映了低电压和高电压的连续波动情况。

（2）空载检测：根据 GB/T 34133—2023 第 9.11.3.2.2 条，在空载检测阶段，储能变流器处于停机状态。通过模拟连续的低-高三相对称故障无间隔重复 3 次，电压跌落-抬升点应满足标准中的要求，以检验储能变流器在空载条件下的稳定性和响应能力。故障的电压跌落/抬升幅值和跌落/抬升时间需要满足预定的容差要求，以确保检测的准确性和有效性。

（3）负载检测：根据 GB/T 34133—2023 第 9.11.3.2.3 条，在空载检测结果满足要求的情况下，可进行连续低-高电压穿越负载检测。负载检测时连续故障发生装置的设置和故障模拟工况应与空载检测保持一致。在此阶段，设置储能变流器运行模式为放电模式，并设定动态无功电流比例系数。通过调节连续故障发生装置，模拟连续的低-高三相对称故障。在此过程中，利用数据采集装置详细记录交流端口的电压、有功/无功电流及有功功率等数据。这些数据将用于计算电压跌落和抬升的持续时间，以及最后一次有功功率的恢复速率，从而评估储能变流器的性能。此外，检测还包括在不同有功功率输出范围和动态无功电流比例系数下的重复检测，以及在充电模式下的重复测试。这些检测步骤旨在确保在各种可能的工作条件下都能准确评估储能变流器的性能。

关注重点：①评估储能变流器在电网电压连续大幅波动时的性能稳定性和响应能力。检测聚焦于电压跌落和抬升的连续性与幅度，以及储能变流器在此过程中的动态行为和恢复速度。特别需要注意的是，储能变流器在快速电压变化下的无功电流和有功功率控制能力，这是维持电网稳定的关键。②关注储能变流器在放电和充电模式下的不同表现，以全面检验其性能。

该检测旨在通过模拟真实电网环境中的极端情况，验证储能变流器的可靠性、稳定性和安全性，从而确保其在实际应用中能够有效应对电网波动，为电力系统的稳定运行提供保障。

12. 运行适应性

1）电压适应性

电压适应性检测旨在评估储能变流器在不同电压条件下的运行稳定性和性能表现。通过模拟电网电压的阶跃变化，检验储能变流器在电压波动时的响应和适应能力，以及其是否能在规定的电压范围内正常工作。

根据 GB/T 34133—2023 第 9.12.1 条，首先需要连接检测电路并闭合开关。接着，设置储能变流器的运行模式为放电模式，并确保电网模拟装置的输出电压与储能变流器交流端口的额定电压相匹配。储能变流器的交流端口输出有功功率需要被设置在 70% P_n～100% P_n 的范围内运行。随后，通过调节电网模拟装置，使储能变流器交流端口的电压根据标准中规定的各个电压点和持续时间进行阶跃变化，并恢复到额定电压 U_n。在电压阶跃变化的过程中，利用数据采集装置以 20ms 为周期同步记录储能变流器交流端口的电压、有功功率有效值和无功功率有效值。这些数据至少需要覆盖电压阶跃前 1min 到电压恢复到 U_n 后 1min 的时间段。根据这些数据，绘制电压-时间、有功功率-时间和无功功率-时间的曲线，以便进一步分析。在测试过程中，需要记录储能变流器的充放电状态和电压越限时的报警信息。这些信息对于评估储能变流器的电压适应性能力至关重要。在完成上述步骤后，核对储能变流器是否具备电压适应性能力。为了更全面地评估其性能，还需要将储能变流器的运行模式设置为充电模式，并重复上述步骤。

关注重点：①储能变流器在不同电压波动下的稳定性和响应能力。检测通过模拟电网电压的阶跃变化，观察储能变流器的有功和无功功率输出是否稳定，以及其在电压波动时的自动调整能力。②关注储能变流器在不同运行模式下的性能表现，包括放电模式和充电模式，以全面评估其电压适应性能力。

该检测对于确保储能变流器在复杂多变的电网环境中稳定运行至关重要，通过严格的检测流程和精确的数据记录，可为储能变流器的实际应用提供有力保障。通过该检测可以全面评估储能变流器在不同电压条件下的性能表现和安全性，确保其可以适应电网的电压波动，保障电网的稳定运行。

2）频率适应性

频率适应性检测是为了评估储能变流器在电网频率波动时的运行性能和稳定性。通过模拟电网频率的阶跃变化，检验储能变流器在频率异常时的应对能力和其是否能维持正常工作状态，确保其在实际电网运行中能够适应频率波动。

（1）检测方法：根据 GB/T 34133—2023 第 9.12.2 条，按照要求连接好检测电路，并确保开关处于闭合状态，设定储能变流器的运行模式为放电模式，调整电网模拟装置，使其输出电压与储能变流器交流端口的额定电压相匹配。配置储能变流器交流端口的输出有功功率，使其在 70%P_n～100%P_n 的范围内运行。通过电网模拟装置调整储能变流器交流端口的频率，按照规定的频率点和持续时间进行阶跃变化，并恢复到 50Hz。利用数据采集装置，以 20ms 为周期记录储能变流器交流端口的频率、有功功率有效值和无功功率有效值。记录的时间范围应至少包括频率阶跃前 1min 到频率恢复至 50Hz 后 1min 的数据。根据记录的数据，绘制频率-时间、有功功率-时间和无功功率-时间的曲线图，以便进行性能分析。在检测过程中，监控并记录储能变流器的充放电状态以及频率越限时的报警信息。通过分析检测数据和曲线，评估储能变流器是否具备良好的频率适应性能力。为了更全面地评估其性能，还需要将储能变流器的运行模式设置为充电模式，并重复上述步骤。

（2）关注重点：①储能变流器在电网频率波动时的稳定性和应对能力，测试通过模拟不同范围和持续时间的频率阶跃变化，全面评估储能变流器在异常频率条件下的工作性能；②监测储能变流器的有功和无功功率输出，以及在充放电过程中的状态变化和报警信息，从而确保其在实际应用中的安全性和可靠性；③在不同运行模式下的频率适应性，包括放电模式和充电模式，以全面评估其性能表现。

通过此检测可以全面评估储能变流器在不同频率条件下的性能表现和安全性，对于保证储能系统在不同电网条件下的可靠性和稳定性至关重要。

3）频率变化率适应性

频率变化率适应性检测模拟电网在短时间内发生大幅频率变化的情况，如电网突然负载变化或发电量突变所导致的频率波动，以检验储能变流器是否能迅速适应并维持正常工作。主要目的是验证储能变流器在面对电网频率急剧变化时的适应能力和响应特性。这种检测可以帮助确定储能变流器是否能够在电网频率波动时提供必要的支持，以防止电网崩溃或进一步恶化。此外，该检测还用于评估储能变流器在频率变化过程中的能量转换效率和系统稳定性。

（1）检测方法：根据 GB/T 34133—2023 第 9.12.3 条，设置储能变流器运行模式为放电模式，这是因为放电模式是储能变流器在实际运行中最常见的工作状态之一，能够模拟电网在负载变化时的真实情况。在放电模式下，储能变流器的交流端口输出有功功率被设定在 70%P_n～100%P_n 范围内。该功率范围覆盖了储能变流器可能在实际运行中遇到的大部分工况，确保测试结果的广泛适用性。随后，通过电网模拟装置，模拟电网频率以特定的变化率进行阶跃变化，这种快速的频率变化模拟了电网在突发事件下可能出现的频率波动。为了详细捕捉储能变流器在频率变化期间的性能，数据采集装置以 20ms 的周期记录交流端口的频率、有功功率和无功功率等关键参数。这些数据记录至少应从频率阶跃前 1min 开始，直到频率恢复到 50Hz 后 1min 结束，以确保能够完整地分析储能变流器在整个过程中的动态响应。

通过绘制频率-时间、有功功率-时间和无功功率-时间的曲线图，可以直观地分析储能变流器在频率变化期间的动态响应。这些曲线图不仅展示了储能变流器的输出稳定性和响应速度，还反映了其对电网支持的能力。最后，根据记录的数据和曲线，评估储能变流器是否满足频率变化率适应性的要求，并在充电模式下重复相应的检测步骤，以全面评估储能变流器在两种工作模式下的性能。

（2）关注重点：频率变化率适应性检测重点关注储能变流器在电网频率急剧变化时的快速响应能力和运行稳定性。测试通过模拟电网频率的快速上升和下降，检验储能变流器是否能及时做出调整，保持功率输出的稳定，并确保设备的安全运行。

此检测可以深入评估储能变流器在电网频率快速波动时的性能表现，从而确保其在放电和充电模式下都具备良好的频率变化率适应性，保障电网稳定性和储能系统的可靠性。

13. 防孤岛保护

防孤岛保护检测的目的是确保储能变流器在电网故障或断电时，能够及时检测出孤岛状态并停止向电网注入电能，从而防止对维修人员或设备造成危害。

1）检测方法

根据 GB/T 34133—2023 第 9.13 条，设定好防孤岛保护检测电路后，闭合相应开关，设置储能变流器运行模式为放电模式，并设置储能变流器交流端口输出有功功率 P_{EUT} 在 100%P_n 运行。在此过程中，数据采集装置将同步记录储能变流器的交流端口电压有效值、电流有效值、有功功率有效值、无功功率有效值和电网侧电流有效值等关键参数，采样周期为 20ms，以确保能够准确捕捉到储能变流器在孤岛状态下的响应。随后，通过调节感性负载和容性负载，使得无功功率满足特定条件，同时调整阻性负载以消耗储能变流器输出的全部有功功率。检测还包括在不同有功功率输出水平下（如 66%P_n 和 33%P_n）重复相关步骤，以全面评估储能变流器在不同工况下的孤岛保护性能。

2）关注重点

①储能变流器在模拟孤岛状态下的响应速度和准确性。测试通过精确控制负载和功率条件，模拟各种可能的电网故障场景，以检验储能变流器的孤岛保护机制是否能够在规定时间内准确动作，确保系统的安全。②储能变流器在不同功率输出和负载条件下的孤岛保护性能，以全面评估其在实际应用中的可靠性和稳定性。

通过此检测，可以确保储能变流器在实际运行中能够在电网故障时及时切断连接，防止孤岛效应的发生，从而保障电网安全和维修人员的安全。

14. 效率

效率检测的目的是评估储能变流器在充电和放电过程中的能量转换效率，有助于确定储能变流器在将电能从电网转换为储存能量，以及从储存能量转换回电网时的能量损失程度。

1）检测方法

根据 GB/T 34133—2023 第 9.14.2 条，首先需要按照要求连接检测电路，并闭合开关。设置储能变流器运行模式为充电模式，模拟电网向储能系统注入电能的过程。电网模拟装置输出电压被调节至储能变流器交流端口的额定电压，而电池模拟装置则设置为最大直流电压，以模拟储能系统充满电的状态。在此条件下，储能变流器的交流端口输出有功功率被设定为 100%P_n，并持续运行 10min。数据采集装置以 200ms 的周期记录直流端口有功功率、交流端口有功功率有效值和外部辅助供电有功功率。通过这些数据，可以计算出 10min 内的平均功率值，并利用对应公式计算出充电效率。该公式考虑了直流端口的输入功率、交流端口的输出功率和外部辅助供电的功率，从而得出充电过程中的能量转换效率。最后使储能变流器直流端口分别为直流电压范围的中间值和最小值，重复以上步骤，以三次充电效率的最大值作为结果。

放电效率检测的步骤与充电效率类似，但设置储能变流器运行模式为放电模式，模拟储能系统向电网释放电能的过程。同样地，数据采集装置记录相关功率数据，并利用公式计算放电效率。该公式与充电效率的计算类似，但关注的是放电过程中的能量转换效率，同样以三次放电效率的最大值作为检测结果。

2）关注重点

①储能变流器在充电和放电过程中的能量转换效率，包括储能变流器在电能进出过程中的损耗，以及系统在不同工作电压下的性能稳定性，测试结果直接关系到储能系统的经济性和可靠性，因此对充放电效率的准确测量至关重要；②测试过程中的数据采集精度和计算方法的准确性也是关注的重点，确保数据采集装

置能够准确记录功率数据，并根据标准规定的公式正确计算效率，是获得可靠测试结果的前提。该检测能够全面评估储能变流器在实际操作条件下的性能，确保它们在各种负载和电压条件下能够高效稳定地工作。

15. 损耗

储能变流器的损耗检测，包括待机损耗和空载损耗，是评估其在非运行状态下能效的重要指标。这些损耗直接影响到设备的能效和运行成本，因此对其进行准确测量对于评估储能变流器的性能至关重要。

1）待机损耗

待机损耗检测储能变流器在停机状态下的能量消耗，对于评估整体能效和运行成本至关重要。

根据 GB/T 34133—2023 第 9.15.1 条，调节电网模拟装置输出电压至储能变流器交流端口的额定电压，并设置直流端口电压至最大值。在此条件下，将储能变流器设置为停机状态，而数据采集装置将持续记录直流端口有功功率、交流端口有功功率有效值和外部辅助供电有功功率，记录周期为 200ms，持续时间为 10min。通过这些数据可以计算出待机损耗，并设置直流端口电压分别为直流电压范围中的中间值和最小值，重复以上操作，取三次测试结果中的最大值作为最终的待机损耗检测结果。

2）空载损耗

空载损耗检测评估储能变流器在最小功率运行状态下的损耗，有助于了解在实际运行中，即使负载较低时，储能变流器的效率表现。该检测涉及在不同直流电压级别下测量功率消耗，以确保储能变流器在整个操作范围内的性能评估。

根据 GB/T 34133—2023 第 9.15.2 条，空载损耗检测的步骤与待机损耗类似，但将储能变流器设置为放电模式，并在最小功率运行状态下持续运行 10min。同样地，数据采集装置记录相关功率数据，并利用公式计算出空载损耗。为了全面评估储能变流器的性能，测试需在储能变流器直流端口电压在直流电压范围的最大值、中间值和最小值不同条件下重复检测步骤，并在充电模式再次取三个电压进行检测，最终取六次检测结果中的最大值作为最终的空载损耗检测结果。

关注重点：①储能变流器在待机和空载状态下的能效表现，这些状态下的损耗直接影响到设备的整体效率和运行成本，通过精确测量不同电压条件下的损耗值，可以更全面地评估储能变流器的性能；②检测还包括充电和放电两种模式下的空载损耗，以确保在各种工作状态下都能准确评估设备的能效，不仅有助于消费者了解设备的实际运行成本，还能为制造商提供改进产品能效的依据。

该检测为优化储能系统的设计提供数据支持，有助于识别和减少不必要的能量损耗，进而提高整体能效。通过明确各种工作条件下的损耗情况，可以制定优化储能变流器设计和运行策略的具体措施，从而减少能源消耗，降低运行成本。

16. 噪声

噪声检测旨在评估储能变流器在运行过程中产生的声音污染水平，对于确保设备在实际应用中不会对周围环境造成过多的噪声干扰至关重要。

1）检测方法

根据 GB/T 34133—2023 第 9.16 条，在进行噪声检测时，首先需要检测并记录背景噪声水平，这是为了确保后续测量的准确性，并为噪声修正提供基准；根据要求连接检测电路，并闭合开关。设置储能变流器运行模式为放电模式，并在其额定功率 100%P_n 下运行。在距离设备水平位置 1m 处，使用声级计测量储能变流器产生的噪声，采用 A 记权方式进行测量，以模拟人耳对噪声的感知。为全面评估储能变流器的噪声特性，检测还需在充电模式下重复进行，以确保储能变流器在不同工作状态下的噪声水平都得到评估。所有测量得到的噪声数据中的最大值将被用来代表储能变流器的噪声水平。

在检测过程中，如果实测噪声与背景噪声的差值小于 3dB，需要采取措施改善检测环境，以满足测试要求。当实测噪声与背景噪声的差值大于 10dB 时，测量值不需要修正，因为储能变流器的噪声已经显著高于背景噪声。如果差值在 3dB 到 10dB 之间，则需要按照表 4-2 进行噪声值修正，以得到更准确的噪声水平。

表 4-2 背景噪声修正值

差值/dB	修正值/dB
3	−3
4～5	−2
6～10	−1

2）关注重点

①储能变流器在不同工作模式下产生的声音污染水平，通过测量和数据处理，可以了解设备的实际噪声表现，并判断其是否满足相关标准和要求；②对背景噪声的考虑也是测试中的重要部分，其确保测量结果的准确性和可靠性。

噪声检测对于评估储能变流器的环保性能和用户体验具有重要意义，同时为制造商优化产品设计、降低噪声污染提供了依据，有助于提升设备的市场竞争力。

4.3.3 安全性能检测

1. 电气间隙和爬电距离

电气间隙是指两个导电部件之间的最小距离，是为了防止电击和放电所规定的一种电气性能参数。在储能设备中，保持足够的电气间隙可以防止电气击穿和放电现象的发生，从而保证设备的正常运行和操作人员的安全。

爬电距离是指沿绝缘材料表面，两个导电部件间的最小距离必须足够大，以防止电气击穿。它与电气间隙一样，是评估储能设备安全性能的重要指标。在不同的工作环境下，爬电距离应有相应的要求，以确保设备在各种环境下都能安全可靠地运行。

1）检测方法

根据 GB/T 34133—2023 第 10.1 条，为确保测量的安全性和准确性，需要拆除或断开储能变流器的所有对外连线，并进行接地放电，以消除可能存在的电压风险。根据 GB/T 16935.1 的规定，使用游标卡尺或直角尺等精确测量工具，对储能变流器内部的各个电路之间，以及带电部件与接地部件之间的电气间隙和爬电距离进行测量。这些测量需要区分功能绝缘、基本绝缘、附加绝缘和加强绝缘的不同类型，并确保测量结果满足相应的安全标准。最后，记录所有测得的电气间隙和爬电距离数值，作为检测结果。

2）关注重点

确保测量的准确性和设备安全性至关重要，使用正确的测量工具和方法，并严格遵守安全操作规程，是获得可靠测试结果的关键。通过严格的检测和合格的电气间隙及爬电距离，可以有效降低故障率，提高设备的安全性和可靠性。

2. 绝缘电阻

绝缘电阻检测是用来评估储能变流器的电气安全性和绝缘性能的重要过程，确保设备能够承受长期的电气应用不出现绝缘故障。

1）检测方法

根据 GB/T 34133—2023 第 10.2 条，为确保检测的安全性，需要拆除或断开储能变流器的所有对外连线，并进行接地放电，以消除可能存在的电压风险。接着，断开所有过电压保护器件，如压敏电阻等，以避免这些器件在检测过程中影响绝缘电阻的测量结果。随后，根据被测电路的额定绝缘电压等级，对应标准规定的试验电压值，在储能变流器的各电路与接地部件之间，以及各电路之间施加直流试验电压，并持续 1min。此步骤是为了模拟实际工作中可能遇到的最高电压条件，验证绝缘材料能够承受这一电压而不发生击穿。最后，记录所有测得的绝缘电阻值作为检测结果，用于评估储能变流器的绝缘性能是否符合安全要求，并确定其是否适合在特定的电气环境中使用。

2）关注重点

①检测的准确性和设备的安全性能。确保使用正确的试验电压和检测方法，以及严格遵守安全操作规程，是获得可靠检测结果的关键。②针对不同额定绝缘

电压等级的电路，应选择相应的试验电压，以确保检测的有效性和安全性。

该检测用于有效评估储能变流器的绝缘性能，确保其在高电压条件下安全稳定运行，防止电气故障发生，提高系统的可靠性和安全性。

3. 工频耐压

工频耐压检测的主要目的是评估储能变流器在正常工作或异常情况下是否能够承受电网或系统可能产生的过电压，而不发生击穿或破坏性放电。

1）检测方法

根据 GB/T 34133—2023 第 10.3 条，首先，为确保检测的安全性，需要拆除或断开储能变流器的所有对外连线，并进行接地放电，以消除可能存在的电压风险。同时，断开所有过电压保护器件，如压敏电阻等，因为这些器件在检测过程中可能会影响耐压检测的结果。接着，在储能变流器的不同电路之间、电路与可接触外壳之间施加交流试验电压。试验电压的波形应为 50Hz 的标准正弦波形，可以通过逐渐上升或下降的方式施加至规定试验电压，并持续 1min。如果试验路径中有电容器，检测可以采用直流电压进行，以确保检测的有效性。最后，记录检测过程中是否发生击穿或其他破坏性放电现象。这些记录将用于评估储能变流器是否满足工频耐压要求的依据。

2）关注重点

①储能变流器在承受过电压时的绝缘性能。通过施加高于正常工作电压的试验电压，模拟设备可能遇到的恶劣电气条件，以检验其绝缘系统和电气间隙的可靠性。检测过程中应特别关注是否有击穿或破坏性放电现象发生，这些现象表明设备在过电压情况下存在安全隐患。②设备在不同电压等级下的表现，以确保其在各种电网条件下均能安全运行。

该检测对于保障储能变流器的电气安全性能至关重要，也是确保操作人员安全和设备稳定运行的关键环节。

4. 冲击耐压

冲击耐压检测旨在评估储能变流器在突然的过电压冲击下的耐受能力。这种冲击可能来源于雷电、电网故障或其他外部因素。通过模拟高电压冲击，评估设备的电气系统和绝缘材料在极端条件下的稳定性和可靠性。

1）检测方法

根据 GB/T 34133—2023 第 10.4 条，首先，为确保检测安全，需拆除或断开储能变流器的所有外部连线，并进行接地放电，以消除潜在的电压危害。同时，断开所有过电压保护器件，如压敏电阻等，以便在检测过程中不会受到这些保护器件的影响。接下来，在储能变流器的各电路之间以及带电部件与接地部件之间施加符合规定的试验电压。试验电压波形为1.2/50μs的脉冲电压，这种波形模拟实际中可能遇到的瞬时过电压冲击。试验电压的施加应分为正负极性，每种极性下进行3次试验，试验间隔不少于30s，以确保设备在不同极性下的耐压性能均得到评估。最后，记录检测过程中是否发生击穿或其他破坏性放电现象。这些记录将作为评估储能变流器是否满足冲击耐压要求的依据。

2）关注重点

①储能变流器在高电压冲击下的绝缘性能和电气系统的稳定性。通过施加高于正常工作电压的冲击电压，可模拟设备在恶劣天气或电网故障等极端条件下的表现。检测过程中，应特别关注设备是否有击穿、闪络或破坏性放电现象，这些现象表明设备在冲击电压下存在安全隐患。②检测还关注设备在不同过电压等级和极性下的性能表现，以确保其在各种极端条件下均能安全运行。

该检测是保障设备在异常情况下能够安全稳定运行的关键环节。通过模拟高压冲击，检测可以有效评估储能变流器的绝缘结构是否稳固，确保其在实际应用中能够抵御突发高电压冲击，维护系统的稳定运行。

5. 保护连接

保护连接检测旨在确保储能变流器的保护接地系统能够有效、安全地将可能的故障电流导入大地，从而保护人身安全和设备的正常运行。通过测量保护连接的电阻值和试验电流的耐受情况，评估接地系统的性能。

1）检测方法

根据GB/T 34133—2023第10.5条，首先，为确保检测的安全性，需要拆除或断开储能变流器的所有对外连线，并进行接地放电，以消除可能存在的电压风险。接着，断开接地端子与外部接地线之间的保护连接，以便进行后续的电阻值测量。然后，使用接地电阻试验仪，将试验仪的两极分别接在保护接地端子和距离保护接地端子最远端的可接触导电部位。这种连接方式有助于评估在最不利条件下的接地性能。根据过电流保护装置的等级设置试验电流，取过电流保护值的2倍和32A二者中的较大值，并按照表4-3规定的试验持续时间进行测试。试验

表4-3 保护连接试验持续时间

过电流保护装置等级/A	试验持续时间/min
<16	2
16~30	2
31~60	4
61~100	6
101~200	8
>200	10

电流的施加和持续时间的选择是基于储能变流器可能承受的最大故障电流，以确保接地系统在实际应用中能够可靠地工作。最后，记录保护连接的电阻值以及试验电流耐受的情况。这些记录用于评估储能变流器的保护接地系统是否满足安全要求。

2）关注重点

①在进行保护连接检测前，必须确保储能变流器与外部电路完全断开，并进行接地放电，以消除残留电荷带来的风险；②检测选取的试验点应是距离保护接地端子最远的导电部位，以此来确保整个系统的接地连续性和有效性；③试验电流的选择是关键，通常设定为过电流保护值的 2 倍或 32A 中的较大值，以此来模拟实际操作中可能遇到的最大电流条件，从而确保接地系统在高电流条件下仍能保持稳定和安全；④检测持续时间根据过电流保护装置的等级确定，不同等级的过电流保护装置有不同的试验持续时间要求，以确保充分验证保护连接的耐受能力和可靠性。

通过该检测可以判断储能变流器的保护接地系统是否符合安全标准，保证在实际运行中的电气安全性和可靠性。

6. 接触电流

接触电流检测旨在评估储能变流器在正常运行时可能产生的泄漏电流或接触电流的大小，以确保其不会对使用者造成危害。泄漏电流或接触电流过大可能会导致触电事故，因此这项检测对于保障使用者的安全至关重要。

1）检测方法

根据 GB/T 34133—2023 第 10.6 条，在进行接触电流检测时，首先要配置测试电路，确保储能变流器的中性点接地状态（对于连接中性点接地系统）或通过 1kΩ 电阻与地相连（对于连接中性点悬浮系统）。此配置有助于模拟储能变流器在实际运行中的接地状态。检测时，需要断开储能变流器的接地端子与外部接地线之间的连接，使用接触电流测试仪进行测量，这可以确保测量结果仅代表储能变流器本身产生的接触电流，而不受外部环境因素的影响。闭合电路开关后，设置储能变流器运行模式为放电模式并运行在额定功率，持续时间通常为 2min，以稳定设备运行并准确测量接触电流。测试完成后，记录接触电流的有效值，并在充电模式下重复测试，以确保设备在不同工作状态下均符合安全标准。最后，对所有测量数据中的最大值作为测试结果进行评估，以确定储能变流器在实际使用中是否会产生过高的接触电流。通过这种方式，可以全面了解储能变流器在不同工作条件下的电气安全性能。

2）关注重点

①检测的准确性和设备的安全性能，确保使用正确的测试设备和方法，以及严格遵守安全操作规程，是获得可靠检测结果的前提；②对于不同工作模式下的

储能变流器，应全面评估其泄漏电流，以确保在任何情况下都不会对使用者造成危害。

通过该检测可以及时发现并处理潜在的安全隐患，确保储能变流器的安全使用。

7. 电容残余能量危险防护

电容残余能量危险防护检测主要针对储能变流器内部电容器残留电荷的放电特性进行评估，以确保设备在停机后不会因电容内存储的高能量而导致安全风险，对于保障设备的安全性和维护人员的安全至关重要。

1）检测方法

根据 GB/T 34133—2023 第 10.7 条，首先按照规定的电路图连接检测电路，并调节电网模拟装置和电池模拟装置，使储能变流器交流端口为额定电压，直流端口电压为最大直流电压。在 10%P_n 下运行 2min 后停机，并依次断开直流和交流开关。接着，利用数据采集装置以 20ms 为周期记录从开关断开前 3s 开始的电容元件端口电压，直至电压降低到接近 0V。最后，计算从储能变流器开关断开到电容元件端口电压降低到 60V 以下和存储能量低于 20J 所需的放电时间，并检查设备外壳或电容器保护挡板等明显位置的标注情况。

2）关注重点

检测端口包括但不限于直流正负极、直流正负极对地、交流相与相之间、交流相对地及维修人员可能接触的内部电容，确保储能变流器在停机后电容能够快速安全放电，以保障人员安全。这涉及精确测量电容器从断开到电压降至安全范围的时间，评估其放电性能，同时检查设备外壳是否有明确的安全警示标注，提醒维修人员潜在风险。

通过该检测可以全面地评估储能变流器在停机或维修时电容器的安全性能，从而确保人员的安全。

8. 温升

温升检测是评估储能变流器在长时间运行状态下的热稳定性和安全性的重要测试。该检测通过在储能变流器的关键部件上布置测温传感器，如功率器件、散热器、电容器、熔断器等，监测其在额定功率运行时的温度变化。

1）检测方法

根据 GB/T 34133—2023 第 10.8 条，需要按要求连接检测电路，并断开开关。然后在储能变流器的多个关键部位，如功率器件、散热器、电容器元件、熔断器等，布置测温传感器。部位的选择基于其在储能变流器运行中可能产生的热量和对温度敏感性。随后，闭合开关，并将储能变流器设置为放电模式。在额定功率下运行储能变流器，并定期测量各关键部位的温度。当连续三次在同一位置测得的温度变化不超过±1℃时，认为储能变流器达到稳定运行工况。记录各部位的温度测量结果，并根据公式计算最终的温度测量结果。在充电模式下重复上述步骤，以全面评估储能变流器在不同工作状态下的温升情况。最终，取两次记录数据的最大值作为检测结果，代表储能变流器在最苛刻条件下的温升性能。

2）关注重点

①储能变流器的热稳定性和散热性能，确保测温传感器的布置能够全面覆盖储能变流器的关键热敏感部件，并准确记录温度数据；②检测过程中的温度变化监测和稳定工况的判断对于评估储能变流器的热管理设计至关重要。这些关注点有助于确保储能变流器在各种工作条件下都能保持良好的散热性能，从而保障设备的稳定运行和延长使用寿命。

9. 环境适应性

环境适应性检测分为低温适应性、高温适应性、湿热适应性（包括交变和恒定湿热）以及盐雾适应性，目的是确保储能变流器能够在各种极端和特定环境条件下稳定运行。

1）低温适应性

低温适应性检测主要确保储能变流器能在极低温条件下正常启动和运行。

（1）检测方法：根据 GB/T 34133—2023 第 10.9.1 条，首先将储能变流器放置在温度/湿度试验箱中，并连接交直流端口的供电电源线，但此时不供电。随后，将试验箱的温度调节至−40℃，并将储能变流器在此环境下静置 16h，以模拟设备在极端低温条件下的存储和启动情况。接下来，试验箱的温度以不高于 1℃/min 的速率恢复至−20℃，并在此温度下静置 2h。此步骤旨在模拟设备在低温环境中的预热过程。在−20℃的环境温度下，接通储能变流器的交直流端口供电，并设置其运行模式为放电模式。在此模式下，储能变流器以额定功率运行 2h，其间以不大于 1min 为周期记录交流端口的有功功率，并检查设备的运行状态和报警情况。最后，将储能变流器设置为充电模式，并以额定功率运行 2h，重复记录有功功率和检查设备的运行状态。

（2）关注重点：储能变流器在极端低温条件下的启动性能、运行稳定性和电气性能，确保检测环境的温度控制精确，并严格遵守检测步骤以获得可靠的检测结果。

通过该检测可以有效地评估储能变流器的低温适应性能，确保其在寒冷地区的可靠性和安全性。

2）高温适应性

高温适应性检测验证储能变流器在高温环境下的性能和稳定性。通过在高温下长时间暴露后进行正常运行检测来检验其是否能承受高温条件。

（1）检测方法：根据 GB/T 34133—2023 第 10.9.2 条，首先，将储能变流器放置在温度/湿度试验箱中，并连接好交直流端口的供电电源线，但此时并不供电。接着，将试验箱的温度调节至 70℃，并在此高温环境下静置 16h，以模拟储能变流器在高温环境中的长期暴露情况。然后，温度以不高于 1℃/min 的速率逐渐恢复至 40℃，并在此温度下静置 2h，让储能变流器逐渐适应较低的温度环境。在 40℃时，接通交直流端口的供电，并分别设置储能变流器为放电模式和充电模式，各保持额定功率运行 2h。在运行过程中，以不大于 1min 的周期记录储能变流器交流端口的有功功率，并密切检查储能变流器的运行状态及报警情况。

（2）关注重点：在进行高温适应性检测时，重点关注的是储能变流器在高温条件下的散热性能、材料稳定性和电气性能，确保检测环境的温度控制精确，并严格遵守检测步骤，以获得可靠的检测结果。

高温适应性检测是确保储能变流器在高温环境下能够稳定运行的重要环节。通过严格按照试验步骤进行操作，可以有效评估储能变流器的高温适应性。

3）湿热适应性

湿热适应性检测分为交变湿热和恒定湿热两种，主要评估储能变流器在高湿高温环境下的可靠性和稳定性。

a. 检测方法

交变湿热：根据 GB/T 34133—2023 第 10.9.3.1 条，首先将储能变流器放置在温度/湿度试验箱中，并连接交直流端口的供电电源线，但不通电。按照 GB/T 2423.4 规定的方法进行检测，将高温设定为 40℃，并持续 48h。测试后，设备在室温环境下静置 2h，以便恢复到正常温度。随后，按照标准规定的试验电压值的 75%进行绝缘电阻和工频耐压检测。接着通电启动储能变流器，并进行充放电转换试验，检查设备的运行状态。最终，确认储能变流器是否具备交变湿热适应性功能。

恒定湿热：根据 GB/T 34133—2023 第 10.9.3.2 条，恒定湿热检测的步骤与交变湿热类似，但在 GB/T 2423.3 规定的方法下进行，温度和湿度条件相同，但持续时间为 48h。测试后同样进行室温静置、绝缘电阻和工频耐压检测，以及充放电转换试验。最后，核对储能变流器是否具备恒定湿热适应性功能。

b. 关注重点

在进行湿热适应性检测时，重点关注的是储能变流器在高温高湿条件下的绝缘性能、材料耐候性和电气稳定性，确保检测环境的温度和湿度控制精确，并严格遵守检测步骤，以获得可靠的测试结果。

通过交变湿热和恒定湿热的检测，可以全面评估储能变流器在不同湿热环境下的适应性，从而为产品的设计和改进提供有价值的反馈。

4）盐雾适应性

盐雾适应性检测旨在评估储能变流器在盐雾环境下的抗腐蚀性和耐久性。此检测对于沿海地区或其他高盐分环境中使用的设备尤其重要，以确保长期暴露于这些环境下的设备不会因腐蚀而损坏。

（1）检测方法：根据 GB/T 34133—2023 第 10.9.4 条，首先，将储能变流器放置在专门的盐雾检测设备中。根据标准要求，先在 35℃±2℃的条件下，使用盐溶液对试验样品进行喷洒 2h。随后，在 40℃±2℃、相对湿度 93%±3%的湿热条件下储存 22h。该循环重复 4 次，以模拟盐雾环境对设备的影响。循环结束后，试验样品在 23℃±2℃和相对湿度 50%±5%的标准大气条件下储存 3 天，以恢复到室温状态。测试完成后，取出储能变流器，并在室温环境下静置 2h。然后对设备外观以及其他金属制品进行详细检查，查看裂痕、脱落和锈蚀等损坏情况，并判断储能变流器是否具有盐雾适应能力。

（2）关注重点：在进行盐雾适应性检测时，重点关注的是储能变流器的抗腐蚀性能和材料耐久性，确保检测环境的温度和湿度控制精确，并严格遵守检测步骤，以获得可靠的测试结果。

该检测旨在确保设备能够在恶劣条件下正常工作，不会因为环境变化而导致故障或性能降低，可以全面评估储能变流器的环境适应性，从而保证其在实际应用中的可靠性和耐久性。

10. 机械防护

机械防护检测旨在确保储能变流器在物理和环境挑战下能够保持其结构完整性和功能性，评估设备在各种机械应力下的表现，包括可触及性、紫外线暴露、外壳和支架强度以及结构稳定性。

1）检测方法

可触及性检测的核心目的是防止用户接触到可能带电的部分。通过使用专用试验指模拟人手触碰，以确保设备的设计符合安全规定。检测步骤严格遵循 GB/T 34133—2023 第 10.10.1 条的规定，包括移除易拆卸部件、打开可开启的柜门和盖板，以及使用试验指检查可能触及的带电部件。

紫外线暴露检测用于评估储能变流器塑料外壳的抗老化能力。此检测模拟设备在长时间紫外线照射下的情况，以确保材料不会因此劣化，如产生裂纹或破裂。检测方法遵循 GB/T 34133—2023 第 10.10.2 条的规定，使用碳弧灯和氙弧灯进行紫外线照射，评估设备塑料外壳的抗老化性能，确保长时间暴露在紫外线下不会导致材料劣化。

外壳和支架强度检测包括壁挂或支架强度检测和把手强度检测两个方面。这些检测通过施加超出正常使用条件的力来验证设备在极端情况下的稳固性和安全性。检测步骤严格按照 GB/T 34133—2023 第 10.10.3 条的规定进行，包括施加特定倍数的储能变流器自重力，并检查是否有永久性变形、破裂或其他失效现象。

结构稳定性检测主要针对落地安装的储能变流器，目的是确保设备在倾斜或受到侧向力时不会翻倒或失衡，从而保证使用过程中的安全稳定。检测方法遵循 GB/T 34133—2023 第 10.10.4 条的规定，包括将储能变流器倾斜一定角度、施加特定力并检查其平衡状态。

2）关注重点

机械防护检测重点关注储能变流器的结构安全性和稳定性。通过模拟各种可能遇到的机械挑战，如紫外线暴露、外部物理冲击、挂载重量以及倾斜等情况，来确保设备在实际应用中的可靠性和耐久性。

通过此检测可以保证储能变流器的物理结构足够强健，即使在长期使用或恶劣条件下也能保持稳定和安全。

4.3.4 电磁兼容检测

电磁兼容检测主要验证设备是否会在正常运行时对周边设备造成不良影响，以及设备自身是否能有效抵抗外部电磁干扰。其中，电磁骚扰检测，特别是传导骚扰和辐射骚扰的检测，是电磁兼容检测的重要组成部分。

1. 电磁骚扰

电磁骚扰检测主要关注储能变流器可能产生的电磁干扰，这些干扰可通过电源线、通信线路等传播，对其他设备造成不良影响。

1）传导骚扰

传导骚扰检测关注的是储能变流器通过电源线或通信线路传播的电磁干扰。通过在储能变流器的交直流端口测量骚扰值完成，确保在不同操作条件下，如不同的直流电压和交流电压工况，储能变流器不会通过连接的电缆向电网或通信网络传播过多的电磁干扰。

（1）检测方法：根据 GB/T 34133—2023 第 11.2.1 条，在传导骚扰检测中先按照 GB 4824 规定布置设备并关闭所有可能干扰的主动发射通信装置，然后在多种典型工况下对交直流端口以及长线路的有线网络和控制端口进行传导骚扰值的细致检测。该步骤不仅全面评估储能变流器在各种运行条件下的电磁兼容性，也确保其在实际应用中不会对其他设备造成不良影响，从而保障整个电力系统的安全与稳定。

（2）关注重点：重点关注的是储能变流器在不同操作条件下的电磁干扰水平。对于交直流端口传导值的测量依据 GB 4824，对于线路长度大于 30m 的有线网络端口和信号/控制端口，按照 GB 9524.1 规定的方法检测。测试过程需严格遵守相关标准和规定，以获得准确的测试结果。

2）辐射骚扰

辐射骚扰检测的主要目的是评估储能变流器在正常工作条件下向周围空间发射的电磁能量水平。通过测量辐射骚扰值，可以判断储能变流器是否符合相关电磁兼容标准，以确保其不会对周边电子设备和人身安全造成干扰或危害。

（1）检测方法：根据 GB/T 34133—2023 第 11.2.2 条，步骤包括设备布置、去耦处理、关闭主动发射通信装置、辐射骚扰值检测等。在设备布置阶段，需要严格按照 GB 4824 的规定进行，特别是壁挂式储能变流器的布置，要确保其底部对参考地平面的垂直高度为 0.8m，并且线缆自然下垂，以模拟实际使用环境。去耦处理是通过在参考地平面或辅助设备侧布置共模吸收装置对直流电缆进行去耦，以减少外界干扰对检测结果的影响，并在检测结果中记录共模吸收装置的相关参数。在检测前，需要关闭所有带有主动发射的通信装置，以避免其对辐射骚扰值的测量造成干扰，并按照典型应用要求配置有线通信/控制功能。最后，辐射骚扰值的检测是依据 GB 4824 中规定的方法进行的，对于体积较大的储能变流器，需要使用更远的检测距离，并对测量数据进行归一化处理，以确保评估的准确性。

（2）关注重点：辐射骚扰检测的重点在于确保储能变流器在正常工作过程中产生的电磁能量不会产生对周围环境或设备造成干扰，满足电磁兼容水平。

通过这些综合的电磁兼容性评估，可以保证储能变流器在各种电磁环境下都能安全有效地工作。

2. 抗扰度

抗扰度检测是为了评估储能变流器在受到各种电磁干扰时的性能和稳定性。包括静电放电、射频电磁场辐射、电快速瞬变脉冲群、浪涌（冲击）、射频场感应的传导骚扰和工频磁场抗扰度。

1）静电放电抗扰度

静电放电是日常生活中常见的电磁干扰现象。为测试储能变流器在这种情况下的稳定性，需要进行静电放电抗扰度检测。检测时，将储能变流器安装在规定的高度，方式按照 GB/T 17626.2 中规定，并在正常运行工况下接受静电放电的干扰。通过这种方式，可以评估设备在实际使用中遇到静电放电时的性能表现。

2）射频电磁场辐射抗扰度

射频电磁场辐射是另一种常见的电磁干扰源。检测时，将储能变流器置于特定频段的射频电磁场中，按照 GB/T 17626.3 中规定的方法检验其在这种环境下的工作稳定性。检测还特别强调调制方式的要求，以更真实地模拟实际使用环境中可能遇到的干扰情况。

3）电快速瞬变脉冲群抗扰度

电快速瞬变脉冲群抗扰度检测旨在评估储能变流器在面临瞬变电磁干扰时的

稳定性。检测时，依据 GB/T 17626.4 中的规定安装并确定方法后，设备需要在规定的重复频率下接受脉冲群的干扰，以检验其抗干扰能力。这种检测对于评估设备在复杂电磁环境中的可靠性至关重要。

4）浪涌（冲击）抗扰度

浪涌（冲击）抗扰度检测是模拟电压突然超出设备极限时的情况。该检测能够检验储能变流器在面临极端电压变化时的反应能力和稳定性。检测时，按照 GB/T 17626.5 中规定的安装方法和检测方法，特别提到端口降压的方式，这是一种保护设备免受电压冲击的有效手段。

5）射频场感应的传导骚扰抗扰度

这项检测考虑了射频场感应的传导骚扰对储能变流器的影响。检测时，设备需要按 GB/T 17626.6 中规定的安装和检测方法在特定频段和调制方式下接受干扰，以评估其在这种环境下的工作性能。此外，检测还涵盖超出电源网络耐压极限时的情况，以确保设备在极端条件下的稳定性。

6）工频磁场抗扰度

工频磁场是电力系统中常见的干扰源之一。为评估储能变流器在这种环境下的性能，需进行工频磁场抗扰度检测。检测时，设备被置于 GB/T 17626.8 规定的典型的安装环境中，并在正常运行工况下接受工频磁场的干扰。通过这种方式，可以确保设备在实际使用中的稳定性和可靠性。

抗扰度检测的重点在于确保储能变流器在面临各种电磁干扰时能够保持正常工作状态。这些干扰可能来自多个方面，包括静电放电、射频电磁场辐射、电快速瞬变脉冲群、浪涌（冲击）、射频场感应的传导骚扰以及工频磁场等。通过这些检测，可以全面评估储能变流器在不同干扰环境下的性能表现，从而确保其在实际应用中的可靠性和安全性。

4.3.5 辅助系统检测

储能变流器的辅助系统，特别是供电电源，是其稳定工作的关键部分。该检测的主要目的是验证储能变流器的供电电源在各种电压条件下的稳定性和可靠性。通过模拟不同的电压输入情况，检查储能变流器的运行状态，以确保其在实际使用中能够应对电压波动，保持正常工作。

储能变流器辅助系统的检测重点关注供电电源的稳定性和电压适应性。检测过程中，特别关注储能变流器在不同电压条件下的运行状态，包括额定电压、低电压和高电压环境，以验证其是否能在各种电网波动下保持正常工作。

通过这一系列的检测步骤，可以模拟出供电电源在实际运行中可能遇到的不同电压波动情况，进而评估储能变流器在这些情况下的性能和稳定性。

4.4 标准实施对储能变流器行业的影响与意义

4.4.1 技术进步和产品升级

GB/T 34133—2023 的实施，无疑为储能变流器行业的技术进步和产品升级注入了强大的动力。该标准不仅设定了明确的技术要求和测试方法，更在无形中为行业树立一个技术标杆，引领着企业朝着更高的技术目标迈进。

为了满足标准中的各项技术要求，企业需要加大技术研发和创新的力度。这不仅体现在对现有技术的优化和改进上，更包括对新技术的探索和研发。企业纷纷设立研发团队，与高校、科研机构等展开深度合作，共同攻克技术难题，推动储能变流器技术的不断突破。

在这种标准化的推动下，行业内企业对新技术、新材料的研发投入持续增加。例如，为了提升储能变流器的转换效率，企业开始研究新型半导体材料、优化电路设计、改进控制算法等。这些技术创新不仅提高了产品的性能，还降低了能耗，使得储能变流器在实际应用中更加高效、稳定。

同时，标准的实施也促进了产品的升级换代。传统的储能变流器可能只满足基本的功能需求，但随着市场的发展和用户需求的变化，智能化、高效率、低能耗等特性逐渐成为用户关注的焦点。为了满足这些需求，企业开始对现有产品进行升级改造，推出一系列具有新功能、新特性的储能变流器产品。这些新产品不仅具备更高的性能和可靠性，还在智能化方面取得显著进展。例如，一些先进的储能变流器已经具备远程监控、故障诊断、自动调整等功能，大大提升了用户体验。此外，为了满足不同应用场景的需求，企业还推出定制化的储能变流器产品，进一步增强其在各种应用场景中的适用性。

GB/T 34133—2023 的实施为储能变流器行业的技术进步和产品升级提供有力的支持和引导。在这种标准化的推动下，行业内企业不断加大技术研发和创新的投入，推动整个行业的技术进步和产品升级换代。这不仅提升了储能变流器的性能和可靠性，还为用户带来了更加优质、高效的产品体验。

4.4.2 市场规范化

市场的规范化是任何行业健康、持续发展的基石，而 GB/T 34133—2023 的实施正是储能变流器市场规范化的重要推动力。通过设定统一的技术标准和检测方法，这一标准为市场上的储能变流器产品划定了一条明确的质量及格线。这意味着，所有在市场上流通的产品都需要达到这一标准，否则将无法获得市场的认可。

标准的实施也有效遏制了劣质产品的出现。在统一的技术标准和检测方法下，那些质量不达标、性能不稳定的产品将被淘汰出局。这不仅保护了消费者的权益，避免了因使用劣质产品而可能引发的安全事故，同时也提升了整个行业的形象和信誉。

这种规范化还为行业内的企业创造了一个公平竞争的市场环境。在统一的标准下，所有企业都将站在同一起跑线上，凭借自身的技术实力、产品质量和服务水平来争夺市场份额。这种公平竞争的环境将激发企业的创新活力，推动整个行业的持续进步。

标准化还有助于提升整个储能变流器行业的国际竞争力。当国内的产品符合国际标准时，将更容易获得国际市场的认可和接受。这不仅为国内的储能变流器企业打开了更广阔的发展空间，也有助于提升中国储能变流器产品在国际市场上的形象和影响力。

GB/T 34133—2023 的实施对储能变流器市场的规范化起到了至关重要的作用。它不仅减少了不正当竞争和劣质产品的出现，保护了消费者的权益，还为行业内的企业创造了一个公平竞争的市场环境。同时，这一标准也为中国储能变流器行业的国际竞争力提升奠定了坚实的基础。

4.4.3 产品质量和安全性提升

GB/T 34133—2023 的严格实施，显著提升了储能变流器的产品质量和安全性。标准对储能变流器的安全性能提出了明确要求，使得企业在产品设计之初就必须充分考虑安全因素，将安全设计融入产品的每一个细节中。

为了满足这些严格的安全性能要求，企业在产品设计阶段就进行了深入的风险评估和安全性分析。这包括对产品的电气安全、机械安全、热安全等多方面的全面考量，确保产品在各种工作环境下都能保持稳定和安全。

在生产制造环节，企业严格根据标准要求进行材料选择、工艺流程制定和质量控制。通过采用高质量的原材料和先进的生产工艺，保证了产品的稳定性和耐用性。同时，严格的生产过程监控和质量检测，确保了每台出厂的储能变流器都符合标准的安全性能要求。

此外，企业在质量检测环节也加大了投入，引进了先进的检测设备和技术，对产品进行全面的性能测试和安全评估。这不仅包括常规的电气性能测试、温升测试等，还包括模拟各种极端条件下的产品运行情况，以确保产品在各种恶劣环境下都能安全可靠地运行。

GB/T 34133—2023 的实施对储能变流器的产品质量和安全性提升起到了至关重要的作用。通过在设计、生产、检测等各个环节的严格把控，确保了产品的安全性和可靠性，为储能变流器行业的健康发展提供了有力保障。

4.5 小　　结

GB/T 34133—2023 为储能变流器的测试与评价提供了明确的指南，为产品设计、生产、测试和应用的全流程设定了全面且细致的规范。该标准的实施对确保储能系统的安全性与效率发挥了重要作用。

标准通过细致的功能分类和严格的检测要求，为储能变流器的各项性能指标设定了明确标杆。从基本功能的全面验证，到电气性能的精确检测，再到对安全性能的严格把控，每项都体现了对储能系统稳定性和可靠性的高度重视。此外，对于电磁兼容性和辅助系统的检测，也进一步强化了储能变流器在复杂电磁环境下的工作能力，以及整体运行的顺畅性。

标准的实施不仅推动储能变流器技术的持续进步，还促进相关产品的研发和创新。企业在满足标准的过程中不断加大技术投入，力争在激烈的市场竞争中占据优势。同时，这也为电力储能行业的持续、健康发展提供了坚实的保障。

随着科技的飞速发展和市场需求的不断变化，储能变流器技术将迎来更多的挑战和机遇。在此背景下，GB/T 34133—2023 将继续发挥其核心作用，引领储能行业朝着更加安全、高效的方向发展。我们期待标准能够与时俱进，不断吸纳新技术、新指标，以适应储能技术的快速发展。随着新材料、新工艺的应用，储能变流器的性能将得到进一步提升，标准也应相应地进行调整和完善。同时，随着智能化、自动化技术的广泛应用，储能变流器的智能化水平将不断提高。未来，标准可更多地关注储能变流器的智能控制、自我诊断、远程监控等方面的性能评价，以推动储能系统的智能化发展。最后，也希望国内外标准在储能变流器领域实现更好的对接与融合。通过加强国际合作与交流，共同推动全球储能技术的标准化和规范化发展，为构建清洁、低碳、高效的全球能源体系贡献力量。

第5章 移动式电化学储能系统测试与评价

5.1 引　言

移动式电化学储能系统，以其环境友好、无污染、高质量供电、高效节能等诸多优势，成为目前发展最快、应用最广的应急保电电源。该系统不仅可作为电源，也可作为负荷，灵活满足用户多元化的功能需求，在重要负荷保电、应急供电及提升供电能力等多个应用场景中发挥着关键作用。

移动式电化学储能系统的引入，为电力系统带来革命性的变革。它可根据用户在不同时段的用电需求和特征，智能地进行充电和放电，有效提升了本地的供电能力。同时，该系统还具备移动灵活、安装便捷的特点，使得储能设备能在不同空间和时间内进行高效调配，实现了资源的整合与充分利用。特别是对于用电负载率极低的地区，以及特殊时段内的特别负荷，该系统的引入具有极大的意义，能显著改善供电质量。

然而，技术的快速发展和应用领域的不断拓展，也对移动式电化学储能系统的安全性和可靠性提出更高要求。由于缺乏统一的标准规范，市场上的产品质量参差不齐，技术性能各异，给使用者带来诸多不便和潜在的安全风险。因此，对移动式电化学储能系统进行全面、科学的检测显得尤为重要。

在此背景下，GB/T 36545—2023《移动式电化学储能系统技术规范》应运而生，旨在通过标准化、规范化的技术要求，提升移动式电化学储能系统的整体性能和安全水平。该标准规定了移动式电化学储能系统的基本功能、电气性能、电磁兼容、安全性能、外观及机械要求、接口、车辆厢体及辅助系统等技术要求，描述了相应的试验方法，规定了编码、正常工作环境、检验规则、标志、运输和储存等要求。该标准的制定，不仅是对现有市场需求的积极响应，更是对未来技术发展的前瞻性布局。通过明确系统的正常工作条件、技术要求、试验方法等关键要素，GB/T 36545—2023 为移动式电化学储能系统的研发、生产、销售和使用提供了全面的指导，有力地推动了行业的健康、有序发展。

本章解读 GB/T 36545—2023 的各项内容，探讨其对移动式电化学储能系统乃至整个储能行业的重要意义和影响。通过详细剖析标准中的技术要求、试验方法等关键条款，来阐述这一标准如何为移动式电化学储能系统的安全性和可靠性提供保障，进而为可再生能源的广泛应用与能源结构优化提供有力支撑。

5.2　标准概述

GB/T 36545—2023 为移动式电化学储能系统的设计和测试提供了全面的指导。该标准主要规定了各项技术要求，涉及基本功能、电气性能、电磁兼容、安全性能、外观及机械要求、接口、车辆厢体及辅助系统等方面，目标是确保这类储能系统在设计、制造、试验、检测、运行、维护和检修过程中均能达到一定的质量标准和安全性能，从而保障用户的安全和利益，并推动移动式电化学储能系统的技术创新和产业升级。

该标准适用于以锂离子电池、铅炭电池、液流电池为电能存储介质，三相交流端口电压等级为 10kV 及以下的移动式电化学储能系统。这些系统通常包括电池组、电池管理系统、储能变流器、监控系统等关键组件。标准规定了这些系统在设计和运行过程中应满足的技术要求，以及进行性能试验和安全评估的方法。

接下来，我们将详细解析标准中关于移动式电化学储能系统的各项技术指标、安全性能要求以及试验方法等方面的规定，以便更全面地理解并应用该标准，确保移动式电化学储能系统的安全性、可靠性和性能表现。

5.3　试验方法及要求分析

5.3.1　基本功能

1. 启停机

启停机试验是移动式电化学储能系统功能测试中的基础和关键环节，目的是验证移动式电化学储能系统是否具备正常的启动和停止功能，包括在非紧急情况下的正常启停机以及在紧急情况下的急停功能。该试验对于确保移动式电化学储能系统的可靠性和安全性至关重要。

1）试验方法

根据 GB/T 36545—2023 第 7.4.1 条，该试验主要包括正常启停机和急停两个方面检测。试验开始时，需根据标准的电路图连接检测电路，并确保开关处于闭合状态。随后，将移动式电化学储能系统运行模式设置为放电模式，并通过监控系统下发启动指令。系统启动后，观察其功率输出，待达到额定功率并稳定运行

2min 后，下发停机指令。在此过程中，数据采集装置以 200ms 的滑窗周期持续记录有功功率的有效值，并据此绘制功率曲线。同样的步骤也需要在充电模式下重复进行。急停功能的试验与启停机试验方法相同，但重点在于评估系统在紧急情况下发急停指令后的反应速度和安全性。

测试要求明确指出移动式电化学储能系统应具备启停机控制功能，并能根据指令或控制开关实现启机和停机。同时，系统还需具备急停功能，以应对可能出现的紧急情况。

2）关注重点

本试验重点关注移动式电化学储能系统在启停机过程中的性能和安全性。通过验证系统在放电和充电模式下的正常启停机功能以及紧急情况下的急停响应，评估其在实际运行中的可靠性和稳定性。同时，对启停机过程中的功率变化进行精确记录和分析，以确保系统的动态响应满足要求。

该试验不仅验证移动式电化学储能系统的基本操作功能，还对其动态响应能力和紧急情况下的安全保障措施进行了全面的评估，为系统的安全运行和有效管理提供重要保障。

2. 自启动

自启动功能测试的主要目的是验证移动式电化学储能系统是否具备在无外接电源的情况下能够自动启动并正常运行的能力。该功能对于确保移动式电化学储能系统在电网失电或其他紧急情况下能够独立运行至关重要，是提高系统可靠性和自主性的关键指标。

1）试验方法

根据 GB/T 36545—2023 第 7.4.2 条，首先连接离网检测电路，然后设置系统为停机状态并调节交流阻性负载功率至系统的额定功率。随后切断外接电源，观察并记录系统自启动后的功率变化，利用数据采集装置以不大于 200ms 为滑窗周期记录从下发启动指令到运行 30s 的交流端口有功功率有效值，绘制功率曲线，核对移动式电化学储能系统是否具备自启动功能。

测试要求明确指出，移动式电化学储能系统应具备在无外接电源情况下正常运行的能力，这是确保系统在紧急情况下能够独立供电的基本要求。

2）关注重点

①移动式电化学储能系统的自启动能力，即在无外接电源的情况下，系统是否能够迅速、准确地启动并达到额定功率输出；②核对系统启动后是否能够稳定运行至少 30s，以验证其在自启动状态下的可靠性和稳定性。

该试验通过模拟真实场景中的电源故障情况，验证移动式电化学储能系统是否能够在无外接电源的情况下正常运行，并及时接管负载，确保移动式电化学储能系统在电网失电或其他需要独立运行的情况下，能够提供必要的电力支持，保障关键负载的持续供电，增强电力系统的可靠性。

3. 报警和保护

1）禁充禁放

当移动式电化学储能系统过度放电或过度充电时，可能会对电池造成永久性损害，甚至引发安全风险。禁充禁放报警与保护功能试验的主要目的是验证移动式电化学储能系统是否能够在达到放电截止电压或充电截止电压时，自动触发报警并启动相应的保护措施。该试验对于确保移动式电化学储能系统的安全运行至关重要。

（1）试验方法：根据 GB/T 36545—2023 第 7.4.3.1 条，连接检测电路并设置系统运行模式。在放电模式下，控制系统交流端口以额定功率放电至截止电压，并记录系统的运行状态和报警信息。类似地，在充电模式下，也需要进行相同的操作以验证移动式电化学储能系统是否具备禁充报警与保护功能。

试验要求系统应能够在达到放电或充电截止电压时，自动触发报警并切断放电或充电过程，以保护电池和系统安全。

（2）关注重点：①报警准确性，系统应在达到放电或充电截止电压时准确触发报警；②保护措施的及时性，一旦触发报警，系统应立即启动相应的保护措施，如切断充放电电流；③系统稳定性，在触发报警和保护措施后，系统应保持稳定，无异常反应或故障；④报警信息记录，系统应能够完整记录报警信息和当时的系统状态，以便后续分析和故障排查。

本试验通过模拟电池过放电和过充电的情况，验证系统是否能够准确检测并触发报警，同时采取相应的保护措施以防止电池损坏或安全事故的发生。通过该试验，可以确保在实际运行中，当电池电压达到不安全的临界点时，移动式电化学储能系统能够立即采取措施，避免可能的危险情况发生，不仅能提高系统的可靠性，也为维护人员和用户提供额外的安全保障。

2）交流相序

交流相序报警与保护功能测试的主要目的是验证移动式电化学储能系统是否能够在检测到交流相序错误时及时发出报警信息并采取相应的保护措施。相序错误可能导致设备损坏、性能下降或者引发安全事故，因此移动式电化学储能系统必须能够识别并应对这种情况。

（1）试验方法：根据 GB/T 36545—2023 第 7.4.3.2 条，试验的步骤包括首先将移动式电化学储能系统的交流端口任意两相相序反接，然后闭合开关启动系统，观察并记录系统的运行状态和报警信息。这一步骤模拟了相序错误的情况，以验证系统是否能够检测到错误并及时响应。随后，断开开关并纠正相序，再次启动系统，记录运行状态和报警信息，以验证系统是否具备交流相序报警与保护功能。

（2）关注重点：移动式电化学储能系统在交流相序错误时的报警和保护功能。相序错误可能导致设备损坏或引发安全事故，因此系统必须能够准确检测并及时响应。通过模拟相序错误的情况，验证系统是否能够触发报警并采取相应的保护措施，从而确保系统的安全性和稳定运行。

通过此试验，可以确保移动式电化学储能系统在实际运行中遇到交流电源相序问题时，能够有效地保护电池和其他关键组件，防止因相序错误造成损害，不仅能提高系统的可靠性和安全性，也为电网的稳定运行提供保障。

3）交流端口过电流

交流端口过电流报警与保护功能试验的主要目的是验证移动式电化学储能系统能否在交流端口出现过电流情况时及时发出报警信息并启动保护措施。过电流可能会对系统内部的电气元件和电池造成损害，甚至引发火灾等安全风险，因此移动式电化学储能系统必须具备对过电流情况的检测和保护能力。

（1）试验方法：根据 GB/T 36545—2023 第 7.4.3.3 条，首先需要按照检测电路图正确连接电路，并闭合开关。接着，将移动式电化学储能系统运行模式设置为放电模式，并调节电网模拟装置输出电压至系统交流端口的额定电压。在此基础上，设定系统交流端口的过电流保护限值为额定电流的 90%，并控制输出电流超过这一限值，以模拟过电流情况。在此过程中，记录系统交流端口的过电流保护动作值和报警信息，验证系统是否能够准确识别过电流状态并采取保护措施。

（2）关注重点：①移动式电化学储能系统在检测到过电流条件时的响应速度和保护措施的有效性，系统应能够在电流超过设定限值时迅速采取措施，如切断电流或限制电流输出，以保护内部电路和电池不受损害；②移动式电化学储能系统还应发出清晰的报警信号，以便操作人员能够及时了解系统状态并采取相应措施。

通过此试验，可以验证移动式电化学储能系统的过电流保护功能是否符合设计要求和标准规定，确保在实际运行中，系统能够安全、有效地处理过电流事件，从而保障系统的稳定性和可靠性。

4）过温

过温报警与保护功能试验的主要目的是确保移动式电化学储能系统能够在内部温度超过安全范围时及时发出报警信息并采取相应的保护措施。

（1）试验方法：根据 GB/T 36545—2023 第 7.4.3.4 条，试验过程中，首先需要将系统设置为放电或充电模式，并通过停止或限制部分冷却系统或加热系统的工作达到过温工况，或者通过直接加热或制冷温度检测元件达到预期保护的动作点，或者降低过温保护限值等方式来模拟过温工况。随后，记录系统的运行状态和报警信息，以验证系统是否具备过温报警与保护功能。

试验要求系统应在温度超过设定的安全范围时立即发出报警信息，并自动采取保护措施，如降低功率输出、启动备用冷却系统等，以防止温度进一步升高。

（2）关注重点：①报警的准确性，系统应在温度超过安全范围时立即触发报警，且报警信号应准确无误；②保护措施的及时性，一旦触发报警，系统应能迅速启动相应的保护措施，以降低系统温度；③系统的稳定性，在采取保护措施后，系统应能保持稳定运行，无异常反应或故障。

此试验旨在通过模拟过温工况，验证移动式电化学储能系统的温度检测机制是否准确，以及系统在检测到过温情况时的响应速度和保护策略的有效性，不仅可以保护移动式电化学储能系统免受高温损害，还能确保其在安全的工作温度范围内稳定运行，从而为用户提供更加可靠和安全的电力供应。

5）通信故障

通信是移动式电化学储能系统各个组件之间以及系统与外界进行信息交互的关键，一旦通信出现故障，可能会导致系统失控、数据丢失甚至引发安全事故。因此，进行通信故障报警与保护功能测试是至关重要的。通信故障报警与保护功能试验的主要目的是确保移动式电化学储能系统在发生通信故障时能够及时发现并发出报警信息，从而采取相应的保护措施。

（1）试验方法：根据 GB/T 36545—2023 第 7.4.3.5 条，连接电路并闭合开关后，首先需要将系统设置为放电或充电模式，然后手动断开移动式电化学储能系统与监控系统或电池管理系统之间的连接，以模拟通信故障。随后，记录系统的运行状态和报警信息，以验证系统是否能够在通信故障时及时发出报警信号。

（2）关注重点：①移动式电化学储能系统在通信中断时的报警和保护响应，系统应能够在通信连接丢失时迅速发出报警信号，并根据预设的安全策略采取保护措施，如切换到安全模式或自动停机；②系统还应能够在通信恢复后恢复正常运行，确保移动式电化学储能系统的整体稳定性和可靠性。在移动式电化学储能系统的实际运行中，通信是确保系统各个部分协调工作和实现远程监控的关键。一旦通信出现故障，可能会导致系统误操作、数据丢失甚至引发安全事故。

通过此试验可以验证移动式电化学储能系统的通信故障检测和处理能力是否符合设计要求和标准规定，确保在实际运行中系统能够在通信故障发生时有效地保护电池和其他关键组件，防止因通信问题造成损害，对于提高整个电力系统的安全性和减少潜在的经济损失具有重要意义。

6）温控系统故障

温控系统是移动式电化学储能系统中至关重要的部分，它负责确保电池在适宜的温度范围内工作，从而维持电池的性能和寿命。一旦温控系统出现故障，可能会导致电池过热或过冷，进而影响电池的安全和效率。温控系统故障报警与保护功能试验的主要目的是验证移动式电化学储能系统在温控系统发生故障时，能否有效地发出报警信号并采取相应的保护措施。

（1）试验方法：根据 GB/T 36545—2023 第 7.4.3.6 条，连接好测试电路并闭合开关后，首先需要将系统设置为放电或充电模式，运行至温控系统开始工作，并记录工况。随后，通过停止或部分限制温控系统的工作来模拟故障情况，对于风冷系统，可以通过完全堵住或部分堵住进风口，或者堵转、断开冷却风扇来模拟故障；对于液冷系统，则可以通过停止或部分限制冷却液系统的工作来模拟故障。然后，设置系统在额定功率下运行，并记录系统的运行状态和报警信息，以验证系统能否在温控系统出现故障时及时发出报警信号并采取相应的保护措施。

（2）关注重点：①移动式电化学储能系统在温控系统受限或停止工作时的反应，系统应能够检测到温控系统的异常状态，并及时发出报警信号；②系统还应根据预设的安全策略采取保护措施，如降低功率输出或自动停机，以防止电池和其他关键组件因温度过高而受损。

通过此试验，可以验证移动式电化学储能系统的温控系统故障检测和响应能力是否符合设计要求和标准规定，确保在实际运行中，系统能够在温控系统出现故障时有效地保护电池和其他关键组件，防止因温度异常造成损害。

7）过压

过高的电压可能会对移动式电化学储能系统的电气元件、电池以及连接的设备造成损害，甚至引发电气故障或安全事故。因此，移动式电化学储能系统必须具备对过电压的检测和保护能力。过压报警与保护功能试验的主要目的是验证移动式电化学储能系统是否能够在电压超过安全范围时及时发出报警信号并采取相应的保护措施。

（1）试验方法：根据 GB/T 36545—2023 第 7.4.3.7 条，试验步骤包括设置移动式电化学储能系统运行模式为放电模式，并确保系统在不小于 10%的额定功率下运行。然后，逐步调节电网模拟装置的输出电压，从过压保护设定值的 95%开始，以最大交流电压的 0.5%为步长，逐步升至移动式电化学储能系统的过压保护动作点。在此过程中，记录系统的过压保护动作值和报警信息，以验证系统是否能够准确检测到过电压条件并做出响应，在充电模式重复以上测试。

（2）关注重点：①移动式电化学储能系统在电压超过安全限值时的响应能力和保护措施的有效性，系统应能够在检测到过电压时迅速发出报警信号，并根据预设的安全策略采取保护措施，如限制功率输出或切断电源；②系统还应具备在过压状况解除后恢复正常运行的能力。

通过此试验，可验证移动式电化学储能系统的过压保护功能是否符合设计要求和标准规定，确保在实际运行中，系统能够在电压异常时有效地保护电池和其他关键组件，防止因电压过高造成损害。

8）欠压

欠压报警与保护功能试验的主要目的是验证移动式电化学储能系统是否能够在电压低于安全范围时及时发出报警信号并采取相应的保护措施。过低的电压可能会影响移动式电化学储能系统的正常运行，导致电池性能下降、设备故障或数据丢失等问题。因此，移动式电化学储能系统必须具备对欠压的检测和保护能力。

（1）试验方法：根据 GB/T 36545—2023 第 7.4.3.8 条，试验步骤包括首先设置移动式电化学储能系统运行模式为放电模式，启动系统，在不小于 10%的额定功率下运行。然后，从欠压保护设定值的 105%开始，逐步降低电网模拟装置的输出电压，以最大直流电压的 0.5%为步长，直至移动式电化学储能系统的欠压保护动作被触发。在此过程中，记录系统的欠压保护动作值和报警信息，以验证系统是否能够准确检测到欠压条件并做出响应，在充电模式重复以上测试。

（2）关注重点：①移动式电化学储能系统在电压低于安全限值时的响应能力和保护措施的有效性，系统应能够在检测到欠压时迅速发出报警信号，并根据预设的安全策略采取保护措施，如限制功率输出或切断电源；②系统还应具备在欠压状况解除后恢复正常运行的能力。

通过此试验，可以验证移动式电化学储能系统的欠压保护功能是否符合设计要求和标准规定，确保在实际运行中，系统能够在电压异常时有效地保护电池和其他关键组件，防止因电压过低造成损害。

9）火灾报警与保护

火灾可能是移动式电化学储能系统面临的最严重的安全风险之一，因此建立一个有效和可靠的火灾报警与保护系统非常有必要。火灾报警与保护功能试验旨在验证移动式电化学储能系统在火灾发生时能否及时报警并启动保护措施。

（1）试验方法：按照 GB 16806 中规定的方法进行检测，试验过程中，系统应能够模拟火灾情况，如通过烟感或温感探测器检测到异常，并触发报警。系统应能够记录报警信息，包括报警名称、内容、时间和确认状态，并能够按照时间顺序排列这些信息。此外，系统还应能够在触发事故报警时推送画面和声音报警，以便操作人员能够迅速采取应对措施。

（2）关注重点：①系统对火灾的检测灵敏度和报警响应速度，系统应能够在火灾初期阶段准确检测到异常情况，并迅速发出报警信号，以便及时采取措施防止火灾扩散；②系统应具备报警信息的历史查询功能，以便于事后分析和故障诊断；③系统应至少具备包括火灾报警与保护在内的多种保护功能，如禁充禁放保护、过温保护、过压欠压保护、过流保护、交流相序保护、通信故障保护和温控系统故障保护等，以确保在各种异常情况下系统的安全运行。

通过此试验，可以验证移动式电化学储能系统是否具备火灾报警与保护功能，确保其在实际运行中能够有效地预防和应对火灾事件，保障系统的稳定性和人员的安全。

4. 运行信息监测

运行信息监测功能试验旨在验证移动式电化学储能系统能否实时监测和记录关键运行信息。这些关键信息涵盖电化学电池的电压、电流、能量状态及温度等，储能变流器的各项参数，电网的电压、电流、相位、频率以及功率等相关数据，还有温控系统和火灾报警系统的状态及报警信号，对于评估移动式电化学储能系统的性能状态、诊断可能存在的问题以及确保整体安全运行具有至关重要的作用。

1）试验方法

根据 GB/T 36545—2023 第 7.4.4 条，试验步骤包括连接检测电路、启动移动式电化学储能系统、下发启停机和功率控制指令，并记录系统的响应情况。此外，还需要调节系统在不小于 10%的额定功率下运行，并检查监控系统是否能够准确采集电池信息、储能变流器信息、电网信息以及温控和火灾报警系统的运行信息。

根据 GB/T 36545—2023 第 6.2.8 条，移动式电化学储能系统需要具备全面的实时监测功能，涵盖电化学电池、储能变流器、电网、温控系统和火灾报警系统的各项关键运行信息，包括但不限于电压、电流、能量状态、温度、开关状态及报警信号等，以确保系统的安全、稳定运行和及时故障预警。

2）关注重点

①系统对关键运行信息的监测能力，包括电池的电压、电流、能量状态和温度，储能变流器的电压、电流和温度，以及电网的电压、电流、相位、频率等参数；②监控系统采集数据的准确性和实时性，确保所有运行信息能够准确无误地被记录和显示；③系统在接收到控制指令后的响应速度和执行精度，以及在不同功率水平下的稳定性；④报警系统的功能性，包括报警信息的生成、记录和通知，确保在发生异常情况时能够及时警示操作人员。

这些信息的准确性和实时性对于确保移动式电化学储能系统的稳定运行、及时发现潜在问题并优化系统性能至关重要。

5. 数据显示、统计和存储

数据显示、统计与存储功能试验旨在确保移动式电化学储能系统可以有效地显示实时数据、统计充放电能量，并且能够安全、稳定地存储系统的运行状态、事件记录等重要信息。这一功能的完善不仅有助于用户实时了解系统的运行状况，还为后续的故障排查、性能分析和优化提供数据支持。

1）试验方法

根据 GB/T 36545—2023 第 7.4.5 条，在试验过程中，首先通过监控系统向移动式电化学储能系统下发启停机和功率控制指令，观察并记录系统在不同状态下的数据显示情况。接着，利用历史查询功能回顾报警和保护功能检测过程中的故障信息，验证系统是否能够准确记录和存储这些信息。最后，通过查询功能检查系统的充电能量和放电能量的统计信息，确认数据的准确性和完整性。

2）关注重点

①移动式电化学储能系统的数据显示和统计能力，包括是否能够清晰、准确地展示实时运行数据和历史记录，以及是否具备对充电和放电能量进行统计的功能；②验证系统是否能够存储至少 180 天的数据信息，以便于进行长期的历史数据分析和故障追踪。

通过此试验，可以验证移动式电化学储能系统的数据显示、统计与存储功能是否符合设计要求和标准规定，确保系统在实际运行中能够提供详细的运行数据和历史记录，从而提高运维效率和系统的可靠性。

6. 电能计量

电能计量功能试验旨在验证移动式电化学储能系统交流端口是否配置符合标准的双向电能计量装置，并能精确测量系统在充放电过程中的电能数据。这一功能的准确性直接关系到移动式电化学储能系统的能效评估、费用结算以及电网的互动管理等。

1）试验方法

根据 GB/T 36545—2023 第 7.4.6 条，首先将移动式电化学储能系统设置在不同的运行模式（充电和放电），并在不小于 10%的额定功率下运行 2min。随后，查看并记录电能计量装置提供的数据。通过这些步骤，可以有效地评估电能计量装置的准确性和可靠性。

2）关注重点

①电能计量的准确性：确保电能计量装置的准确性和合规性，以及在不同运行模式下的稳定性和可靠性；②双向电能计量装置的配置：确认移动式电化学储能系统的交流端口是否装备符合 DL/T 448 规定的双向电能计量装置，这是确保电能计量准确性的基础；③装置的稳定性和可靠性：在测试过程中，应关注电能计量装置是否稳定运行、有无异常，稳定性和可靠性是电能计量装置长期准确运行的关键。

通过此试验，可以确保移动式电化学储能系统的电能计量装置准确、合规，并满足实际应用中对电能管理和费用结算的需求，不仅有助于提升移动式电化学储能系统的运行效率，也为系统的经济性和可持续性提供重要保障。

5.3.2 电气性能

1. 过载能力

在实际应用中，电网负载可能会突然增加，这就要求移动式电化学储能系统能够在短时间内承受超过额定功率的负载而不损坏，并且能够保持稳定的输出。过载能力试验是评估移动式电化学储能系统在超过其额定功率时的运行表现。

1）试验方法

根据 GB/T 36545—2023 第 7.5.1 条，连接检测电路后闭合开关，将移动式电化学储能系统运行模式设置为放电模式，调节电网模拟装置输出电压为交流端口额定电压，并设置系统无功功率为 0。随后逐渐增加系统功率并在 110%的额定功率下运行 10min，以测试其持续过载能力。完毕后恢复到额定功率并维持 2min，最后再次增大功率，达到 120%的额定功率后运行 1min，以测试其极限过载能力。整个过程中，数据采集装置会记录交流端口的电压、有功功率和无功功率，以便后续分析。设置移动式电化学储能系统运行模式为充电模式，重复上述步骤。

2）关注重点

①系统在过载条件下的稳定性：在过载运行时，系统应保持稳定，不出现异常的电压波动或功率损失；②系统的热性能：过载可能导致系统温度升高，需要关注系统是否有足够的散热能力，以防止过热损坏；③持续运行时间：根据标准，系统在 110%额定功率下应能持续运行至少 10min，在 120%额定功率下应能持续运行至少 1min，这是评估系统过载耐久性的重要指标；④功率输出和电压曲线的平稳性：通过绘制和分析电压、有功功率和无功功率的曲线，可以评估系统在过载条件下的动态响应和平稳性；⑤充电和放电模式下的表现：试验需要在充电和放电两种模式下进行，以全面评估系统的过载能力。

2. 并离网切换

并离网切换试验是验证移动式电化学储能系统在电网连接和断开时性能表现的关键测试。该试验涵盖主动并网转离网、被动并网转离网和离网转并网三种切换场景，旨在确保移动式电化学储能系统在实际应用中能够快速、稳定地完成切换操作。

1）主动并网转离网切换时间

主动并网转离网切换时间试验旨在验证移动式电化学储能系统在主动从并网状态切换到离网状态时的性能和响应时间。

（1）试验方法：根据 GB/T 36545—2023 第 7.5.2.1 条，试验步骤涵盖并网待机状态、并网额定功率放电状态和并网额定功率充电状态下的切换性能测试。在每个状态下，又分别在不同功率点（100%、66%、33%的额定功率）进行重复测试，并将不同功率点下切换时间的最大值作为测试结果，以确保结果的全面性和可靠性。

根据 GB/T 36545—2023 第 6.3.2.1 条，移动式电化学储能系统由并网运行模式转换为离网运行模式的切换时间应不大于 20ms。

（2）关注重点：切换时间的测量和比较，以及切换过程中和切换后电压的稳定性。这些数据对于评估移动式电化学储能系统在实际电网波动或故障情况下的应对能力具有重要意义，同时也是衡量移动式电化学储能系统可靠性和灵活性的重要指标。

通过该试验，可以确保移动式电化学储能系统在并网和离网之间的转换过程中能够快速、平稳地过渡，从而保障电力系统的稳定性和安全性。

2）被动并网转离网切换时间

与主动切换不同，被动切换是模拟电网故障或意外断开时移动式电化学储能系统的反应。这种情况下，移动式电化学储能系统需要迅速检测到电网状态的变化，并自动切换到离网模式，以保证负载的连续供电。该试验旨在评估移动式电化学储能系统在电网突然断开，即被动情况下从并网状态切换到离网状态时的响应速度和稳定性，是模拟实际运行中可能遇到的电网故障或断电情况，以检验移动式电化学储能系统的应急反应能力。

（1）试验方法：根据 GB/T 36545—2023 第 7.5.2.2 条，试验步骤涵盖并网待机状态、并网额定功率放电状态和并网额定功率充电状态下的切换性能测试。通过在不同功率点和不同运行状态下进行多次测试，并将不同功率点下切换时间的最大值作为测试结果，可以全面评估移动式电化学储能系统在被动切换情况下的性能表现。

（2）关注重点：①切换时间的迅速性，在电网断开后，移动式电化学储能系统应尽快切换到离网模式，以减少供电中断的时间；②电压和频率的稳定性，切换过程中，系统应保持输出电压和频率的稳定，以防止对负载设备造成损害；③自动检测与切换机制的可靠性，系统应具备高效可靠的电网状态检测机制，以便在电网断开时能够迅速且准确地切换到离网模式。

被动并网转离网切换时间试验数据直接反映了移动式电化学储能系统在实际运行中的可靠性和应急响应能力。通过在不同功率负载和充放电状态下进行多次测试，可以全面评估移动式电化学储能系统的被动切换性能，确保其在实际应用中能够有效应对电网故障，维持电力供应的稳定性和连续性。

3）离网转并网切换时间

离网转并网切换时间试验的主要目的是评估移动式电化学储能系统从独立运行状态（离网模式）转换到与电网连接状态（并网模式）的速度和稳定性。这种切换在实际应用中常见于移动式电化学储能系统需要重新接入电网供电的情况，如在电网故障恢复后。

（1）试验方法：根据 GB/T 36545—2023 第 7.5.2.3 条，首先断开并网开关，设置移动式电化学储能系统为离网运行模式，并调节其交流端口电压至额定电压。在满足同期条件后，通过调节交流阻性负载功率至额定功率并持续运行 2min，随后下发离网转并网运行指令。数据采集装置记录关键参数后，计算从满足同期条件到移动式电化学储能系统放电电流稳定的时间间隔，评估切换速度。此外，还在不同功率点重复测试以全面评估性能。

根据 GB/T 36545—2023 第 6.3.2.2 条，移动式电化学储能系统应在满足同期条件后，由离网模式转换为并网运行模式，切换时间宜不超过 200ms。

（2）关注重点：①切换过程的迅速性和平稳性，以避免对电网造成冲击或影响移动式电化学储能系统的正常运行。通过测量从满足并网条件到实际完成并网操作的时间，可以评估移动式电化学储能系统的响应速度和控制系统的高效性。②试验还关注在不同负载条件下移动式电化学储能系统的表现，以验证其在各种实际运行场景中的可靠性和稳定性。

这些性能指标对于确保电网故障恢复后移动式电化学储能系统能够快速投入运行，维持电力供应的连续性和稳定性至关重要。整个切换过程应在极短的时间内完成，标准规定不应超过 200ms，以减小对电网和用户的影响。

3. 功率控制

功率控制试验的主要目的是评估移动式电化学储能系统对有功功率的调节能力。这种调节能力是移动式电化学储能系统在实际运行中，特别是与电网互动时，维持电网稳定、响应电网调度指令的关键因素。通过试验，可以验证移动式电化学储能系统在不同功率设定值下的控制准确性、响应速度和调节平稳性。

根据 GB/T 36545—2023 第 7.5.3 条，移动式电化学储能系统的功率控制性能按照 GB/T 36548—2024 规定的方法进行检测。根据 GB/T 36548—2024 第 7 条，功率控制分为有功功率控制、无功功率控制和功率因数调节能力。

1）有功功率控制

（1）试验方法：在有功功率调节能力测试中，核心目的是观察移动式电化学储能系统在不同功率设定下的响应特性和控制精度，需要在充电和放电状态下分别重复测试。通过监控系统下发控制指令，充电/放电状态的测试需要先设置移动式电化学储能系统以 0、25% P_n、50% P_n、75% P_n、P_n、75% P_n、50% P_n、25% P_n、0 逐级充电/放电，每个功率控制点持续运行 30s，利用数据采集装置记录每个功率控制点的电压和电流，以 20ms 为周期计算每个功率控制点后 15s 的有功功率平均值，绘制有功功率变化曲线。

通过该试验，可以计算得到移动式电化学储能系统在各功率控制点的控制偏差、响应时间和调节时间等关键数据。这些数据反映了系统在功率调节过程中的稳定性、快速性和准确性。

（2）关注重点：重点关注的是控制精度、响应时间和调节时间。控制精度直接影响移动式电化学储能系统与电网的协调性和稳定性，响应时间和调节时间则反映了移动式电化学储能系统的快速反应能力和调节效率。这些性能指标对于移动式电化学储能系统在电网中的实际应用至关重要，特别是在需要快速响应电网需求变化、参与调频调峰等辅助服务时。

通过全面的功率控制测试，可以确保移动式电化学储能系统在各种运行场景下都能提供可靠、高效的有功功率支持，从而维护电网的安全与稳定。

2）无功功率控制

无功功率调节能力试验的目的是评估移动式电化学储能系统在充电和放电模式下对无功功率的调节性能。无功功率的调节对电力系统的稳定运行和电能质量的保障至关重要，尤其体现在维持电网电压稳定、减少线路损耗和提高系统效率方面。

（1）试验方法：在充电模式试验中，包含感性无功功率和容性无功功率测试。首先将移动式电化学储能系统设置为充电状态，并且有功功率设定为 P_n。随后，感性无功功率/容性无功功率从 0 开始，逐级递增至输出最大感性无功功率/最大容性无功功率，记录每个无功功率控制点的电压和电流，以 20ms 为周期计算每个无功功率控制点后 15s 的无功功率平均值和无功功率偏差。分别重新设置有功功率在 90% P_n、80%P_n、70% P_n、60%P_n、50% P_n、40% P_n、30% P_n、20% P_n、10% P_n 和 0，重复以上感性无功功率和容性无功功率的测试步骤，以全面评估移动式电化学储能系统在不同充电功率下的无功功率调节能力。通过这些测试数据，可以绘制出移动式电化学储能系统的功率包络图，直观地展示系统在不同充电功率下的无功功率输出范围。

放电模式测试与充电模式测试类似，只需将移动式电化学储能系统设置为放电状态。通过在不同放电功率下调节无功功率的输出，可以进一步验证移动式电化学储能系统在放电过程中的无功功率调节性能。

（2）关注重点：无功功率调节能力试验关注的是移动式电化学储能系统在不同工作模式下（充电和放电）对无功功率的精确控制和调节能力。重点考察的是移动式电化学储能系统在不同有功功率输出下，其无功功率的调节范围和稳定性。

通过该试验，可以验证移动式电化学储能系统是否能够在各种运行条件下提供必要的无功支持，以维护电网的电压稳定和电能质量。

3）功率因数调节能力测试

功率因数调节能力测试旨在评估移动式电化学储能系统在不同有功功率输出下，对其功率因数进行调节的性能。功率因数是衡量电力系统中有功功率与视在功率之比的参数，它反映了系统中有功与无功功率的平衡情况。因此，对移动式电化学储能系统进行功率因数调节能力的测试，可以确保系统在实际运行中能够有效地控制功率因数，从而提升电能质量和整个系统的运行效率。

（1）试验方法：在进行功率因数调节能力试验时，首先需要将移动式电化学储能系统与模拟电网装置相连，并确保所有参数处于正常工作条件。试验步骤主要包括两个阶段：放电测试和充电测试。在每个阶段中，都需要设置移动式电化学储能系统以 P_n 放电，持续运行 2min，然后功率因数由 1.0 逐级调节至超前 0.90，调节幅度为 0.01，再由超前 0.90 调节至 1.0，调节幅度为 0.01，每个功率因数控制点持续运行 2min；随后设置功率因数由 1.0 逐级调节至滞后 0.90，调节步长为 0.01，再由滞后 0.90 调节至 1.0，调节幅度为 0.01，每个功率因数控制点持续运行 2min。在调节过程中，需要测量并记录移动式电化学储能系统实际输出的功率因数，出现电压达到限值时，则停止功率因数调节。

（2）关注重点：功率因数调节能力试验关注的是移动式电化学储能系统在不同有功功率输出下对功率因数的精确控制和调节能力。重点考察的是移动式电化学储能系统是否能够在规定的范围内稳定、准确地调节功率因数。

通过该试验，可以全面评估移动式电化学储能系统在功率因数调节方面的性能，为系统的优化设计和实际应用提供有力的数据支持。同时，这也有助于确保移动式电化学储能系统在实际运行中能够有效地控制功率因数，提高电能质量和系统的整体效率。

4. 谐波电流

谐波电流试验是评估移动式电化学储能系统在并网运行条件下对电网注入的谐波电流水平的重要试验。谐波电流的存在可能对电网产生多方面的负面影响，包括降低电网效率、损坏设备以及引发电能质量问题。因此，严格控制谐波电流至一定水平以下，对于确保电网的安全和稳定运行至关重要。

1）试验方法

根据 GB/T 36545—2023 第 7.5.4 条，谐波电流试验需要遵循一系列明确的步骤。首先，按照指定的电路图连接检测电路并设置移动式电化学储能系统的运行模式。在放电模式和充电模式下，分别调节电网模拟装置的输出电压至移动式电化学储能系统交流端口的额定电压，并设置不同的有功功率输出点（$33\%P_n$、$66\%P_n$ 和 $100\%P_n$）进行测试。在每个功率点，利用数据采集装置记录 10min 内的各次谐波电流，并计算总谐波电流。

根据 GB/T 36545—2023 第 6.3.4.1 条，移动式电化学储能系统在并网运行条件下，交流端口注入的总谐波电流应不大于 $5\%I_n$，各次谐波限值应满足标准要求，注入的谐波电流不应包括交流电网谐波电压畸变引起的谐波电流。

2）关注重点

谐波电流试验的关注重点是确保移动式电化学储能系统在并网运行时注入电

网的谐波电流不超过规定的限值，特别是总谐波电流不超过 5%的额定电流，并且各次谐波电流也需严格满足标准中规定的限值，以维护电网的稳定性和电能质量，同时排除电网谐波电压畸变对测试结果的影响。

通过该试验，可以了解系统在并网运行时产生的谐波电流情况，从而判断其是否符合国家标准，不仅有助于保障电力系统的稳定运行，还能减少谐波对电网和其他设备的不良影响。

5. 间谐波电压

间谐波是非整数倍基波频率的电压或电流分量，可能对电网造成不利影响，如引起设备的过热、振动、噪声等问题。因此，对移动式电化学储能系统进行间谐波电压测试可以确保其在并网运行时不会对电网造成不良影响。间谐波电压测试的目的是评估移动式电化学储能系统在并网运行条件下，其交流端口产生的间谐波电压情况。

1）试验方法

根据 GB/T 36545—2023 第 7.5.5 条，首先按照指定的电路图连接检测电路，并设置移动式电化学储能系统运行模式为放电模式。随后，调节电网模拟装置的输出电压以匹配移动式电化学储能系统交流端口的额定电压。为全面了解移动式电化学储能系统在不同功率输出下的间谐波电压情况，试验设置 3 个有功功率输出点：33%P_n、66%P_n 和 100%P_n。在每个功率点，系统都会持续运行 10min，以便数据采集装置能够按照 GB/T 24337 规定的方法准确地检测并记录间谐波电压数据。完成放电模式下的测试后，将移动式电化学储能系统运行模式设置为充电模式，并重复上述测试步骤。

2）关注重点

间谐波电压试验的关注重点是确保移动式电化学储能系统在并网运行时产生的间谐波电压符合相关标准，以避免对电网造成不良影响。特别需要关注的是在不同功率点和运行模式下，移动式电化学储能系统交流端口产生的各次间谐波电压的情况。

通过试验，可以筛选出那些可能产生过量间谐波电压的设备，从而保护电网的稳定性和设备的安全运行。同时，该试验也为移动式电化学储能系统的设计和优化提供了重要依据。

6. 谐波电压

谐波电压试验的目的是评估移动式电化学储能系统在并网和离网两种模式下运行时，其交流端口产生的谐波电压情况。谐波电压是电能质量的重要指标之一，过高的谐波电压可能导致电网中的设备性能下降、过热甚至损坏，同时也会影响其他电气设备的正常运行。

该试验分别在并网模式和离网模式下进行，旨在检测移动式电化学储能系统在不同运行模式下的谐波电压表现。在并网模式下进行谐波电压试验的主要目的是评估移动式电化学储能系统在接入电网并运行时，其产生的谐波电压对电网电能质量的影响。离网模式下的谐波电压试验的主要目的是检查移动式电化学储能系统在离网运行时产生的谐波电压是否符合相关标准，以确保为负载提供稳定的电力。

1）试验方法

根据 GB/T 36545—2023 第 7.5.6.1 条，在并网模式下试验步骤包括设置移动式电化学储能系统的运行模式、调节电网模拟装置的输出电压、设置移动式电化学储能系统的交流端口输出有功功率，利用数据采集装置检测谐波电压并计算电压总谐波畸变率；在离网模式下实验步骤包括设置移动式电化学储能系统的运行模式、调节交流阻性负载功率、利用数据采集装置检测谐波电压并计算电压总谐波畸变率。

根据 GB/T 36545—2023 第 6.3.4.2.1 条，移动式电化学储能系统在并网运行时，交流端口的电压总谐波畸变率应符合 GB/T 14549 的规定，间谐波电压应符合 GB/T 24337 的规定；根据 GB/T 36545—2023 第 6.3.4.2.2 条，移动式电化学储能系统在离网运行时，在空载和额定平衡阻性负载条件下，交流端口的电压总谐波畸变率应不超过 3%。

2）关注重点

并网模式下谐波电压试验的关注重点在于确保移动式电化学储能系统在不同功率输出和运行模式下产生的谐波电压符合国家标准，以减小对电网的谐波污染，保障电网的稳定运行和电能质量。通过精确测量各次谐波电压含有率和电压总谐波畸变率，可以有效评估移动式电化学储能系统的性能，并确保其在实际并网应用中不会对电网造成不良影响。

离网模式下谐波电压试验的关键关注点是移动式电化学储能系统在空载和满载状态下的电压总谐波畸变率。这一指标直接反映了移动式电化学储能系统输出的电能质量，对于确保负载设备的正常运行至关重要。通过本试验，可以有效评估移动式电化学储能系统在离网模式下的性能表现，并筛选出那些可能存在电能质量问题的设备，从而保障用电设备的安全和稳定运行。

7. 直流分量

直流分量试验的目的是检测移动式电化学储能系统在并网运行时交流端口电流中的直流电流分量。直流电流分量是电能质量的重要指标，其存在可能会对电网中的变压器和其他设备造成不良影响，如引起偏磁、增加设备损耗、导致设备过热等。本试验旨在确保移动式电化学储能系统输出的交流电中直流分量符合标准要求，以保障电网的安全稳定运行。

1）试验方法

根据 GB/T 36545—2023 第 7.5.7 条，直流分量试验的步骤包括首先连接检测电路并闭合开关，设置储能系统运行模式为放电模式，并调节电网模拟装置输出电压至移动式电化学储能系统交流端口的额定电压。在输出额定有功功率的条件下，保持系统运行 10min。在此期间，使用数据采集装置以 200ms 为周期记录交流端口电流的直流分量有效值，并计算 10min 内所有数据的平均值作为试验结果。

2）关注重点

①确保移动式电化学储能系统在并网运行时，移动式电化学储能系统交流端口电流中的直流电流分量不超过交流端口额定电流的 0.5%，该限制是为了防止直流分量对电网设备造成损害，保障电网的稳定性和设备的安全；②验证移动式电化学储能系统在不同功率输出水平下的直流分量控制精度和稳定性，确保在整个测试周期内直流分量的水平保持在可接受的范围内；③准确测量直流分量，确保数据的准确性和测试的有效性，从而评估移动式电化学储能系统对电网质量的影响。

通过本测试，可以有效监控移动式电化学储能系统的电能质量，及时发现并处理潜在的直流分量问题，从而确保电网的正常运行和设备的长期使用。

8. 电压偏差

电压偏差是衡量电力系统或电源设备输出电压与其额定电压之间差异的重要指标。对于移动式电化学储能系统来说，电压偏差的试验在并网和离网模式下都至关重要，因为它直接关系到移动式电化学储能系统输出的电能质量以及与之相连的设备和负载能否正常运行。

1）并网模式

并网模式下的电压偏差试验旨在评估移动式电化学储能系统在接入电网并运行时，其交流端口电压与电网额定电压之间的偏差情况，以维护电网的稳定性和设备的安全。

（1）试验方法：根据 GB/T 36545—2023 第 7.5.8.1 条，试验步骤包括设置移动式电化学储能系统在放电模式下运行，调节电网模拟装置输出电压至移动式电化学储能系统交流端口的额定电压，在不同功率点（33%P_n、66%P_n和 100%P_n）下运行 10min 并记录电压偏差。然后设置移动式电化学储能系统在充电模式下运行，重复上述步骤。

（2）关注重点：试验重点关注在不同功率输出（33%P_n、66%P_n和 100%P_n）和运行模式（放电和充电）下，移动式电化学储能系统交流端口的电压偏差是否符合 GB/T 12325 的规定。通过精确测量各功率点的电压偏差，可以有效评估移动式电化学储能系统对电网电压稳定性的影响，并确保在实际并网应用中不会对电网造成不良影响。

2）离网模式

在离网环境中，移动式电化学储能系统作为唯一的电源，其输出的电能质量直接关系到所连接负载的正常运行。离网模式下的电压偏差试验是为了评估移动式电化学储能系统在独立供电状态下，其输出的电压与额定电压之间的偏差情况。

（1）试验方法：根据 GB/T 36545—2023 第 7.5.8.2 条，试验步骤包括设置移动式电化学储能系统在离网模式下运行，调节交流阻性负载功率在 0%P_n 和 100%P_n 条件下，每个功率点保持运行 10min，并记录电压偏差和相位偏差。

根据 GB/T 36545—2023 第 6.3.4.4.2 条的规定，移动式电化学储能系统在离网运行时，无论是空载还是满载，交流端口的电压偏差应不超过额定电压的±5%，相位偏差应小于 3°。

（2）关注重点：离网模式下电压偏差测试的关注重点是移动式电化学储能系统在空载和满载状态下的电压偏差和相位偏差。电压偏差应不超过额定电压的±5%，相位偏差应小于 3°，以确保为负载提供稳定、高质量的电力。这些限制条件是为了确保在离网状态下，移动式电化学储能系统能够为负载提供稳定、可靠的电力供应，避免因电压偏差过大而导致设备故障或性能下降。

通过本试验，可以有效评估移动式电化学储能系统在离网模式下的性能表现，从而保障用电设备的安全和稳定运行。

9. 电压不平衡度

电压不平衡度是衡量电力系统电能质量的重要指标之一，反映了三相电压之间不平衡程度。对于移动式电化学储能系统来说，无论是在并网模式还是离网模式下，电压不平衡度的控制都是至关重要的，因为其直接影响到系统的稳定性和负载设备的正常运行。通过并网模式和离网模式下的电压不平衡度试验，可以全面评估移动式电化学储能系统的电压平衡性能。

1）并网模式

并网模式下的电压不平衡度试验的目的是确保移动式电化学储能系统在并网运行时的电压不平衡度符合国家标准，以维护电网的安全和设备的稳定运行。

（1）试验方法：根据 GB/T 36545—2023 第 7.5.9.1 条，首先，通过特定的检测电路连接和设置，确保试验环境的准确性。随后，在不同功率输出点（33%P_n、66%P_n 和 100%P_n）下，对电压不平衡度进行持续监测 10min。该过程中，运用数据采集装置，按照 GB/T 15543 规定的方法检测电压不平衡度。

（2）关注重点：并网模式下电压不平衡度试验的关键关注点在于确保移动式电化学储能系统在不同功率输出和运行模式下的电压不平衡度符合 GB/T 15543 的规定。

通过精确测量各功率点的电压不平衡度，可以有效评估移动式电化学储能系统对电网电压稳定性的影响，确保其在实际并网应用中不会对电网造成不良影响。该试验环节对于移动式电化学储能系统的安全运行、设备保护以及电网的整体稳定性至关重要。

2）离网模式

离网模式下的电压不平衡度试验旨在评估移动式电化学储能系统在独立供电状态下，其输出的三相电压之间的不平衡情况。电压不平衡度是衡量电能质量的关键指标，对于保护用电设备、确保稳定运行至关重要。

（1）试验方法：根据 GB/T 36545—2023 第 7.5.9.2 条，依据指定的检测电路图进行连接，确保试验环境的准确性。随后，将移动式电化学储能系统设置为离网模式，并在空载（0%P_n）和满载（100%P_n）两种状态下，分别进行持续 10min 的电压不平衡度监测。在该过程中，数据采集装置的运用和 GB/T 15543 规定检测方法的采用，是确保试验精确性的关键。

根据 GB/T 36545—2023 第 6.3.4.5.2 条，移动式电化学储能系统在离网运行时，在空载和额定平衡阻性负载条件下，交流端口的电压不平衡度应小于 2%，短时应不超过 4%。这一规定旨在确保移动式电化学储能系统在离网运行时能够提供稳定、高质量的电能供应，避免因电压不平衡度过大而导致设备故障或性能下降。

（2）关注重点：离网模式下电压不平衡度测试的关键关注点是移动式电化学储能系统在空载和满载状态下的电压不平衡度是否满足标准要求。

通过该试验，可以准确评估移动式电化学储能系统在离网模式下的电能质量，确保其在实际应用中为负载提供稳定、平衡的电力。

10. 电压波动和闪变

电压波动和闪变是衡量电能质量的重要指标，直接影响电力设备的运行稳定性和用户体验。该试验的目的是评估移动式电化学储能系统在持续运行过程中，其交流端口电压的稳定性和对电网电压波动及闪变的影响。

1）试验方法

持续运行试验旨在评估移动式电化学储能系统在长时间连续工作过程中，其交流端口电压的稳定性以及对电网电压波动和闪变的影响。根据 GB/T 36545—2023 第 7.5.10.1 条，在充电和放电模式下分别通过数据采集装置记录每个功率点的电压波动和短时闪变值，并利用 GB/T 12326 规定的方法计算长时闪变。最终，取各功率点下的电压波动、短时闪变值的最大值和长时闪变值作为试验结果。这些结果能够直观反映移动式电化学储能系统在持续运行过程中的电能质量表现，为系统的优化和改进提供重要依据。

停机操作试验旨在评估移动式电化学储能系统在频繁启停过程中对电网电压

波动和闪变的影响。根据 GB/T 36545—2023 第 7.5.10.2 条，测试步骤包括在充电和放电模式下均于额定功率下每 10min 启动和停机一次，持续 12 次循环。同样地，利用数据采集装置记录每个循环中的电压波动和短时闪变值，并按照 GB/T 12326 规定的方法计算长时闪变。最终取各循环中的电压波动、短时闪变值的最大值和长时闪变值作为检测结果。这些结果有助于了解移动式电化学储能系统在频繁停机操作下的电能质量表现，为提升系统的稳定性和可靠性提供数据支持。

2）关注重点

电压波动和闪变试验的关键关注点在于确保移动式电化学储能系统在不同功率输出和运行模式下的电压波动和闪变值符合相关标准。过大的电压波动和闪变可能导致设备故障、生产效率下降以及用户体验不佳等问题。

本试验旨在确保移动式电化学储能系统在持续运行过程中能够提供稳定、高质量的电力输出，从而保障电网的安全稳定运行和用户的用电需求。通过精确测量各功率点的电压波动和闪变值，可以有效评估移动式电化学储能系统对电网电压稳定性的影响，并为其在实际应用中的优化提供参考依据。

11. 动态电压瞬变

动态电压瞬变试验旨在评估移动式电化学储能系统在负载急剧变化时，其输出电压的稳定性和响应速度。该试验模拟移动式电化学储能系统在实际应用中可能遇到的负载快速变化的情况，从而检测其输出电压的瞬态和稳态性能。

1）试验方法

根据 GB/T 36545—2023 第 7.5.11 条，将移动式电化学储能系统运行模式设置为离网模式，并通过快速调节交流阻性负载功率来模拟负载的急剧变化。在负载功率从 20%P_n 变化到 100%P_n，维持 2min 后再从 100%P_n 变化到 20%P_n，运行 2min，数据采集装置以每 20ms 为周期记录移动式电化学储能系统交流端口的电压有效值。通过计算负载增加和减少时 100ms 内的动态电压瞬变值以及 100ms 后的稳态电压偏差，可得到关于移动式电化学储能系统在负载急剧变化时输出电压稳定性的重要数据。这些数据不仅揭示了移动式电化学储能系统对负载变化的响应速度，还反映了其输出电压在瞬态和稳态下的性能表现。

2）关注重点

动态电压瞬变试验的关注重点在于移动式电化学储能系统在负载急剧变化时输出电压的稳定性和调节速度。当负载功率从 20%P_n 上升至 100%P_n 或从 100%P_n 下降至 20%P_n 时，移动式电化学储能系统输出电压有效值在 100ms 内与额定电压值的偏差应不大于±30%额定电压，100ms 后与额定电压值的偏差应不大于±10%额定电压。这一规定确保了移动式电化学储能系统在负载急剧变化时仍能保持输出电压的稳定性，从而满足实际应用中的需求。

通过本试验，可以有效评估移动式电化学储能系统在面对负载快速变化时，能够提供符合标准要求的稳定电压输出。

12. 离网并联

离网并联试验的目的是评估移动式电化学储能系统在并联运行时的电能质量和稳定性。当多套移动式电化学储能系统并联运行时，它们之间的协调性和相互影响是关键考虑因素。通过本试验，可以验证移动式电化学储能系统在并联运行时的电能质量是否满足相关标准。

1）试验方法

根据 GB/T 36545—2023 第 7.5.12 条，首先设定两套移动式电化学储能系统运行在离网模式，并调节交流阻性负载功率在不同功率点进行试验。在每个功率点下，利用数据采集装置对各种电能质量指标进行检测，并记录相关数据。这些数据包括电压总谐波畸变率、电压偏差、相位偏差、电压不平衡度、稳态电压偏差以及动态电压瞬变值等。离网并联试验涵盖了多个方面的检测，包括谐波电压、电压偏差、相位偏差、电压不平衡度以及动态电压瞬变等。这些试验项目能够全面评估移动式电化学储能系统在并联运行时的电能质量表现。

2）关注重点

在离网并联试验中，重点关注的是确保并联运行的移动式电化学储能系统能够在不同负载条件下维持一致且符合标准的电能质量。试验结果应验证系统间的同步性和协调性，确保在共享负载时电压稳定性不受损害。

通过该试验，可以确保移动式电化学储能系统在并联运行时具备良好的电能质量和稳定性，从而为用电设备提供可靠、高质量的电力支持。

13. 额定能量

额定能量测试的目的是评估移动式电化学储能系统在充放电过程中的能量效率和能量输出能力，从而确保系统在实际应用中能够提供预期的能量存储和输出。

1）试验方法

根据 GB/T 36545—2023 第 7.5.13 条，移动式电化学储能系统先在额定功率下放电至终止条件，随后在充电和放电模式下以额定功率充放电至截止条件，循环运行 3 次，直至达到充放电终止条件，同时记录每次循环中的充放电能量和辅助能耗。这些数据将用于计算移动式电化学储能系统的额定充电能量和额定放电能量，从而评估其性能。

2）关注重点

额定能量试验的关注重点在于确保移动式电化学储能系统在正常工作条件下输出的能量不低于其标称的额定能量。

额定能量测试是评估移动式电化学储能系统性能的重要环节之一，它直接关系到系统在实际应用中的能量存储和输出能力。该测试可以确保移动式电化学储能系统能够提供预期的能量存储和输出，从而满足各种应用场景的需求。

14. 能量转换效率

能量转换效率是衡量移动式电化学储能系统性能的关键指标，反映了系统在充放电过程中能量的有效利用程度。高效的能量转换效率表明移动式电化学储能系统在充放电过程中能量损失较小，有助于提升经济性和环保性。高效能量转换不仅减少能源浪费、降低运营成本，还减少热量产生，从而降低热衰减速度，延长系统寿命。

1）试验方法

根据 GB/T 36545—2023 第 7.5.14 条，首先将移动式电化学储能系统在放电模式下运行至放电终止条件，然后切换到充电模式并充电至充电终止条件。在此过程中，需要记录移动式电化学储能系统充电的能量和辅助能耗，以及放电的能量和辅助能耗。

2）关注重点

能量转换效率测试的关注重点在于确保移动式电化学储能系统在特定环境条件下（如环境温度 25℃±2℃、海拔不超过 1000m、相对湿度不超过 95%且无凝露）的能量转换效率不低于 85%。这是评估移动式电化学储能系统的重要指标，因为它直接反映了系统在能量转换过程中的效率。

通过能量转换效率试验，可以全面了解移动式电化学储能系统在实际运行中的能量利用效率，确保其在储能和释能过程中的能源损耗最小化，从而提高系统的整体性能和经济性。

15. 噪声

噪声试验是评估移动式电化学储能系统在实际运行中产生的噪声水平是否符合标准要求的重要测试。低噪声水平不仅可以减少对周围环境的影响，提高用户的使用体验，还有助于提升移动式电化学储能系统的环保性能。

1）试验方法

根据 GB/T 36545—2023 第 7.5.15 条，首先需要关闭机动车辆发动机并确保背景噪声低于作业噪声允许值的 10dB，以排除外界干扰。随后，在移动式电化学储能系统以额定充电和放电功率运行时，分别在距离系统 1m 和 7m 的位置，距离地面 1.6m 的高度，使用 A 计权声压级测量噪声值。这些精确的测量位置和条件选择，旨在全面反映移动式电化学储能系统在不同工作状态下对周围环境产生的噪声影响。通过对比测量结果与标准要求的噪声限值，能够准确评估移动式电化学储能系统的噪声性能，确保其符合环保和用户体验的双重标准。

根据 GB/T 36545—2023 第 6.3.8 条，在机动车辆熄火的情况下，移动式电化学储能系统以额定充电功率及额定放电功率运行时，沿厢体径向方向两侧和厢体后侧 1m，距地面 1.6m 处的 A 计权声压级噪声应不大于 65dB；沿厢体径向方向两侧和厢体后侧 7m，距地面 1.6m 处的 A 计权声压级噪声应不大于 60dB。

2）关注重点

①确保试验环境满足标准要求，包括关闭可能产生噪声的其他设备，如机动车辆发动机，并确保背景噪声值低于作业噪声允许值 10dB；②选择合适的测量点，包括 1m 和 7m 处的各三个测量点，并确保测量高度为距地面 1.6m；③声压级噪声值满足标准要求。

通过此试验，可以有效地评估移动式电化学储能系统在实际运行中的噪声水平，确保其对周围环境的影响降到最低，同时提高用户的使用体验和系统的环保性能。

5.3.3 电磁兼容

电磁兼容试验旨在确保移动式电化学储能系统在受到各种电磁干扰时仍能正常工作，不会因电磁干扰而导致性能下降或发生故障。

1. 静电放电抗扰度

静电放电抗扰度试验用于评估移动式电化学储能系统在静电放电影响下的性能表现。根据 GB/T 36545—2023 第 7.6.1 条，在移动式电化学储能系统正常运行工况下，按照 GB/T 17626.2 规定的方法进行检测。

2. 电快速瞬变脉冲群抗扰度

电快速瞬变脉冲群抗扰度试验关注的是移动式电化学储能系统对快速电压变化的抵抗能力。根据 GB/T 36545—2023 第 7.6.2 条，在移动式电化学储能系统正常运行工况下，按照 GB/T 17626.4 规定的方法进行检测。

3. 射频电磁场辐射抗扰度

射频电磁场辐射抗扰度试验旨在评估移动式电化学储能系统在射频电磁场辐射环境下的性能。根据 GB/T 36545—2023 第 7.6.3 条，在移动式电化学储能系统正常运行工况下，按照 GB/T 17626.3 规定的方法进行检测。

4. 浪涌（冲击）抗扰度

浪涌（冲击）抗扰度试验评估的是移动式电化学储能系统对电压浪涌或瞬时过电压的抵抗能力。根据 GB/T 36545—2023 第 7.6.4 条，在移动式电化学储能系统正常运行工况下，按照 GB/T 17626.5 规定的方法进行检测。

5. 射频场感应的传导骚扰抗扰度

射频场感应的传导骚扰抗扰度试验评估移动式电化学储能系统在射频场感应环境中的抗扰能力。根据 GB/T 36545—2023 第 7.6.5 条，在移动式电化学储能系统正常运行工况下，按照 GB/T 17626.6 规定的方法进行检测。

6. 工频磁场抗扰度

工频磁场抗扰度试验用于评估移动式电化学储能系统在工频磁场环境下的稳定性和抗扰性能。根据 GB/T 36545—2023 第 7.6.6 条，在移动式电化学储能系统正常运行工况下，按照 GB/T 17626.8 规定的方法进行检测。

试验项目涵盖静电、电快速瞬变、射频辐射、浪涌、射频传导和工频磁场等多种干扰类型，旨在模拟系统在实际使用中可能遇到的各种电磁环境。通过严格的试验标准和性能判据，可以评估移动式电化学储能系统的电磁兼容性能是否满足设计要求和相关标准，从而确保移动式电化学储能系统在实际应用中的可靠性和安全性。

5.3.4 安全性能

1. 电气间隙和爬电距离

电气间隙和爬电距离是评估电气设备安全性能的重要指标，尤其是对于移动式电化学储能系统这样的复杂设备来说更为重要。电气间隙是指两个导电部件之间在空气中的最短距离，而爬电距离则是指两个导电部件之间沿绝缘材料表面的最短距离。

1）试验方法

根据 GB/T 36545—2023 第 7.7.1 条，在测量前，必须确保移动式电化学储能系统的所有对外连线已拆除或断开，并进行接地放电，以保证测量过程的安全性。随后，使用游标卡尺或直角尺等精确测量工具，按照 GB/T 16935.1 规定的方法对各电路之间以及带电部件、接地部件之间的功能绝缘、基本绝缘或附加绝缘和加强绝缘的电气间隙和爬电距离进行测量，并取所有测得的电气间隙和爬电距离作为检测结果。

根据 GB/T 36545—2023 第 6.5.1.1 条，移动式电化学储能系统各电路之间以及带电部件、接地部件之间的功能绝缘、基本绝缘或附加绝缘的最小电气间隙应满足标准中附录表的要求。海拔 2000m 和以上使用的移动式电化学储能系统，电气间隙应根据标准中附录表修正因子进行修正。加强绝缘的电气间隙应根据基本绝缘更高一级的冲击耐受电压、1.6 倍的暂时过电压、1.6 倍的工作电压三者中最严酷的工况确定。

2）关注重点

该试验包括精确测量各电路之间以及带电部件与接地部件之间的功能绝缘、基本绝缘、附加绝缘和加强绝缘的电气间隙与爬电距离，并保证它们满足相关标准要求，以防止电气故障、电击及潜在的火灾风险，确保移动式电化学储能系统的安全性和可靠性。

总的来说，电气间隙和爬电距离的测量和规定是为了确保移动式电化学储能系统在运行过程中具有足够的安全性，防止因电气部件之间的距离过小而导致的电气故障或安全事故。通过严格遵守国家标准中的相关规定，可以有效提升系统的安全性能。

2. 绝缘电阻

绝缘电阻试验旨在检查移动式电化学储能系统内部电路及元件的绝缘状态，确保在正常工作或异常情况下，不会发生电流泄漏或短路，从而保障使用者和设备的安全。

1）试验方法

根据 GB/T 36545—2023 第 7.7.2 条，首先需要拆除或断开移动式电化学储能系统的所有对外连线并进行接地放电，以确保试验安全。然后断开所有过电压保护器件（如压敏电阻），避免影响测试结果。然后，在系统各电路与接地部件之间以及各电路之间施加表 5-1 规定的直流试验电压，并持续 1min，记录下所有测得的绝缘电阻值。最终，取这些值中的最小值作为试验结果。

表 5-1　绝缘电阻试验电压等级（U_i 为被测电路工作电压）

额定绝缘电压等级 U_i/V（交流有效值/直流）	绝缘电阻试验电压/V
$U_i \leqslant 60$	250
$60 < U_i \leqslant 250$	500
$250 < U_i \leqslant 1000$	1000
$U_i > 1000$	2500

根据 GB/T 36545—2023 第 6.5.2.1 条，移动式电化学储能系统各独立电路与外露的可导电部分之间，以及与各独立电路之间，应能承受绝缘电阻试验设备施加根据标准规定的直流电压持续 1min，绝缘电阻值应符合以下要求：

（1）当 $U_i \leqslant 1000$V 时，绝缘电阻值 $\geqslant 1$MΩ；

（2）当 $U_i > 1000$V 时，绝缘电阻值 $\geqslant 1000$Ω/V。

2）关注重点

①试验前的准备：在进行绝缘电阻测试之前，需要确保移动式电化学储能系

统的所有对外连线都已拆除或断开，并进行接地放电。同时，为了得到准确的测试结果，还需要断开压敏电阻等过电压保护器件。②试验电压的选择：根据被测电路的额定绝缘电压等级 U_i，选择合适的绝缘电阻试验电压。这是为了确保测试能够真实反映系统在实际工作电压下的绝缘性能。③绝缘电阻的测量：在施加直流试验电压并持续 1min 后，记录绝缘电阻值。这个值反映了系统在当前电压下的绝缘性能。需要注意的是，应取所有测得的绝缘电阻中的最小值作为检测结果，因为这个最小值代表了系统绝缘性能的最薄弱环节。④绝缘电阻的要求：为了确保系统在实际运行中能够保持良好的电气安全性能，对于不同电压等级的系统，绝缘电阻值有不同的要求。

绝缘电阻试验可以准确评估系统的绝缘性能，从而保障使用者和设备的安全。

3. 工频耐压

工频耐压试验能够模拟设备在正常工作中可能遇到的电压波动，从而检验设备的绝缘系统是否足够强大，能否在异常电压条件下保持正常运行。

1）试验方法

根据 GB/T 36545—2023 第 7.7.3 条，首先需要拆除或断开移动式电化学储能系统的所有对外连线，并进行接地放电，以确保试验安全。接着，断开所有过电压保护器件，如压敏电阻，以免影响测试结果。然后，在系统的不同电路之间以及电路与可接触外壳之间施加表 5-2 规定的交流试验电压，试验电压的波形应为 50Hz 的标准正弦波形，持续时间为 1min。如果在试验路径中有电容器，试验可以采用直流电压。最后，记录在试验过程中是否发生击穿或其他破坏性放电现象。

表 5-2 移动式电化学储能系统工频耐受电压试验电压

系统电压（交流）/V	对基本绝缘电路进行型式试验和所有出厂试验电压/V		对双重绝缘或加强绝缘电路进行型式试验电压/V	
	交流有效值	直流	交流有效值	直流
≤50	1250	1770	2500	3540
100	1300	1840	1600	3680
150	1350	1910	2700	3820
300	1500	2120	3000	4240
600	1800	2550	3600	5090
1000	2200	3110	4400	6220
3600	10000	14150	16000	22650
7200	20000	28300	32000	45300
12000	28000	39600	44800	63350

2）关注重点

工频耐压试验的关注重点是系统在规定电压下的绝缘性能和耐受能力。测试应确保系统在持续 1min 的工频耐压试验中不发生击穿或其他破坏性放电现象。这是评估移动式电化学储能系统电气安全性的又一关键指标，直接关系到系统的稳定性和使用者的安全。

工频耐压试验可以准确评估系统在异常电压条件下的绝缘性能，从而确保系统的安全稳定运行。

4. 保护连接

保护连接测试旨在验证移动式电化学储能系统的保护接地是否有效，并测量保护连接的电阻值以及试验电流的耐受情况。

1）试验方法

根据 GB/T 36545—2023 第 7.7.4 条，试验包括拆除或断开系统的对外连接，使用接地电阻试验仪测量接地端子与系统可接触导电部位之间的电阻值，并施加规定的试验电流（过电流保护值 2 倍和 32A 中的较大值）以检验保护连接的耐受能力。

根据 GB/T 36545—2023 第 6.5.3.1 条，内部等电位保护连接应采用以下连接方式之一：

（1）通过金属部件直接接触；

（2）通过使用时不会被拆卸的其他导电部件连接；

（3）通过专用等电位保护连接导体连接；

（4）可接触导电部件通过等电位保护连接到外部保护接地极的电阻不超过 0.1Ω。

2）关注重点

测试重点在于验证保护接地的有效性及电阻值是否符合标准。保护接地端子与可接触导电部位之间的电阻值应不超过规定限值，且保护连接需能承受规定试验电流一段时间（当电流低于 30A，持续 2min；31～60A，持续 4min；61～100A，持续 6min；101～200A，持续 8min；200A 以上，持续 10min）而无损坏或断路现象。这些指标直接关系到在异常情况下系统的安全性能和使用者的安全。

此试验可以有效地评估移动式电化学储能系统的保护连接性能，确保其在发生电气故障时能够提供有效的接地保护，从而保障使用者和设备的安全。

5. 接地

接地是系统电气安全的基本保障，它能确保在设备发生绝缘故障时，故障电流能够安全地导入大地，从而保护人员和设备的安全。接地试验主要检查接地线的规格、接地装置的连接情况以及接地电阻的值，这些都是评估接地系统有效性的关键参数。

1）试验方法

根据 GB/T 36545—2023 第 7.7.5 条，首先需要检查接地线的规格，包括长度和截面积，以及接地棒的长度和直径，确保它们符合设计要求和标准规定。接着，将接地线一端连接到移动式电化学储能系统的厢体外壳，另一端进行接地，以形成完整的接地回路。此外，还需要检查系统内部所有电气设备的接地情况，并测量记录接地电阻值，以验证接地系统的有效性。

根据 GB/T 36545—2023 第 6.5.3.2 条，移动式电化学储能系统应配有专用的厢体接地装置，接地电阻不应大于 4Ω。

2）关注重点

接地测试的关注重点是接地电阻值和接地装置的合规性。测试应确保接地电阻不超过 4Ω，并且接地装置应连接良好、符合标准要求。接地电阻的大小直接影响到接地系统的效果，电阻过大可能导致故障电流无法及时导入大地，从而危及人员和设备的安全。因此，测试人员应严格按照测试步骤进行操作，准确测量并记录接地电阻值和其他相关参数，以便后续分析和改进。同时，对于接地装置的连接情况和合规性也应进行仔细检查，确保其符合相关标准和安全要求。

通过此试验，可以有效地评估移动式电化学储能系统的接地性能，确保其在发生电气故障时能够提供有效的保护，从而保障使用者和设备的安全。

5.3.5 外观及机械性能

1. 外观

外观的完整性、清晰度和规范性不仅影响美观，还直接关系到用户的安全使用。焊接质量和油漆表面的光滑度也是评估制造工艺和防腐性能的重要指标。

1）试验方法

根据 GB/T 36545—2023 第 7.8.1 条，检查内容包括确认标牌、标志和标记的完整性和清晰度，文字和符号的整齐性、规范性和正确性，以及外观和结构是否存在变形、剥落、锈蚀及裂痕等现象。

2）关注重点

①确保所有标牌、标志和标记都清晰可见，易于识别，以便用户能够快速了解设备的关键信息和操作指引；②检查文字和符号是否整齐、规范、正确，以避免误导用户或造成操作错误；③观察设备外观和结构，确保没有明显的变形、剥落、锈蚀或裂痕等问题，这些问题可能会影响设备的结构强度和使用寿命；④确

认焊接部位的牢固性和焊缝的均匀性，避免漏焊、咬边、气孔、飞溅等焊接缺陷，这些缺陷可能会降低设备的强度和耐久性；⑤检查厢体外部油漆表面是否光滑、平整、颜色均匀，确保没有流挂、漏底、针孔等涂装缺陷，这些问题可能会影响设备的防腐性能和美观性；⑥验证厢体表面的防腐蚀镀层或涂层是否完整有效，这对于提高设备在各种环境下的耐用性至关重要。

通过上述检查，可以确保移动式电化学储能系统的外观不仅满足要求，更重要的是符合安全和耐用性的标准，为用户提供安全可靠的产品和服务。

2. 防护等级

防护等级试验能够确保移动式电化学储能系统在恶劣的天气或工作环境下仍能保持正常运行，防止水分、灰尘等外部因素对系统造成损害。

1）试验方法

根据 GB/T 36545—2023 第 7.8.2 条，对厢体的 IP 防护等级进行检测，测试方法遵循 GB/T 4208 的规定，包括对厢体的封闭性、防尘和防水性能进行评估。如果测试条件不具备，可以采用提供样机的方法进行等效检测，以确保试验结果的有效性。对于工业用插头插座，其防护等级同样按照 GB/T 4208 的规定进行检测，确保满足规定的防护等级要求。

2）关注重点

①确保厢体采用整体全封闭结构，以满足 GB/T 4208 中 IP54 的防护等级要求，这意味着厢体应具备良好的防尘和防溅水性能；②工业用插头插座的防护等级应达到 GB/T 4208 中 IP65 的规定，即能够防止尘埃进入并承受喷水冲击，这对于户外使用或恶劣环境下的设备尤为重要；③注意检查所有可能的进入点，包括缝隙、连接处和开口，确保它们都符合规定的防护等级；④考虑到移动式电化学储能系统可能会在多种环境下使用，测试时应模拟不同的环境条件，如湿度、温度变化、盐雾等，以全面评估防护等级。

3. 结构稳定性

结构稳定性测试旨在验证移动式电化学储能系统在各种倾斜和机械应力下的稳定性和可靠性。集装箱机械接口和厢体固定连接方式的检测是确保结构完整性的关键。此外，检查厢体门、锁的灵活性和侧开门板限位装置也是评估系统易用性和安全性的重要步骤。

1）试验方法

根据 GB/T 36545—2023 第 7.8.3 条，试验内容包括对集装箱机械接口的检测、厢体固定连接方式的评估、厢体门和锁的灵活性检查，以及侧开门板限位装置的功能验证。此外，还需要在系统处于倾斜状态时进行运行试验，以模拟实际使用中可能遇到的极端情况。

2）关注重点

①确保集装箱机械接口符合 GB/T 5338.1 的规定，包括角件的数量、位置、强度和尺寸，这是保证厢体与运输工具或其他设备连接可靠性的关键。②根据 QC/T 252 的规定，检查厢体固定连接方式，确保连接牢固，能够承受运输和使用过程中可能产生的各种应力。③检查厢体门和锁的灵活性，确保操作顺畅，侧开门板限位装置能够有效工作，防止门板意外关闭或打开，影响使用安全。④测量并记录厢体与其连接平台的尺寸，确保两者的纵向中心平面重合，偏移量控制在规定范围内。⑤在系统处于纵向和横向水平倾斜条件下进行运行试验，验证系统在倾斜状态下的稳定性和可靠性，确保在实际使用中即使在不平坦的地面上也能安全运行。

通过此试验，可以有效地评估移动式电化学储能系统的结构稳定性，确保其在各种工作条件下均能安全稳定地运行，从而保障系统的可靠性和使用寿命。

4. 防振

移动式电化学储能系统可能会在各种路况下运输，因此防振试验至关重要。通过在四级公路和高速公路上进行实际行驶测试，可以模拟系统在运输过程中可能遇到的振动和冲击。测试后对各部件、零部件及系统外观的检查，以及启停机功能的复检，都是为了确保系统在振动环境下仍能保持正常工作状态。

1）试验方法

根据 GB/T 36545—2023 第 7.8.4 条，试验包括在不同等级的公路上以不同速度行驶特定里程，以及在试验结束后对系统进行全面检查和功能复检。

2）关注重点

①确保试验车辆和试验条件符合 GB/T 36545—2023 的规定，包括行驶的里程、路面类型和速度；②在四级公路和高速公路上进行行驶试验，以覆盖不同的路况和振动频率，更全面地评估系统的抗振性能；③行驶试验结束后，对系统的所有组件、零部件进行仔细检查，确保没有因振动而造成的损伤或松动；④检查紧固件、焊缝及铆钉是否有松动、开焊或损坏现象，这些是影响系统稳定性的关键因素；⑤验证工具、备附件的完整性，确保电器器件连接稳定，没有因振动而松动；⑤复检启停机功能，确保系统在经历振动后仍能正常启动和停止。

通过此试验，可以确保移动式电化学储能系统在实际应用中表现出色，满足用户的期望和需求。

5.3.6 接口

1. 电气接口

电气接口关乎到系统的安全、稳定运行以及能量的有效传输。电气接口试验旨在确保接口的完整性和性能达到预定的标准。

1）试验方法

根据 GB/T 36545—2023 第 7.9.1 条，检查板型接线端子或工业用插头插座接口的完整性，确保没有损坏或缺陷，这是保证电气连接稳定性的基础。检查直流充电接口的完整性，包括接口的结构、材料和工艺，确保其符合 GB/T20234.3 的规定，以支持安全高效的充电过程。进行电气接口相序的检查，按照 GB/T 20136 规定的方法，使用相序指示器验证接口的相序是否与标识一致，确保电气连接的正确性。

2）关注重点

①接口的完整性、材料和工艺是否符合相关标准，以及电气接口的相序是否正确，其中板型接线端子的材料和工艺应符合 GB/T 5273 的规定，工业用插头插座的电气间隙和爬电距离应符合 GB/T 11918.1 的规定，对于任何不符合要求的情况，都需要及时记录并采取相应的措施进行修复或更换；②注意直流充电接口是否符合国家标准，以确保充电过程的安全性和效率。

2. 通信接口

通信接口是移动式电化学储能系统的关键组成部分，它确保了系统内部以及系统与外部设备之间的数据传输和信息交换。

1）试验方法

根据 GB/T 36545—2023 第 7.9.2 条，试验包括在室温环境下连接移动式电化学储能系统与信号发生及采集装置，检查系统的显示信息，并通过发送和接收报文来监测通信接口的性能，同时核对通信协议是否符合标准规定。

根据 GB/T 36545—2023 第 6.7.2 条，通信接口满足以下要求：

（1）通信接口宜采用 CAN、RS-485、以太网通信接口和无线通信接口；

（2）通信协议应符合 DL/T 634.5104、DL/T 860（所有部分）和 GB/T 19582.3 等标准的规定。

2）关注重点

在进行通信接口试验时，应重点关注接口的物理连接是否稳固、通信协议是否符合相关标准、数据传输是否准确及时。对于发现的任何问题，都需要及时记录并修复，以确保通信接口的可靠性和高效性。同时，还需关注通信接口的安全防护措施，以防止数据泄漏或被恶意攻击。

该测试确保了移动式电化学储能系统通信接口的稳定性和可靠性，为系统的正常运行和数据监控提供了坚实的支撑。

5.3.7　环境适应性

1. 低温适应性

低温适应性试验旨在评估移动式电化学储能系统在极端低温条件下的性能和

稳定性，主要目的是确保移动式电化学储能系统在寒冷环境中能够正常工作，并且在温度恢复后能够迅速恢复到最佳工作状态。这对于在冬季或寒冷地区使用移动式电化学储能系统的用户而言尤为重要。

1）试验方法

根据 GB/T 36545—2023 第 7.11.1 条，首先将移动式电化学储能系统置于环境模拟装置中，并在−30℃的低温条件下静置 16h，以模拟寒冷环境对系统的影响。随后，环境模拟系统恢复在−20℃，静置 2h，然后在此条件下开启加热设备，待温度回升至 5℃时接通电源，并在放电和充电模式下分别运行 1h，记录系统的有功功率和报警情况。

2）关注重点

①确保环境模拟装置能够精确控制温度，并按照规定的速率进行温度变化，以确保测试条件的准确性；②检查系统在低温条件下的加热设备是否能够有效工作，以及系统在加热后能否迅速恢复到正常工作温度；③在放电和充电模式下运行系统时，密切关注系统的有功功率变化，确保系统能够稳定运行并提供预期的输出；④记录系统在低温条件下的报警情况，包括报警的类型、频率和处理结果，以评估系统在极端环境下的可靠性和安全性。

通过此试验，可以有效地评估移动式电化学储能系统在低温环境下的性能和适应性，确保系统即使在寒冷地区也能够安全、可靠地运行，满足用户的需求。

2. 高温适应性

高温适应性试验的主要目的是确保移动式电化学储能系统在高温环境中能够稳定运行，不会因为环境温度过高而导致性能下降或出现故障。这对于在热带地区或夏季高温条件下使用移动式电化学储能系统的用户来说尤为重要。

1）试验方法

根据 GB/T 36545—2023 第 7.11.2 条，将移动式电化学储能系统放置在环境模拟装置中，并在 40℃的高温条件下静置 16h，以模拟高温环境对系统的影响。开启系统的冷却设备，并接通电源，以确保系统在高温下仍能正常工作。随后，在放电和充电模式下分别运行系统 1h，并记录有功功率和报警情况，以评估系统在高温条件下的性能。

2）关注重点

①确保环境模拟装置能够精确控制温度，并维持在规定的 40℃高温条件下；②验证系统的冷却设备在高温环境下的有效性，确保系统能够在高温下稳定运行而不过热；③在放电和充电模式下运行系统时，密切关注系统的有功功率变化，确保系统能够稳定运行并提供预期的输出；④记录系统在高温条件下的报警情况，包括报警的类型、频率和处理结果，以评估系统在极端环境下的可靠性和安全性。

此试验可以有效地评估移动式电化学储能系统在高温环境下的性能和适应性，确保系统即使在炎热的夏季或热带地区也能够安全、可靠地运行，满足用户的需求。

3. 湿热适应性

湿热适应性试验是为了检验移动式电化学储能系统在潮湿和温度变化的环境下的稳定性和可靠性。该试验包括交变湿热和恒定湿热两种条件，模拟实际使用中可能遇到的复杂气候条件。

1）交变湿热

交变湿热试验通过模拟不断变化的湿度和温度环境，检验移动式电化学储能系统在此条件下的性能。

根据 GB/T 36545—2023 第 7.11.3.1 条，按照 GB/T 2423.4 规定的方法进行交变湿热检测，系统首先在高温 40℃下进行 48h 的湿热暴露，然后置于室温下静置 2h，以模拟温度变化对系统的影响。测试的目的是确保系统在经历温度和湿度变化后，其绝缘性能仍然符合要求，能够正常运行而不会出现性能下降或故障。

2）恒定湿热

恒定湿热试验则是在恒定的湿度和温度条件下进行测试，更侧重于评估系统在持续高湿高热环境中的稳定性。

根据 GB/T 36545—2023 第 7.11.3.2 条，系统按照 GB/T 2423.3 规定的方法进行恒定湿热检测，先在 40℃±2℃的温度和 93%±3%的相对湿度下静置 48h，随后在室温下静置 2h。此测试旨在评估系统在持续的高湿高热环境中的稳定性和可靠性。

在进行湿热适应性测试时，应重点关注绝缘电阻的变化，以评估电气部件在湿热环境下的安全性能；同时，要仔细观察并记录系统的运行状态，确保其能在这种条件下正常工作；最后，还需精确模拟实际使用环境中的温度、湿度等条件，以更准确地评估移动式电化学储能系统的性能和可靠性。

通过此测试，可以有效地评估移动式电化学储能系统在复杂气候条件下的性能和适应性，确保系统即使在湿热环境中也能够安全、可靠地运行，满足用户的需求。这对于移动式电化学储能系统的设计优化、性能提升和市场推广具有重要意义。

5.4　标准实施对移动式电化学储能系统行业的影响与意义

GB/T 36545—2023 的颁布与实施，对移动式电化学储能系统，尤其是锂离子电池储能系统领域，产生了深远的影响。这一标准不仅为整个行业提供了明晰的技术路标与操作规范，更在推动技术进步、产品升级以及行业健康发展等多个方面发挥了重要作用。

5.4.1 技术进步和产品升级

GB/T 36545—2023 为移动式电化学储能系统的技术演进指明了方向。该标准详尽地界定了系统的各项技术要求、测试流程以及性能指标，从而为企业提供了研发的蓝图。在这样的规范下，企业被激励着不断探索新技术、新方法，以提升产品的性能与质量。为了满足这一标准，企业不仅需要增加研发投入，更要致力于技术的持续创新，这无疑会推动整个行业技术水平的攀升。

GB/T 36545—2023 所设定的严格技术指标和质量要求，正促使企业不断提升其产品的品质。在这样的标准下，企业需要严格按照规范进行生产，确保产品的性能稳定、质量上乘、安全可靠。这种对质量的追求，不仅提升了行业整体的产品品质，更进一步增强了消费者对产品的信心，从而提高了市场的整体竞争力。

安全是移动式电化学储能系统的核心问题之一。GB/T 36545—2023 对移动式电化学储能系统的安全性能做出了明确规定，特别是在保护连接、接地等关键安全环节上。这些严格的安全要求，大大降低了产品在使用过程中的潜在风险，为消费者提供了更为坚实的安全保障。

5.4.2 市场规范

GB/T 36545—2023 的实施，对移动式电化学储能系统行业的市场规范产生了深远的影响。通过设定明确和统一的质量与技术要求，此标准有效地规范了市场秩序，为行业的良性竞争和持续发展奠定了坚实的基础。

该标准的实施确保了市场准入门槛的明确性和一致性。符合该标准的产品进入市场可以大大提高市场上移动式电化学储能系统的整体质量，避免因使用低质量产品而可能引发的安全风险。

此标准的推行也为行业内的竞争设定了公平的基准线。在统一的标准下，所有企业都需要按照相同的技术要求和质量标准进行产品的研发、生产和测试。这种公平竞争的环境有效地遏制了不正当竞争行为，如价格战、虚假宣传等，从而确保了市场的稳定和健康发展。

5.4.3 行业健康发展

GB/T 36545—2023 的实施，对移动式电化学储能系统行业的健康发展起到了至关重要的推动作用。

通过设定严格的技术和质量标准，该标准促进了行业的优胜劣汰。不具备相应技术实力和生产能力的小型企业，在新的标准面前，将难以达到要求，从而逐渐被市场淘汰。这一过程优化了行业结构，使得那些具备技术实力、注重产品质量和安全性的企业得到更好的发展机会。

GB/T 36545—2023 的实施还促进了行业内的交流与合作。在共同遵循的标准框架下，企业之间可以更加顺畅地进行技术交流和资源共享，推动整个行业的技术进步和创新。这种积极的行业氛围不仅有利于提升我国移动式电化学储能系统在全球市场的竞争力，还为行业的长远发展注入了新的活力。

最后，GB/T 36545—2023 的实施还促进了行业与政府、监管机构之间的沟通与合作。政府和相关机构更加了解行业的实际需求和发展状况，能够制定出更为合理、有效的政策和措施来支持行业的发展。这种良性的互动关系为行业的健康发展提供了有力的外部保障。

5.5　小　　结

GB/T 36545—2023 是针对移动式电化学储能系统颁布的重要国家标准。该标准全面且系统地规定了储能系统的测试与评价方法，旨在确保其性能、安全性和可靠性。通过深入剖析该标准，可以发现其对于行业的重要意义。

该标准在基本功能方面对移动式电化学储能系统进行了全面的评估，包括系统的启动、停止、充电、放电及能量管理等核心功能，以及对异常情况的高效响应和处理能力，确保了移动式电化学储能系统能够满足基本的设计和使用要求。

在电气性能方面，标准通过详细的测试方法，对电压、电流、功率和能量效率等关键参数进行了精确的测量和评估，不仅保障系统在正常运行条件下的稳定性和效率，也为行业提供了更加可靠、高效的产品。

针对日益突出的电磁干扰问题，GB/T 36545—2023 对移动式电化学储能系统的电磁兼容性制定了严格要求。这意味着，即使在复杂的电磁环境中，系统也必须保持正常工作，既不对其他设备造成干扰，也不受其他设备干扰。

安全始终是首要考虑的因素。标准中明确规定了多项安全性能测试，旨在确保系统在面临过充电、过放电、短路、温度异常等潜在安全风险时，能够及时做出反应，从而有效防止事故的发生。

除了上述方面，标准还对系统的外观质量、结构稳定性、防护等级等进行了详细规定，以确保其在实际应用中的耐用性和可靠性。同时，对接口的物理特性、电气特性以及通信协议等的明确规定，进一步保障了系统的互联互通性和可扩展性。移动式电化学储能系统可能需要在各种恶劣环境下工作，标准还通过模拟各种极端环境条件，对系统的稳定性和可靠性进行了全面评估，显示了标准在制定过程中的前瞻性和实用性。

总的来说，GB/T 36545—2023 为移动式电化学储能系统的测试与评价提供了全面的指导和规范。它涵盖了系统的多个关键方面，包括基本功能、电气性能、电磁兼容、安全性能等，并充分考虑了实际应用中可能遇到的各种挑战。

展望未来，随着新材料新技术的不断涌现和应用，移动式电化学储能系统将迎来更加广阔的发展空间。为了适应这一趋势，鼓励行业持续关注技术创新和标准更新，确保产品与不断变化的市场需求保持同步。同时，也期待标准体系在未来能够更加注重创新性和前瞻性，及时纳入最新的技术成果和市场需求，为行业的持续进步提供有力的支撑。

第6章 电化学储能电站运行指标及评价

6.1 引　言

随着全球能源结构的转型和可再生能源的普及，电化学储能电站作为支撑新能源接入、优化电网运行、提高电力系统稳定性和调节能力的重要基础设施，正日益受到全球的广泛关注和重视。电化学储能电站不仅能够有效平衡电网负荷，提高电力系统的灵活性和可靠性，还是实现可再生能源大规模接入和利用的重要基础设施。

然而，要确保电化学储能电站的高效、安全运行并非易事。这涉及复杂的电池管理系统、能量转换技术、安全防护措施等多个方面，对电站的运营和维护提出极高的要求。因此，对电化学储能电站的运行进行全面而深入的评价，确保其安全、高效、环保运行，已成为当今能源领域的重要课题。

GB/T 36549—2018《电化学储能电站运行指标及评价》作为我国电化学储能电站的重要指导标准，为电站的规划、设计、建设和运行提供了标准化的指导和依据。该标准旨在明确电化学储能电站的运行指标，提供一套全面、客观、可量化的评价体系，以指导电化学储能电站的规划、设计、建设和运行，不仅有助于提升我国电化学储能电站的运行水平，还将推动储能技术的持续创新和发展，为电力系统的稳定运行和能源结构的优化提供有力支撑。

在此背景下，本章通过分析 GB/T 36549—2018 来深入探讨电化学储能电站运行评价的重要性以及该标准在电站运行评价中的具体应用，以期为我国电化学储能电站的高效、安全运行提供参考和指导。

6.2 标准概述

GB/T 36549—2018 涵盖电化学储能电站运行评价的多个方面。

首先，该标准规定了电化学储能电站运行的基本指标。这些指标包括但不限于充放电效率、能量转换效率、容量保持率等，是评价电站性能的重要依据，能够反映电站的运行状态和性能水平。

此外，标准还涉及电站的安全性和可靠性评价，包括电站设备的故障率、维修率以及应对异常情况的能力等。安全性和可靠性是电站运行的重要保障，对于确保电网的稳定运行具有重要意义。

在明确评价内容的同时，GB/T 36549—2018 也界定了其适用范围和评价的对象。该标准主要适用于额定功率不小于 500kW 且额定能量不小于 500kW·h 的电化学储能电站。对于其他规模的电化学储能电站，虽然可以参照执行，但可能需要根据实际情况进行适当的调整。

评价的对象主要是电化学储能电站的整体运行性能，包括电站的硬件设备、控制系统和安全保护装置等各个方面。通过对这些对象的全面评价，可以准确反映电站的运行状态，为电站的优化运行和维护提供有力支持。

总的来说，GB/T 36549—2018 为电化学储能电站的运行评价提供了全面、系统的指导，有助于提升电站的运行水平和安全保障能力，不仅可以指导电站的规划设计、设备选型、运行维护等各个环节，还能促进电站管理的规范化和标准化，提高电站运行的安全性和经济性。

6.3 电化学储能电站运行指标及评价分析

6.3.1 总则

GB/T 36549—2018 对电化学储能电站的运行评价提出明确要求。首先，评价应在电站竣工验收合格并正式移交生产管理后进行，确保评价是在电站稳定运行和正常运维的基础上进行，从而能够真实地反映电站的运行状况。以年为周期进行评价，有助于及时发现问题、总结经验，为电站持续改进提供有力支持。

在评价过程中，应全面收集电站的基本情况和运行数据资料。基本资料涵盖储能电池类型、储能单元额定功率、额定能量和系统结构等关键信息，以及变配电设施、监控系统与电池管理系统等方面的详细数据，运行数据还包括电站与储能单元的电量、功率，电力系统调度记录，运行故障检修记录和维护费用等。这些资料的全面性确保了评价的准确性和客观性，为深入了解电站运行状况和效果提供了重要依据。

此外，标准强调运行数据等资料的时间段应与评价周期一致，以保证数据的时效性和可比性。同时，要求所涉及的计量表计应有校验合格记录，进一步确保数据的准确性和可靠性。电化学储能电站设备技术要求符合 GB/T 36558 的规定，这是电站设备质量和性能的基本保证，也是评价电站运行状况的前提条件。

总之，该标准通过明确评价时机、周期和资料收集要求，为电化学储能电站的运行评价提供了全面、系统的指导。这些评价和指标不仅有助于电站及时发现和解决问题，提升运行效率，还能为电站的持续优化和改进指明方向。在实践中应严格按照这些要求和指标进行评价，以推动电化学储能电站的健康发展。

6.3.2　电化学储能电站运行指标

1. 电量指标

电量指标是评估电化学储能电站运行效率和经济性的重要依据，不仅反映电站的充放电能力，还是电站经济运行和能源管理的基础数据，核心在于精确衡量电化学储能电站的电能交换情况。电量指标包括储能电站上网电量、下网电量、站用电量、运行小时数、等效利用系数，以及储能单元充电量和放电量等。

在电量指标中，上网电量和下网电量是衡量电站与电网之间互动的关键指标。它们直接关系到电站的收益和运营成本，为电站的经济运行和性能评估提供重要依据。站用电量则涉及电站运行过程中的能源消耗，监测该指标有助于发现能源浪费和不合理用电情况，从而采取节能措施。

运行小时数是评估电化学储能电站利用情况和使用效率的重要指标。通过统计各储能单元的运行时间，并结合额定功率进行加权平均，可以推断出电化学储能电站的可靠性和运行持续性，为电站的维护和管理提供决策支持。

等效利用系数是一个综合性指标，考虑储能单元的充电量、放电量、额定功率和运行时间等多个因素，通过统计各储能单元的等效利用系数，并结合额定功率进行加权平均计算得到，为电化学储能电站的运行效率和使用情况提供全面的评估。通过对该系数的分析，可以发现运行中的问题，并提出优化建议，提升电站的运行效率和经济性。

储能单元的充电量/放电量是直接反映电化学储能电站能量存储和释放能力的指标，应为评价周期内储能单元交流侧充电量/放电量的总和。通过精确测量这些数据，可以评估电站的能量管理效率和储能单元的性能。

这些运行指标共同构成电化学储能电站性能评估的完整体系。通过对这些指标的综合分析，可以全面了解电化学储能电站的运行状态、效率和经济性，从而为电站的优化运行和管理提供有力支持。

2. 能效指标

电化学储能电站能效指标应包括电站综合效率、储能损耗率、站用电率、变配电损耗率以及储能单元充放电能量转换效率等。

1）电站综合效率

电站综合效率是指评价周期内电化学储能电站上网电量与下网电量的比值。这个指标直观地反映了电化学储能电站在生产运行过程中能量的转换和利用效率。一个高的电站综合效率意味着电化学储能电站在能量转换过程中的损失较小，能够更有效地利用输入的电能。通过对这个指标的监测和分析，可以评估电化学储能电站在能量转换和利用方面的性能，为电站的优化运行和管理提供依据。同时，结合其他能效指标如储能损耗率、站用电率等，我们可以对电化学储能电站的能效进行全面的评估和提升。

2）储能损耗率

储能损耗率是评价周期内，电化学储能电站各储能单元充电、放电和能量储存过程总的电能损耗与下网电量的比值，反映了电化学储能电站在充放电过程中的能量损失情况。一个较低的储能损耗率意味着电站在充放电和储存过程中的能量损失较小，储能系统的效率相对较高。反之，如果储能损耗率较高，则说明电站在这些过程中存在较大的能量浪费，需要进一步优化储能系统的设计和运行策略。此外，储能损耗率也是评估储能技术经济性的重要指标之一。较低的损耗率意味着更少的电能被浪费，从而可以降低电站的运行成本，提高经济效益。

3）站用电率

站用电率指的是站用电量占下网电量的百分比，反映了电化学储能电站在运行过程中自身所消耗的电能占其总下网电量的比例。该指标有助于了解电化学储能电站在运行过程中的能效情况，以及电站内部设备的能耗水平。站用电量主要包括电站内监控系统、照明、动力设备、暖通空调等辅助设施的耗电量。这些设备的能耗虽然不直接参与储能过程，但对于电站的正常运行和安全稳定至关重要。一个较低的站用电率意味着电化学储能电站在运行过程中自身消耗的电能较少，说明电站的辅助设施能效较高，有利于提升电站的整体效率。反之，如果站用电率较高，则表明电站的辅助设施存在能耗过高的问题，需要进一步优化设备选型、运行策略或进行节能改造。因此，通过监测和分析站用电率，电站管理者可以及时发现并解决电站内部能耗过高的问题，从而提高电站的运行效率和经济效益。同时，站用电率也是评估电化学储能电站能效水平、制定节能措施和优化运行策略的重要依据。

4）变配电损耗率

变配电损耗率是评价周期内电化学储能电站中为储能系统配套的输变电设备在运行过程中的电能损耗占下网电量的百分比。损耗主要包括变压器、开关设备、电缆等在电能传输和分配过程中的损失。较低的变配电损耗率意味着电能在传输和分配过程中的损失较小，说明输变电设备的效率较高。反之，如果变配电损耗率较高，则表明输变电设备存在能效问题或老化现象，需要及时进行检修或更换。因此，通过监测和分析变配电损耗率，可以帮助电站管理者及时发现并解决输变电设备在运行过程中的能效问题，从而提高电站的整体效率和经济效益。

5）储能单元充放电能量转换效率

储能单元充放电能量转换效率是衡量储能单元在充电和放电过程中能量转换

效率的重要指标。该指标直接反映了储能单元在充放电时的性能表现，是评价储能系统优劣的关键参数。高的充放电能量转换效率意味着储能单元在充放电过程中能够更有效地转换能量，减少能量的损失。这对于提高储能系统的整体效率和延长储能单元的使用寿命具有重要意义。

不同类型的电池由于其内部化学反应和工作原理的不同，其效率计算方式也有所差异。以下是针对铅酸电池、锂离子电池、全钒液流电池和钠硫电池的充放电能量转换效率的详细说明。

（1）铅酸电池和锂离子电池：对于铅酸电池和锂离子电池，充放电能量转换效率主要是评价周期内储能单元总放电量与总充电量的比值，按式（6-1）计算。这个比值直观地反映了电池在充放电过程中的能量损失。

$$\eta_{ESU} = \frac{E_D}{E_C} \times 100\% \tag{6-1}$$

式中，E_D——评价周期内储能单元总的放电量，单位为千瓦时（kW·h）；

E_C——评价周期内储能单元总的充电量，单位为千瓦时（kW·h）。

（2）全钒液流电池：全钒液流电池的充放电能量转换效率的计算相对复杂，需要考虑充电和放电过程中的辅助能耗，是评价周期内储能单元净放电量与充电量加上充电过程辅助能耗之和的比值，按式（6-2）计算。这意味着在计算效率时，除了电池的充放电量外，还需要考虑与之相关的辅助设备的能耗。

$$\eta_{ESU} = \frac{E_{sD} - W_{sD}}{E_{sC} + W_{sC}} \times 100\% \tag{6-2}$$

式中，η_{ESU}——储能单元充放电能量转换效率，单位为%；

E_{sD}——评价周期内全钒液流电池储能单元总的放电量，单位为千瓦时（kW·h）；

W_{sD}——评价周期内全钒液流电池储能单元放电过程辅助设备的能耗，单位为千瓦时（kW·h）；

E_{sC}——评价周期内全钒液流电池储能单元总的充电量，单位为千瓦时（kW·h）；

W_{sC}——评价周期内全钒液流电池储能单元充电过程辅助设备的能耗，单位为千瓦时（kW·h）。

（3）钠硫电池：钠硫电池的充放电能量转换效率计算方式与全钒液流电池类似，是储能单元净放电量与充电量加上充电过程辅助能耗之和的比值，按式（6-3）计算。这里的辅助能耗特指在充放电过程中电池加热所消耗的电量。由于钠硫电池的工作温度较高，因此加热能耗是重要的考虑因素。

$$\eta_{ESU} = \frac{E_{nD} - H_{nD}}{E_{nC} + H_{nC}} \times 100\% \tag{6-3}$$

式中，E_{nD}——评价周期内钠硫电池储能单元总的放电量，单位为千瓦时（kW·h）；

H_{nD}——评价周期内钠硫电池在放电过程中加热所消耗电量的总和，单位为千瓦时（kW·h）；

E_{nC}——评价周期内钠硫电池储能单元总的充电量，单位为千瓦时（kW·h）；

H_{nC}——评价周期内钠硫电池在充电过程中加热所消耗电量的总和，单位为千瓦时（kW·h）。

总之，不同类型的储能单元在充放电过程中会有不同的能量损失和辅助能耗，因此其能量转换效率的计算方式也会有所不同。准确计算各类电池的充放电能量转换效率，对于评估电池性能、优化电池使用以及降低运营成本都具有重要意义。在选择和使用储能系统时，应充分考虑其充放电能量转换效率，以便更准确地评估其性能和经济性。对于已经投入使用的储能系统，定期监测其充放电能量转换效率以便及时发现并解决潜在的问题，确保储能系统的稳定运行和高效利用。

3. 可靠性指标

1）一般规定

储能电站的可靠性不仅关乎电站本身的运行效率，还直接影响电网的稳定性和安全性。因此，制定一套全面的可靠性指标评价体系尤为重要。这些指标应包括计划停运系数、非计划停运系数、可用系数、利用系数，以及针对储能单元的电池失效率、电池（堆）簇相对故障次数等。当储能电站包含多个储能单元时，为确保评价的公平性和准确性，应按照各储能单元的额定功率进行加权平均统计，以计算储能电站的整体可靠性指标，并应符合 DL/T 1815 的规定。

2）计划停运系数

计划停运系数是评价周期内储能电站计划停运时间与总统计时间的比值，按式（6-4）计算：

$$\mathrm{POF}=\frac{\mathrm{POH}}{\mathrm{PH}}\times 100\% \tag{6-4}$$

式中，POF——计划停运系数；

POH——评价周期内计划停运小时数，单位为小时（h）；

PH——评价周期内统计时间小时数，单位为小时（h），当评价周期为 1 年时，PH 为 8760h。

较低的计划停运系数意味着储能电站在计划停运方面占用的时间较少，说明其维护效率高，设备健康状况良好，能够更长时间地保持在线状态为电网提供支持。相反，高的计划停运系数表明设备需要更频繁的维护或者存在其他需要关注的问题。该指标有助于了解电站因计划维护、检修等原因而造成的停运情况。计划停运虽然是预先安排的，但仍然会对电站的运行效率产生影响。通过计算计划停运系数，可以量化这种影响，并为电站的运营策略提供参考。

3）非计划停运系数

非计划停运系数是衡量储能电站在评价周期内由于非计划原因（如故障、事故或计划维修工期延迟等）而被迫停运的时间占统计时间的比值，按式（6-5）计算：

$$\mathrm{UOF}=\frac{\mathrm{UOH}}{\mathrm{PH}}\times 100\% \tag{6-5}$$

式中，UOF——非计划停运系数；

UOH——评价周期内非计划停运小时数，单位为小时（h）；

PH——评价周期内统计时间小时数，单位为小时（h），当评价周期为 1 年时，PH 为 8760h。

该指标反映了设备的突发故障率和维护响应能力，是评估储能电站运行可靠性和设备维护质量的重要指标。较低的非计划停运系数意味着储能电站在运行过程中较少发生突发故障或事故，表明其设备运行稳定，维护响应能力强，有利于保证储能电站的持续供电能力和电网的稳定性。相反，高的非计划停运系数表明设备存在质量问题、维护不当或者运行环境恶劣等，需要电站管理者进一步调查原因并采取相应的改进措施。这可能包括加强设备巡检、提高维护质量、改善运行环境等。因此，定期监测和分析非计划停运系数对于储能电站的运行管理至关重要，有助于及时发现并解决问题，提高储能电站的运行可靠性和经济效益。

4）可用系数

可用系数是评估储能电站在评价周期内处于可用状态时间所占比例的指标，按式（6-6）计算：

$$\mathrm{AF}=\frac{\mathrm{AH}}{\mathrm{PH}}\times 100\% \tag{6-6}$$

式中，AF——可用系数；

AH——评价周期内可用小时数，单位为小时（h）；

PH——评价周期内统计时间小时数，单位为小时（h），当评价周期为 1 年时，PH 为 8760h。

该系数是衡量储能电站可靠性和整体性能的关键参数，有助于了解电站的运行状态和设备的可用性。高的可用系数意味着储能电站在大部分时间内都处于可用状态，可以随时投入运行，表明电站的设备状况良好，维护得当，且具备较高的运行可靠性。这类电站能够更有效地响应电网的需求，提供稳定的电力支持。相反，低的可用系数表明电站存在设备故障、维护不足或其他问题，导致其在部分时间内无法正常运行，会影响电网的稳定性和电力供应的可靠性。因此，储能电站应密切关注其可用系数，及时发现并解决潜在问题，以提高电站的运行效率和可靠性。同时，投资者和运营者也可以参考这个指标来评估电站的性能和投资回报。

5）利用系数

利用系数是衡量评价周期内储能电站运行时间与统计时间的比值，反映了储能电站的运行效率和利用程度，是衡量电站性能和经济效益的重要指标，按式（6-7）计算：

$$\mathrm{UTF}=\frac{\mathrm{UTH}}{\mathrm{PH}}\times 100\% \tag{6-7}$$

式中，UTF——利用系数；

UTH——评价周期内运行小时数，单位为小时（h）；

PH——评价周期内统计时间小时数，单位为小时（h），当评价周期为 1 年时，PH 为 8760h。

高的利用系数意味着储能电站在评价周期内运行时间较长，设备利用率高，能够提供更多的电力支持和服务，通常表明电站的管理和运营效率高，能够充分发挥储能设备的性能。相反，低的利用系数表明储能电站存在运行效率低下、设备闲置或者运营策略不当等问题，可能会导致资源浪费和经济效益下降。因此，提高利用系数是电站运营的重要目标之一。为实现这一目标，电站管理者需要优化运行策略，提高设备利用率，减少闲置时间，并确保电站能够在需要时迅速投入运行。同时，定期监测和分析利用系数也有助于及时发现问题并采取相应的改进措施。

6）铅酸电池、锂离子电池储能单元电池失效率

铅酸电池、锂离子电池储能单元电池失效率有助于了解电池的质量、可靠性和使用寿命。电池失效率应为评价周期内，电池储能单元中失效电池单体数量与电池单体总数的比值，按式（6-8）计算：

$$\mathrm{IRB}=\frac{\mathrm{NIB}}{\mathrm{NB}}\times 100\% \tag{6-8}$$

式中，IRB——电池失效率；

NIB——评价周期内失效的电池单体数量；

NB——电储能单元电池单体总数。

对于铅酸电池和锂离子电池而言，由于这两种电池的内部结构和化学性质不同，其失效模式和失效率可能会有所差异。铅酸电池由于其固有的化学特性，可能会因为硫酸盐化、极板腐蚀等导致失效。而锂离子电池则可能因为正负极材料衰减、电解液分解、内部短路等问题导致失效。在比较铅酸电池和锂离子电池的

失效率时，需要考虑到这些不同的失效模式。此外，电池的使用环境和条件也会对失效率产生影响。例如，高温环境会加速电池的老化和失效，而频繁的充放电也会缩短电池的使用寿命。因此，在评估电池失效率时，需要综合考虑电池的使用环境和条件。

电池失效率是衡量储能电池性能的重要指标之一，它反映了电池的质量和可靠性。通过定期检测和评估电池的失效率，可以及时发现并解决潜在问题，确保储能系统的稳定运行和高效利用。

7）储能单元电池（堆）簇相对故障次数

储能单元电池（堆）簇相对故障次数为评价周期内，储能单元中电池（堆）簇故障次数与单元中总的电池（堆）簇数量的比值，按式（6-9）计算：

$$\mathrm{RTOP}=\frac{\mathrm{FTOP}}{\mathrm{BPN}}\times 100\% \tag{6-9}$$

式中，RTOP——储能单元电池（堆）簇相对故障次数，单位为次/簇；

FTOP——电池（堆）簇故障次数，单位为次；

BPN——单元中总的电池（堆）簇数量，单位为簇。

较低的故障次数意味着储能单元中的电池（堆）簇故障次数较少，说明储能系统的可靠性较高。相反，较高的故障次数则表明储能系统存在可靠性问题，需要更多的维护和修理。此外，通过分析故障次数，可以帮助我们识别出故障频发的电池（堆）簇，从而及时进行维修或更换，以提高储能系统的整体可靠性。同时，故障次数也可以作为评估储能系统性能和维护质量的重要参考指标。总之，储能单元电池（堆）簇相对故障次数是衡量储能系统可靠性的重要参数，它有助于我们及时发现并解决储能系统中的问题，确保储能系数安全、稳定地运行。

4. 运维费用指标

1）一般规定

储能电站的运维费用指标是衡量电站运营经济性和效率的重要参数，包括单位容量运行维护费和度电运行维护费两个指标。这些指标有助于电站管理者了解运维成本，从而做出合理的预算和运营决策。

2）单位容量运行维护费

单位容量运行维护费是一个关键的运维费用指标，反映了评价周期内储能电站每单位容量所需的运行维护费用，按式（6-10）计算：

$$C_{\mathrm{kW}}=\frac{C}{P} \tag{6-10}$$

式中，C_{kW}——单位容量运行维护费；

C——评价周期内储能电站总的运行维护费；

P——储能电站额定功率，单位为千瓦（kW）。

该指标通过评价周期内储能电站总的运行维护费用与储能电站额定功率的比值计算得出，有助于标准化比较不同规模和容量的储能电站的运维成本。

3）度电运行维护费

度电运行维护费是在评价周期内，储能电站总运行维护费与电站上网电量之比，用于表示储能电站在发电过程中每度电所需的运行维护费用，按式（6-11）计算：

$$C_{\mathrm{kW \cdot h}} = \frac{C}{E_{\mathrm{on}}} \tag{6-11}$$

式中，$C_{\mathrm{kW \cdot h}}$——度电运行维护费；

C——评价周期内储能电站总的运行维护费；

E_{on}——评价周期内储能电站的上网电量，单位为千瓦时（kW·h）。

该指标可以帮助电站管理者更全面地了解电站的经济效益和运营成本。

通过综合考虑单位容量运行维护费和度电运行维护费这两个指标，电站管理者可以更准确地评估电站的运维成本，并据此制定合理的运营策略和预算计划，有助于提高电站的运营效率和经济效益，从而推动储能电站的可持续发展。

6.3.3 电化学储能电站运行评价

电化学储能电站的运行评价是一个全面、多维度的考量过程，不仅涉及电站的充放电能力、能效水平，还包括设备运行状态等多个关键方面。为了确保对电站的运营状态有全面且准确的了解，每个评价指标都被赋予了特定的权重。该评价体系有助于全面了解储能电站的性能，确保其安全、高效运行，并为后续的运维和管理提供有价值的参考。

1. 一般规定

储能电站运行效果评价包括充放电能力、能效水平和设备运行状态三个方面。电化学储能电站应根据运行数据进行评价。

2. 充放电能力评价

充放电能力是评价储能电站性能的重要指标，主要包括实际可充放电功率、实际可放电量以及储能单元能量保持率。

实际可充放电功率反映了储能电站能够快速充放电的能力。它是指储能电站能够连续运行 15min 及以上的最大功率值。这个值越大，说明储能电站的充放电能力越强，对于电网的稳定性和调节能力也越强。

实际可放电量应为电站中各储能单元实际可放电量的总和，储能单元实际可放电量的测定应符合 GB/T 36558 的规定。

储能单元能量保持率应为评价周期内，储能单元实际可放电量与储能单元铭牌标识的额定能量的比值，按式（6-12）计算：

$$\delta = \frac{E_p}{E_f} \tag{6-12}$$

式中，δ——储能单元能量保持率；

E_p——评价周期内储能单元实际可放电量，单位为千瓦时（kW·h）；

E_f——储能单元铭牌标识的额定能量，单位为千瓦时（kW·h）。

储能单元能量保持率用于评价储能单元的性能衰减情况。它是评价周期内储能单元实际可放电量与铭牌标识的额定能量的比值。如果能量保持率较高，说明储能单元的性能保持良好，衰减较慢。反之，如果能量保持率较低，则需要考虑更换或维修储能单元。

3. 能效评价

（1）储能电站的能效评价指标主要包括电站综合效率、储能损耗率和站用电率。这些指标能够全面地反映储能电站的能源利用效率和运行成本，是评估电站能效的重要依据。

（2）电站综合效率是通过统计日、月、年的上网电量与下网电量来进行计算的。这个指标能够反映电站的整体运行效率，包括电能的转换效率和传输效率等。提高综合效率意味着电站能够更有效地利用能源，减少能源在转换和传输过程中的损失。

（3）储能损耗率是通过统计日、月、年的下网电量以及各储能单元在充放电过程中的总电能损耗来进行计算的。这个指标反映了电能在储能单元中的损失情况，包括电池的自放电、热损失等。降低储能损耗率有助于提高电站的能效和经济性。

（4）站用电率是通过统计日、月、年的下网电量和站用电量来进行计算的。站用电量包括电站自身运行所需的辅助设备、控制系统等消耗的电量。降低站用电率意味着电站能够更有效地利用能源为外部供电，减少自身运行所需的能源消耗。

能效水平评价主要关注储能电站的能量转换效率和损耗情况。高效的能量转换和低的损耗意味着储能电站在充放电过程中能够更有效地利用能量，从而提高整体运行效率。

4. 设备运行状态评价

设备运行状态评价是储能电站运行评价的重要组成部分。通过调度响应成功率、等效利用系数、非计划停运系数和可用系数等指标的综合分析，可全面了解储能电站设备的运行状态和性能表现，为电站的运维和管理提供有价值的参考信息。

5. 综合评价

综合评价是对储能电站整体运行效果的全面评估，结合多方面的指标，包括充放电能力、能效水平和设备运行状态等。这些指标被赋予不同的权重，以反映它们在电站运行中的重要性。

1）指标权重

电化学储能电站评价指标基本权重划分可按表 6-1。这些权重是根据指标对电站运行影响的程度和重要性来确定的。例如，实际可充放电功率和实际可放电量各占 20%的权重，因为它们直接关系到电站的充放电能力和储能容量。而电站综合效率、储能损耗率和站用电率则反映了电站的能效水平，分别占据 15%、10%和 5%的权重。设备运行状态方面的指标，如调度响应成功率、等效利用系数、非计划停运系数和可用系数，也各自占有一定的权重。

表 6-1　权重划分表

序号	准则层	指标层	权重
1	充放电能力	实际可充放电功率	20%
2		实际可放电量	20%
3	能效水平	电站综合效率	15%
4		储能损耗率	10%
5		站用电率	5%
6	设备运行状态	调度响应成功率	10%
7		等效利用系数	10%
8		非计划停运系数	5%
9		可用系数	5%

2）评分原则

储能电站的综合得分是根据各项指标的得分和相应权重系数计算得出的。具体计算方法如式（6-13）所示。这个公式考虑了每个指标的权重和得分，从而得出综合的评价结果。

$$S = \sum_{i} k_i \times F_i \tag{6-13}$$

式中，S——储能电站综合评价得分；

k_i——指标 i 所占权重；

F_i——指标 i 得分，计算标准见表 6-2。

表 6-2　指标 *i* 得分计算标准

序号	评价指标	评价内容	满分分值	得分标准
1	电站实际可充放电功率	电站评价周期内的实际可充放电功率与电站额定功率的比值	100	①不小于 100%标识额定功率的为满分； ②90%标识额定功率的，得 90 分； ③80%标识额定功率的，得 80 分； ④70%标识额定功率的，得 70 分； ⑤60%标识额定功率的，得 60 分
2	电站实际可放电量	电站评价周期内的实际可放电量与电站额定能量的比值	100	①不小于 100%标识额定能量的为满分； ②90%标识额定能量的，得 90 分； ③80%标识额定能量的，得 80 分； ④70%标识额定能量的，得 70 分； ⑤60%标识额定能量的，得 60 分
3	电站综合效率	计算电站评价周期内综合能量效率	100	①综合效率不小于 90%的，为满分； ②综合效率为 80%的，得 90 分； ③综合效率为 70%的，得 80 分； ④综合效率为 60%的，得 70 分
4	电站储能损耗率	计算电站评价周期内的储能损耗率	100	①储能损耗率不小于 10%的，记为满分； ②储能损耗率为 20%的，得 95 分； ③储能损耗率为 30%的，得 90 分； ④储能损耗率为 40%的，得 85 分
5	站用电率	计算电站评价周期内站用电效率	100	①站用电率不大于 5%的，为满分； ②站用电率为 10%的，得 90 分； ③站用电率为 15%的，得 80 分； ④站用电率为 20%的，得 70 分
6	调度响应成功率	计算电站评价周期内响应成功率	100	①调度响应成功率不小于 99%的，为满分； ②调度响应成功率为 98%的，得 90 分； ③调度响应成功率为 97%的，得 80 分； ④调度响应成功率为 95%的，得 70 分
7	等效利用系数	计算电站评价周期内等效利用系数	100	①电站等效利用系数不小于 95%的，为满分； ②电站等效利用系数为 90%的，得 90 分； ③电站等效利用系数为 85%的，得 80 分； ④电站等效利用系数为 80%的，得 70 分
8	非计划停运系数	计算电站评价周期内的非计划停运系数	100	①年非计划停运系数为 0 的，为满分； ②年非计划停运系数为 5%的，得 90 分； ③年非计划停运系数为 10%的，得 80 分； ④年非计划停运系数为 15%的，得 70 分
9	可用系数	计算电站可用系数	100	①电站可用系数为 100%的为满分； ②电站可用系数为 95%的，得 90 分； ③电站可用系数为 90%的，得 80 分； ④电站可用系数为 85%的，得 70 分

注：指标得分值要根据评价指标统计结果所在的区间采用线性插入法计算。

表 6-2 列出了各项指标的得分计算标准。这些标准根据电站的实际运行情况和预设的性能标准来确定。例如，如果电站的实际可充放电功率达到或超过额定功率的 100%，则获得满分；如果实际可放电量为额定能量的 90%，则得 90 分，以此类推。

最后，根据储能电站的综合得分，将其评为优、良、中、合格或不合格等级。这种评级方式有助于直观地了解电站的整体运行效果，并为后续的改进和优化提供参考。

综合评价体系不仅为电站的运营和管理提供了有力的数据支持，还能够帮助发现电站存在的问题和不足。通过定期的综合评价，电站管理者可以及时了解电站的性能状况，针对存在的问题制定改进措施，从而提升电站的整体性能和运营效率。

6.4 标准实施对电化学储能电站运行的影响

GB/T 36549—2018 的实施对电化学储能电站的运行管理产生深远的影响。以下是对该标准如何提升电站运行管理水平、促进运行优化、提高安全性以及降低成本的深入分析。

6.4.1 运行管理水平的提升

GB/T 36549—2018 为电化学储能电站的运行管理提供了清晰的纲领和准则。通过采纳一系列详尽的评价指标，如充放电能力、能效水平和设备运行状态等，该标准赋予电站运行状态更为直观且量化的展现方式，不仅为管理人员提供了电站运行的全面视角，也使他们能够更为精确地掌握电站的实时状态，及时发现并妥善处理潜在问题。

该标准的实施还极大地推动了电站运行数据的记录与分析工作。通过定期、系统地收集并分析各项运行数据，电站管理人员能够更深入地理解电站的运行特点和规律，进而制定出更为明智、科学的管理策略。这种以数据为驱动的管理新模式，不仅显著提升了电站的运行效率，也进一步增强了电站运行的稳定性和可靠性。

此外，GB/T 36549—2018 的实施还促进了电化学储能电站管理的标准化和规范化。通过明确各项运行指标的标准值和范围，电站管理人员可以更有针对性地进行设备调试和运行优化，确保电站始终在最佳状态下运行。这种标准化的管理方式，不仅提高了电站管理的专业性和系统性，也为电站的长期稳定运行奠定了坚实基础。

总的来说，GB/T 36549—2018 的引入和实施，无疑为电化学储能电站的运行管理带来革命性的变革。它不仅提升了电站管理的透明度和精准度，也推动了电站管理向更为科学、高效和标准化的方向发展。

6.4.2 运行的优化

GB/T 36549—2018 的实施显著促进了电化学储能电站的运行优化。该标准首先通过明确设定能效评价指标，如电站综合效率、储能损耗率和站用电率等，为电站提供了优化运行策略的具体目标。这使得电站能够更精准地调整其运行方式，以降低能耗并显著提高能源利用效率，从而实现绿色、可持续的运营。

此外，标准中对设备运行状态评价的强调，特别是调度响应成功率和等效利用系数等指标，进一步推动了电站对设备性能的关注和管理。评价指标不仅要求电站密切关注设备的实时状态，还激励电站及时响应并解决设备可能出现的故障，以确保设备的高效利用和长期稳定运行。通过这种方式，电站能够提升其整体运行效率，同时也延长设备的使用寿命，为电站的长期经济效益和稳定运行提供了有力保障。

GB/T 36549—2018 的实施为电化学储能电站的运行优化提供了有力的指导和支持，推动了电站向更高效、更可靠、更可持续的运营方向发展。

6.4.3　安全性的提高

安全性始终是电化学储能电站运行中的首要考量。GB/T 36549—2018 通过引入一系列严格的评价指标和评分标准，显著强化电站对于安全管理的重视程度。例如，非计划停运系数和可用系数等关键指标，不仅直观反映电站设备的运行稳定性和可靠性，同时也成为电站加强设备维护及检修工作的重要驱动力。通过这种方式，电站能够更有效地降低设备故障的风险，从而提升整体运行的安全性。

更为重要的是，该标准还积极推动电站构建完备的安全管理体系，并制定切实可行的应急预案，不仅包括定期的安全检查，以确保设备的正常运行和安全性能，还涵盖各种突发情况下的应急演练，以提高电站的快速反应能力和危机处理能力。通过这些措施，电站能够在面临突发情况时迅速做出反应，最大限度地保障人员和设备的安全，从而实现安全性的全面提升。

6.4.4　成本的降低

GB/T 36549—2018 的实施对于降低电化学储能电站的运行成本起到了显著的推动作用。首先，该标准引导电站通过优化运行策略和提高能效水平来减少能源消耗和浪费。能源管理的精细化不仅有助于电站实现节能减排的目标，还能直接降低能源成本，为电站创造更大的经济效益。

标准中强调的设备维护和检修工作也起到了关键作用。通过定期的检查和维护，电站能够及时发现并解决设备潜在的问题，从而延长设备的使用寿命，减少因设备损坏而进行的大规模维修或更换的成本。预防性的维护策略不仅提高了设备的运行效率，也大大降低了电站的维修成本。

电站安全性和稳定性的提升也是降低成本的重要因素。在 GB/T 36549—2018

的指导下，电站加强了对安全管理的重视，通过制定严格的安全规程和应急预案，有效减少了设备故障和安全事故的发生，不仅保障了电站的正常运行，也避免了因事故导致的经济损失和可能引发的法律纠纷，从而间接降低了电站的运营成本。

总之，GB/T 36549—2018 的实施对电化学储能电站的运行管理产生了积极的影响。该标准不仅提升了电站的运行管理水平，还促进了运行的优化、提高了安全性并降低了成本。因此，电站应积极采纳并落实该标准，以实现更高效、更安全、更经济的运行。

6.5 小　结

GB/T 36549—2018 为电化学储能电站的运行提供了明确的评价指标和方法。该标准不仅涵盖充放电能力、能效水平和设备运行状态等多个关键方面，还通过具体的指标权重和评分原则，为电站性能的综合评价提供量化依据。

在充放电能力方面，标准规定了电站实际可充放电功率和实际可放电量的评价方法，这两个指标各占 20%的权重，体现了充放电能力在电站性能中的重要地位。通过对比实际值与额定值的比例来评分，能够客观地反映电站的充放电性能。

在能效水平方面，标准通过电站综合效率和储能损耗率等指标来评价。综合效率反映了电站生产运行过程中上网电量与下网电量的比值，是评价电站能效的重要指标。储能损耗率则体现了电站在充放电过程中的能量损失情况。这两个指标共同构成电站能效水平的评价体系。

设备运行状态方面，标准考虑了电站调度响应成功率、等效利用系数、非计划停运系数以及可用系数等指标。这些指标能够全面反映电站设备的运行状态和可靠性，为电站的运营和管理提供重要参考。

此外，标准还规定了综合评价得分的计算方法和评价等级划分标准。通过加权得分计算出的综合评价得分能够直观地反映电站的整体性能水平，并根据得分范围将电站性能划分为优、良、中、合格和不合格等不同的评价等级。这种评价机制有助于电站管理者及时了解电站的性能状况并针对存在的问题制定改进措施。

GB/T 36549—2018 为电化学储能电站的运行提供了全面的评价指标和方法体系。它不仅有助于电站管理者了解电站的性能状况，还为电站的优化和改进提供了明确的方向和目标。这一标准的实施将推动电化学储能电站向更加安全、稳定和高效的方向发展。

随着科技的进步和市场需求的变化，电化学储能电站的运行评价将会越来越重要。未来，该领域的发展趋势会包括更加智能化的运行管理、更高效的能源利用、更严格的安全标准以及更环保的运营方式。为了适应这些变化，GB/T 36549—2018 也需要进行相应的完善。例如，可以增加关于智能化管理的评价指标，引导电站采用先进的技术手段提高运行效率；考虑加入环保和可持续性的评价内容，以推动电化学储能电站的绿色发展。

第7章 电力系统电化学储能系统通用技术

7.1 引　　言

电化学储能系统是利用化学反应来存储和释放能量的系统，基本原理在于通过化学反应实现电能与化学能的相互转换。凭借高能量密度、长寿命和快速响应特性，电化学储能系统在现代电力系统中发挥着重要作用。

电化学储能系统根据使用的材料和反应原理，分为锂离子电池、铅酸电池、液流电池等多种类型，每种类型都有其特定的应用场景。在电力系统中，电化学储能系统主要应用于调峰调频、备用电源、可再生能源并网以及电动汽车充电站等领域，有效地提高了电网的稳定性、经济性和可再生能源的利用率。

随着技术的进步和成本的降低，电化学储能系统正朝着规模化、多元化和智能化的方向发展。然而，这一领域也面临着安全、成本和环境影响等挑战。其中安全问题尤为突出，如电池热失控和电解液泄漏等风险亟须有效管控。相对于传统发电方式，电化学储能系统的初始投资和运维成本仍然较高，且其生产和处置过程可能对环境造成一定影响。

为了应对这些挑战并确保电化学储能系统的健康发展，GB/T 36558—2023《电力系统电化学储能系统通用技术条件》应运而生。该标准为电化学储能系统的设计、制造、试验、检测及运维等各个环节提供了明确的技术指导和规范，旨在推动电化学储能技术的安全、可靠和高效运行。该标准的执行，可以保障电化学储能系统在电力系统中的稳定运行，提高能源利用效率，进一步促进可再生能源的大规模并网和有效利用，为构建清洁、低碳、安全的现代能源体系奠定坚实基础。

7.2 标准概述

GB/T 36558—2023 中明确规定电化学储能系统的主要技术条件和要求。这些要求涵盖系统的性能指标、安全保护、环境适应性、电磁兼容性等多个方面。具体来说，标准对电化学储能系统的能量密度、功率密度、充放电效率等性能指标提出了明确要求，以确保系统的高效运行；也强调了系统的安全防护措施，如过充电过放电保护、温度监控、短路保护等，以保障系统的安全运行；标准还要求电化学储能系统应具有良好的环境适应性和电磁兼容性，以适应复杂多变的电力系统环境。这些技术条件和要求的制定，旨在确保电化学储能系统能够在满足电力系统需求的同时，保持高效、安全和稳定的运行状态。

该标准适用于电力系统以锂离子电池、液流电池、铅酸/铅炭电池、钠离子电池、水电解制氢/燃料电池为储能载体的电化学储能系统的设计、制造、试验、检测、运行、维护和检修。

7.3　系统技术要求分析

7.3.1　一般要求

标准要求电化学储能系统应包含储能电池、电池管理系统、储能变流器、监控系统、继电保护和安全自动装置、计量系统及相关辅助系统等关键设备。这一要求确保了系统的完整性和功能性，各个组件的协同工作是实现电化学储能系统高效稳定运行的基础。

标准规定在正常工作条件下，电化学储能系统的充放电能量和功率应不低于其额定值，并应具备多种应用功能，如系统调峰、调频等。该要求凸显了电化学储能系统在电力系统中的多功能性，它不仅能够存储和放出能量，还能在电网运行中发挥重要的调节作用。

关于电化学储能系统接入电网的电压等级，标准指出应根据系统的额定装机容量、应用功能及接入点电网网架结构等条件进行经济比选后确定。该规定体现了接入电网的灵活性和经济性，确保电化学储能系统能够与电网高效集成。

标准还要求电化学储能系统满足 GB 38755、GB/T 31464 的要求，并能接收和执行远方或就地功率控制指令，具备四象限功率控制功能。该要求保证电化学储能系统的可控性和调节能力，使其能够在电网中发挥更大的作用。

在保护配置方面，标准要求电化学储能系统的涉网保护应与所接入电网的保护协调配合。该规定对于确保电网的安全稳定运行至关重要，要求电化学储能系统在故障情况下能够与电网保护系统协同工作，防止故障的扩大。

标准对电化学储能系统的信息安全防护和接地方式也提出了明确要求。信息安全防护的规定旨在保护系统免受外部攻击和数据泄漏的风险；而接地方式的规定则是为了确保电化学储能系统的电气安全，防止因接地不当而引发安全事故。

对于通过 10kV 及以上电压等级接入电网的电化学储能系统，标准要求建立相应的仿真模型。该规定有助于对电化学储能系统在电网中的动态行为进行深入研究和分析，为电网的安全稳定运行提供科学依据。

GB/T 36558—2023 中的“6.1 一般要求”对电化学储能系统的构成、功能、接入电网的条件、保护配置、信息安全防护、接地方式以及仿真模型等方面进行了全面而细致的规定。这些要求旨在确保电化学储能系统能够在电力系统中安全、稳定、高效地运行，并发挥其在调峰调频、紧急功率支撑等多方面的应用功能。通过遵循这些标准，可以推动电化学储能技术的进一步发展，为构建清洁低碳、安全高效的现代能源体系提供有力支撑。

7.3.2 功率控制

1. 有功功率

功率控制是电化学储能系统核心功能之一，它直接关系到电化学储能系统在电网中的稳定性和调节能力。以下是对 GB/T 36558—2023 中“5.2.1 有功功率”部分的深入分析。

标准明确规定了电化学储能系统在响应就地有功功率控制指令时的各项性能指标。充/放电响应时间不大于 500ms、充/放电调节时间不大于 2s，以及充电到放电、放电到充电的转换时间不大于 500ms，这些严格的时间要求确保了电化学储能系统能够快速、准确地响应指令，对电网的实时平衡至关重要。同时，有功功率控制偏差不超过额定功率的±1%，这一精度要求确保了电化学储能系统在实际运行中的稳定性和可靠性。

对于通过 10kV 及以上电压等级接入电网的电化学储能系统，标准提出了更高的要求。这类系统应具备自动发电控制指令响应能力，这意味着它们需要能够根据电网的实际需求，自动、快速地调整输出功率，以维持电网的稳定。此外，这类系统还应在 200ms 内达到最大可放电或可充电功率，以提供紧急功率支撑。该规定显著提升了电网在突发情况下的应对能力。

对于参与电力市场的电化学储能系统，标准强调其控制方式、响应能力和响应性能必须满足电力市场规则要求。这意味着电化学储能系统不仅需要满足技术性能标准，还需要适应电力市场的运行规则和商业需求。该规定有助于促进电化学储能系统在电力市场中的融入和发展。

GB/T 36558—2023 中的“5.2.1 有功功率”控制部分对电化学储能系统的功率控制性能提出了明确要求。这些要求旨在确保电化学储能系统能够快速、准确地响应电网需求，提供稳定的功率输出，并在必要时提供紧急功率支撑。通过遵循这些标准，可以显著提升电网的稳定性和调节能力，同时促进电化学储能系统在电力市场中的融入和发展。

2. 无功功率

无功功率控制在电力系统中是维持电压稳定、优化电能质量的重要手段。电化学储能系统作为现代电网的重要组成部分，其在无功功率控制方面的能力尤为关键。以下是对 GB/T 36558—2023 中“5.2.2　无功功率”部分的深入分析。

标准要求电化学储能系统应具有功率因数、无功功率和电压控制的多种控制模式，并能够在线切换这些控制模式。该要求的目的是使电化学储能系统能够根据电网的实际运行状况灵活调整其控制方式，以更好地适应和响应电网的需求变化。在线切换功能可以确保电化学储能系统在不同工况下都能提供最优的无功支持。

标准规定了电化学储能系统的功率因数应在 0.9（超前）至 0.9（滞后）范围内连续可调。该规定保证了电化学储能系统能够在较大范围内灵活调节其功率因数，从而更有效地进行无功补偿，提高电网的电能质量。

对于通过 10kV 及以上电压等级接入电网的电化学储能系统，标准提出了更高的自动电压控制（AVC）指令响应能力要求和自动调节电化学储能系统无功功率功能。这意味着电化学储能系统需要能够根据电网的电压变化，自动、快速地调节其无功功率输出，以维持电网电压的稳定。

此外，标准还明确了电化学储能系统的无功功率/电压调节功能的优先级高于功率因数调节功能。这一规定确保了在电网电压出现异常时，电化学储能系统能够优先进行无功功率/电压的调节，以快速恢复电网的稳定运行。

关于无功功率控制偏差的要求，标准规定在无功功率可调节范围内，控制偏差应不超过额定功率的±3%。该精度要求保证了电化学储能系统在进行无功功率调节时的准确性和可靠性，有助于提升电网的整体性能。

GB/T 36558—2023 中的“5.2.2　无功功率”部分的规定，旨在确保电化学储能系统能够在电网中提供灵活、准确的无功功率支持。这些规定不仅有助于提升电网的稳定性和电能质量，还促进电化学储能系统与电网的协调运行。

3. 过载能力

电化学储能系统的过载能力是指系统在短时间内能够承受超出其额定功率的能力，是确保电网在面临突发功率需求或异常情况时能够维持稳定运行的重要特性。

在额定电压下，电化学储能系统应能够承受 110%的额定有功功率，并且在此过载条件下能够稳定运行至少 10min，表明系统设计有足够的安全余量，以应对短期的功率需求增加，而不会对电池或其他关键组件造成损害。

系统还应能够在同样的额定电压下承受 120%的额定有功功率，尽管在此更高过载条件下，稳定运行时间也应不少于 1min。该要求验证了系统在极端情况下的应急响应能力，确保在关键时刻能够提供必要的功率支持。

过载能力的测试和验证对于电化学储能系统的可靠性和安全性至关重要。它不仅能够保证系统在正常运行条件下的性能，还能够确保在电网发生突发情况时，电化学储能系统能够提供额外的功率支持，从而增强电网稳定性。此外，该能力还有助于延长电池的使用寿命，代表电池能在不超过其设计极限的情况下，适应电网的多变需求。

7.3.3 运行适应性

1. 电压适应性

GB/T 36558—2023 中的 5.3.1 部分详细规定了电化学储能系统的电压适应性要求，这些要求旨在确保电化学储能系统在各种电网电压波动情况下能够安全、稳定地运行，并对电网提供必要的支持。

对于通过 220V 电压等级接入电网的用户侧电化学储能系统，标准明确了具体的电压适应性要求。当电压低于 50%的额定电压时，电化学储能系统应在极短的时间内（0.2s 内）停机，以防止设备损坏。在电压介于 50%至 85%额定电压之间时，系统不应处于充电状态，以保护电池免受低电压损害，并应至少能运行 2s。在正常运行电压范围内（85%～110%额定电压），电化学储能系统应能正常运行。当电压略高于额定电压（110%～120%）时，系统不应放电，以避免对电网造成不良影响并应至少能运行 10s。而当电压超过 120%额定电压时，电化学储能系统应迅速断开连接或停机，以防止设备损坏和电网故障。

对于通过 380V 和 10（6）kV 电压等级接入的用户侧电化学储能系统，以及通过 10（6）kV 及以上电压等级接入公用电网的电化学储能系统，标准也规定了相应的电压适应性要求。这些系统需要符合低电压穿越和高电压穿越的规定，即在电网电压出现异常波动时，电化学储能系统应能保持并网运行，为电网提供必要的电压和频率支持，帮助电网快速恢复正常运行状态。

这些要求确保了电化学储能系统能够在电网电压波动时保持稳定运行，或在必要时能够安全地停机或断开连接，以保护系统和电网免受损害。通过这些规定，可以提高电网的稳定性，确保在各种电压异常情况下的电力供应安全和可靠性。

2. 频率适应性

频率适应性是电化学储能系统并网运行时的关键性能指标。电网的频率可能会因为负载变化、发电机出力调整或电网故障等发生波动。电化学储能系统需要具备在电网频率波动时稳定运行的能力，以确保电网的稳定性和可靠性。

（1）对于 220V 电压等级接入电网的电化学储能系统：①当并网点频率低于 48.5Hz 时，电化学储能系统应停止充电，以避免低频条件下继续吸收功率，加剧频率下降；②当并网点频率高于 50.5Hz 时，电化学储能系统应停止放电，避免在高频情况下，电化学储能系统继续向电网注入功率，导致电网频率进一步升高。

（2）对于 380V 及以上电压等级接入电网的电化学储能系统：①电化学储能系统在更宽的频率范围内有明确的运行要求。在低频（$f<46.5$Hz）和高频（$f>51.5$Hz）的极端情况下，低频不处于充电状态高频不处于放电状态，并根据允许运行的最低或最高频率，或电网调度机构的要求与电网脱离，以保护电网和电化学储能系统的安全。②在接近正常运行频率范围（48.5Hz$\leqslant f \leqslant$50.5Hz）的边缘频率区间，电化学储能系统需要快速调整其充放电状态，以响应电网频率的变化，帮助稳定电网频率。

（3）电化学储能系统还应具备在短时间内（500ms）对频率变化的快速响应能力。在正常运行频率范围内，在频率变化率不大于±2Hz/s 时，系统不应脱网。这表明电化学储能系统能够快速响应电网频率的快速变化，维持与电网的连接，为电网提供必要的支持。

频率适应性要求确保电化学储能系统能够在电网频率波动时采取适当的措施，帮助电网恢复正常频率，从而保障电力系统的安全稳定运行。通过这些规定，电化学储能系统不仅能够在正常情况下提供支持，也能在电网面临挑战时发挥关键作用。

3. 电能质量适应性

电能质量适应性是指电化学储能系统在面对各种电能质量问题时，如闪变、谐波和三相电压不平衡等，能够保持正常运行的能力。当电化学储能系统并网点的闪变值满足 GB/T 12326、谐波值满足 GB/T 14549、三相电压不平衡度满足 GB/T 15543 的规定时，电化学储能系统应正常运行。这种适应性是确保电化学储能系统与电网稳定、高效交互的关键。

当电化学储能系统并网点的电能质量参数满足上述标准时，系统应能够正常运行，这表明系统设计有足够的适应性和兼容性，能够在不同的电网条件下提供稳定的服务。这种适应性对于提高电网的整体性能和可靠性至关重要，同时也有助于保护电网中的设备免受电能质量问题的影响。确保电化学储能系统在电能质量方面的适应性，可以促进其在电力系统中的广泛应用，为电网提供更多的调节和支撑功能。

7.3.4 能量转换效率

在正常工作条件下，铅炭电池储能系统能量转换效率宜不低于 78%，锂离子电池储能系统能量转换效率宜不低于 83%，液流电池储能系统能量转换效率宜不低于 65%，钠离子电池储能系统能量转换效率宜不低于 80%，水电解制氢/燃料电池储能系统能量转换效率宜不低于 30%。

7.3.5 故障穿越

故障穿越要求旨在确保 380V 及以上电压等级接入电网的电化学储能系统在电网发生瞬时电压异常时仍能稳定运行，从而提高电网的可靠性和安全性。故障穿越能力包括低电压故障穿越和高电压故障穿越，这两种能力对电化学储能系统在电网扰动中的稳定性至关重要。

低电压故障穿越能力要求电化学储能系统在电网电压跌落至某一阈值时仍能保持连接并继续运行，而非从电网中断开。该能力有助于减少电网故障时的停电范围，并支持电网的快速恢复。例如，电化学储能系统在并网点电压跌落至零时，应能够保证不脱网连续运行至少 150ms；在电压跌落至标称电压的 20%时，应能够不脱网连续运行不少于 625ms。

高电压故障穿越能力则要求电化学储能系统在电网电压暂时性升高时仍能维持运行，而不会对系统造成损害。这有助于防止在电网故障期间电压暂升导致的设备损坏，并确保电化学储能系统能够在电网恢复正常后继续提供服务。

7.3.6 一次调频

在电力系统中，负荷的波动会导致电网频率的波动。一次调频的作用就在于，当电网频率出现偏差时，能够迅速调节电化学储能系统的有功功率输出，使电网频率恢复到额定值附近。这种调频方式是基于系统的自然响应，不需要人为干预，因此响应速度较快。对于电化学储能系统来说，一次调频的要求意味着系统需要具备快速响应频率变化的能力，以及在短时间内调整其功率输出的能力。这要求电化学储能系统不仅具备足够的储能容量，还要有高效的能量转换系统和控制系统。

GB/T 36558—2023 规定，通过 10kV 及以上电压等级接入电网的电化学储能系统，应具备一次调频能力，并满足 GB/T 36547 的相关要求。

7.3.7 惯量响应

惯量响应是电化学储能系统在电力系统频率快速变化时，快速调整有功功率以缓解电力系统频率变化的能力。该功能对提高电网的频率稳定性和抵御频率波动具有重要作用。对于通过 10kV 及以上电压等级接入电网的电化学储能系统，惯量响应能力是必备功能，并需满足 GB/T 36547 的相关要求。

7.3.8 黑启动

黑启动能力是电化学储能系统在电网崩溃或故障后恢复电力供应的关键功能，指在电力系统全部停运后，通过具有黑启动能力的电化学储能系统来恢复电网运行的过程。在此过程中，电化学储能系统需要预留足够的能量来满足黑启动过程中各阶段的电量需求总和。同时，功率配置也需要满足正常负荷和冲击负荷的需求总和，以确保在黑启动过程中能够稳定地提供电力。

黑启动技术条件、准备、自启动、启动发电设备以及恢复变电站黑启动供电应满足 GB/T 43462《电化学储能黑启动技术导则》的要求，包括电化学储能系统在黑启动过程中的操作程序、技术规范和安全措施，确保整个黑启动过程能够顺利、安全地进行。

黑启动的要求体现了对电网故障后快速恢复电力供应的重视。这一要求不仅要求电化学储能系统具备足够的预留能量和功率配置，还需满足一系列技术条件与操作步骤。通过满足这些要求，电化学储能系统能够在电力系统发生大规模停电或故障时，提供关键的初始电源，支持电网的逐步恢复，增强电网的可靠性。

7.3.9　电能质量

GB/T 36558—2023 中 5.9 对电能质量提出要求，旨在确保用户侧电化学储能系统并网点的电能质量达到国家标准规定，以提供高质量的电能供应。

（1）用户侧电化学储能系统并网点的电能质量应满足以下要求：①谐波、间谐波符合 GB/T 14549、GB/T 24337 的规定，有助于减少电网中的谐波污染，提高电能质量，减少对电网和其他设备的不利影响；②电压偏差符合 GB/T 12325 的规定，确保电压在规定的范围内波动，避免因电压过高或过低而影响设备的正常运行；③电压波动与闪变符合 GB/T 12326 的规定，有助于防止电压快速变化导致的灯光闪烁等问题，保障用电设备稳定运行；④电压不平衡符合 GB/T 15543 的规定，确保三相电压平衡，减少因电压不平衡造成的设备损耗和效率降低。

（2）电化学储能系统宜装设满足 GB/T 19862 要求的电能质量监测装置，以便实时监控电能质量状况，及时发现和解决问题。当电能质量指标不满足要求时，应安装电能质量治理设备，如谐波滤波器、无功补偿装置等，以改善电能质量，确保电网的稳定运行和用户的用电安全。

电能质量的要求旨在确保电网的稳定运行、设备的正常使用以及用户的良好用电体验。通过遵循相关标准和安装必要的监测与治理设备，可有效地提高电网电能质量。

7.4　设备技术要求

7.4.1　一般要求

一般要求是针对电化学储能系统中涉及的关键设备和材料的基本规定。这些要求确保了系统设备能够满足技术性能、安全、环保和经济性等多方面的需求，从而保障整个电化学储能系统的高效、稳定和安全运行。

（1）设备选型和配置：要求锂离子电池、液流电池、铅酸/铅炭电池、钠离子电池、水电解制氢/燃料电池、电池管理系统、储能变流器等关键设备在选型和配置时须满足储能系统的应用功能需求。

（2）经济性和环保性：鼓励采用经济、环保、高效、安全、可靠且易于维护的设备。这不仅有助于降低系统的总体运营成本，还有助于提升系统的可持续性。

（3）型式检验：储能电池、电池管理系统、储能变流器等关键设备应通过型式检验，以确保设备满足国家标准和行业规范要求。

（4）运行环境条件：系统各舱室的温度、相对湿度等运行环境条件应满足设备的技术要求，以保证设备在最佳状态下运行。

（5）电缆选择与敷设：系统的交直流电缆选择与敷设应符合 GB 50217 的要求，以确保电缆的安全性和可靠性。

（6）安全标志：电化学储能设备设施应在明显位置放置禁止、警告、指令、提示等标志，且标志样式应符合 GB 2894 的相关规定，以提醒操作人员和维护人员注意安全，防止意外事故的发生。

该一般要求旨在确保电化学储能系统的设备选型和配置能够满足应用功能需求，同时保障系统的经济性、环保性、高效性、安全性和可靠性。

7.4.2 锂离子电池

锂离子电池作为电化学储能系统的重要组成部分，其各项技术要求均应严格遵循相关标准。锂离子电池在规定的试验方法下的外观、尺寸和质量、电性能、环境适应性、耐久性、安全性能等技术要求，以及编码、正常工作环境、检验规则、标志、包装、运输和储存等技术要求，应满足 GB/T 36276 的规定。

7.4.3 液流电池

全钒液流电池系统作为一种重要的液流电池技术，其技术指标和性能要求均应严格遵循国家标准。全钒液流电池系统在规定的试验方法下的外观、额定瓦时容量、额定功率、额定能量效率、容量保持能力、低温储存性能、高温储存性能、过充电保护、过放电保护、充电特性曲线、放电特性曲线、阻燃性能、氢气浓度、绝缘电阻等关键技术参数，均应满足 GB/T 32509 的相关规定。

7.4.4 铅炭电池

铅炭电池作为一种重要的电化学储能技术，其技术指标和性能要求均受到严格规范。在规定的试验方法下，铅炭电池的外观、尺寸和质量、电性能、环境适应性、循环性能、安全性能等技术要求，以及编码、正常工作环境、检验规则、标志、包装、运输和储存等应符合 GB/T 36280 的相关要求。

7.4.5　水电解制氢/燃料电池

水电解制氢系统和燃料电池系统是电化学储能领域的重要组成部分。为确保这些系统的安全性和性能，必须遵循一系列国家标准。制氢系统应符合 GB 50177 的规定，这表明在设计、制造和使用过程中，必须严格遵循氢气站的设计规范，确保系统的安全性和稳定性。对于燃料电池系统，其安全性、性能试验方法、安装应满足 GB/T 29729、GB/T 27748.1、GB/T 27748.2、GB/T 27748.3、GB/T 27748.4 的相关要求。

水电解制氢系统和燃料电池系统必须严格遵循相关国家标准，以确保其安全性、稳定性和性能。这些标准的遵循不仅有助于保障系统的正常运行，还能在出现问题时提供有效的解决方案。

7.4.6　电池管理系统

电池管理系统是电化学储能系统的核心组成部分，负责监控和管理电池的状态。在规定的试验方法下，电池管理系统必须满足一系列的技术要求，以确保其性能和安全性。

电池管理系统在规定的试验方法下的数据采集、通信、报警和保护、控制、能量状态估算、均衡、绝缘电阻检测、绝缘耐压、电气适应性、电磁兼容等技术要求，以及分类和编码、正常工作环境、检验规则、标志、包装、运输和储存等应满足 GB/T 34131 的相关要求。

7.4.7　储能变流器

储能变流器在电化学储能系统中起着关键作用，负责完成直流电与交流电之间的相互转换，以满足多种应用需求。为确保储能变流器的性能和安全，必须遵循严格的标准和测试方法。储能变流器应按照 GB/T 34133 规定的试验方法，满足启停机、功率控制、并离网切换、报警和保护、绝缘电阻检测、通信、运行信息监测、统计、数据显示和存储等功能要求，以及电气性能和安全性能等性能要求；分类和编码、正常工作条件、外观和防护等级、电磁兼容、辅助系统、检验规则、标志、包装、运输和储存等应满足 GB/T 34120 的相关要求。

7.4.8　监控系统

监控系统作为电化学储能系统中的关键环节，其技术要求涵盖数据采集、处理、控制与调节、报警、事件记录、通信、数据存储等多个方面。为确保监控系统的性能和安全性，必须严格遵守 GB/T 42726 等相关标准，这些标准不仅规定了系统的正常工作条件、架构等基本要求，还确保了监控系统从设计、生产到运输、储存的每个环节都达到行业规定的质量标准，从而有效保障储能系统的稳定运行和高效管理。

7.4.9 保护

（1）继电保护及安全自动装置在确保电化学储能系统的安全和稳定运行中起着至关重要的作用。这些装置的功能必须满足可靠性、选择性、灵敏性和速动性的要求。这意味着它们需要在故障发生时快速、准确地动作，以最小化故障对系统的影响，并确保系统的其他部分不受影响。

（2）继电保护及安全自动装置功能应符合 GB/T 14285 的相关规定。该规定为保护装置的设计、制造和测试提供了明确的指导，从而确保其性能和可靠性。

（3）电池管理系统作为电化学储能系统的核心部分，应具备多种保护功能，包括电压越限、电流越限和温度越限等。该保护功能可以确保电池在安全范围内运行，避免因过压、过流或高温而引发的故障或安全事故。

（4）储能变流器应具备多种保护功能，如极性反接保护、交流进线相序错误保护、直流电压异常保护、过电流保护、过温保护以及通信和冷却系统故障保护等。这些功能可以确保储能变流器在各种异常情况下安全运行。

（5）对于通过 35kV 及以上电压等级接入的电化学储能系统，应配置故障录波装置。这些装置能够记录故障前后的重要信息，为故障分析和处理提供有力支持。同时，能记录故障前 10s 到故障后 60s 的情况，录波信息应远传至电网调度机构，以便进行实时监控和故障排查。

（6）电化学储能系统应具备孤岛检测功能。当系统检测到非计划孤岛时，应在 2s 内将储能系统与电网断开，以防止孤岛效应对系统和电网造成不良影响。此外，防孤岛保护应与电网线路保护和安全自动装置相配合，以确保系统的整体安全性和稳定性。

7.4.10 计量

对于电化学储能系统的计量要求，首先要明确的是，系统应在并网点设置具备双向有功和双向无功计量功能的电度表。这是因为电化学储能系统不仅可以向电网供电，也可以从电网吸收电能，需进行双向电能计量。

如果电化学储能系统参与电力市场，那么电能计量的要求就更加严格了。具体来说，应满足以下要求：

（1）计量点的设置：应在公共连接点和并网点分别设置计量点，以确保电能的准确计量。同时，电能表的配置需要符合 GB/T 50063 的规定，这是为了保证计量的准确性和规范性。

（2）电能表的技术性能：电能表的技术性能需要符合 GB/T 17215.321 的规定，包括电能表的准确度、稳定性、可靠性等方面的要求。此外，通信协议也需要符合 DL/T 645 或 DL/T 698.45 的规定，以确保电能表与其他设备之间的通信顺畅、准确。

（3）数据采集频度和信息内容：数据采集的频度应该不小于 15min 一次，这样可以更准确地掌握电能的使用情况。同时，采集的信息应包括公共连接点和并网点的电压、电流、功率因数等负荷曲线，以及日正向和反向的有功电量和无功电量。这些信息对于了解系统的运行状态、优化系统的运行策略以及进行准确的电能结算都非常重要。

7.4.11　辅助系统

在电化学储能系统中，辅助系统发挥着关键作用，它们保障主系统的安全、稳定运行，并提供必要的支持功能。

（1）环境控制与安全防护：①电池室/舱内应安装环境温湿度控制系统，以保持适宜的环境条件，防止电池性能受损或发生安全事故。②防爆型通风装置的安装是必要的，特别是在可能产生可燃气体或有害气体的环境中，以确保人员和设备的安全。③为了在紧急情况下能够迅速切断通风系统，电池室/舱外应设置排风开关。

（2）消防设施：电化学储能系统的站级消防设施配置必须符合 GB 51048 和 GB/T 42288 的相关要求，以确保在火灾等紧急情况下能够及时有效地进行灭火和救援。

（3）站用电源系统：站用电源、站用直流系统以及交流不间断电源系统的配置，应满足 GB 51048 的规定，以保证电化学储能系统在外部电源中断时仍能正常运行。

（4）视频监控和安防系统：为了提高电化学储能系统的安全性，建议配置视频监控和安防系统。这些系统可以实时监控电化学储能系统的运行状态，及时发现异常情况，并采取相应的安全措施。

辅助系统在电化学储能系统中发挥着不可或缺的作用，它们为主系统的稳定运行提供了必要的保障和支持。因此，在设计和运行电化学储能系统时，应充分考虑并合理配置这些辅助系统。

7.5　标准的实施与影响

GB/T 36558—2023 的实施，对于电化学储能系统的设计、运行及整个行业的发展均产生了深刻的影响。

在设计环节，GB/T 36558—2023 为电化学储能系统的各个组件和整体设计制定了明确的技术规范和安全要求。设计师和工程师们可在标准化的框架内开展工作，极大地提升了设计的合规性和整体质量。标准化不仅降低设计的复杂性，还减少潜在的设计风险，从而提高了整个设计过程的效率和系统的可靠性。

在运行方面，该标准的实施为电化学储能系统的操作和维护人员提供了明确的指导方针。通过严格遵循标准中的运行和维护规程，操作人员可以确保系统的平稳运行，并有效延长系统的使用寿命。更重要的是，标准中的安全规定为预防事故提供了有力的保障，保护了操作人员和设备的安全。

此外，GB/T 36558—2023 的实施还推动了电化学储能技术的规范化发展。通过统一技术要求和测试方法，该标准促进了不同厂商和产品之间的兼容性与互操作性，对行业健康发展具有重要意义。此规范化不仅降低了市场准入门槛，还为电化学储能技术的广泛应用和市场化发展铺平了道路。

随着标准的广泛推广和应用，电化学储能技术在电力系统中的角色日益重要，在调峰填谷、应急备用以及提高电网稳定性等方面的应用前景变得越来越广阔。随着技术的不断进步和标准的持续完善，电化学储能系统将在未来的电力系统中发挥更加核心的作用。

总之，GB/T 36558—2023 的实施对电化学储能系统的设计和运行带来了诸多积极影响。它不仅提升了设计的合规性和质量，确保了系统的稳定运行和使用寿命，还在推动电化学储能技术的规范化发展和市场应用方面发挥了不可或缺的作用。因此，我们必须继续关注标准的更新和实施情况，以便能够及时适应不断变化的市场需求和运行环境，从而确保电化学储能技术的持续、健康发展。

7.6 小　　结

本章对 GB/T 36558—2023 进行了全面而深入的分析，该标准作为电化学储能系统的通用技术规范，为整个行业提供了统一、明确的技术指导和参考。本章介绍了该标准在推动电化学储能技术发展、保障系统安全可靠性以及促进产业规范化等方面的重要作用。

GB/T 36558—2023 为电化学储能系统的设计和制造提供了详尽的技术要求。这些要求不仅确保电化学储能系统的基本性能和安全性，还充分考虑了系统的可靠性、耐久性以及环境适应性等方面，从而为用户提供了高质量的产品保证。

该标准强调了电化学储能系统的测试与评估方法。通过标准化的测试程序，可以准确评估电化学储能系统的各项性能指标，如能量密度、功率密度、充放电效率等。这不仅有助于生产商进行产品质量控制，也为用户选择适合的电化学储能系统提供客观依据。

标准还对电化学储能系统的安装、运行和维护提出了明确要求。这些规定确保了电化学储能系统在实际应用中的稳定性和安全性，降低了潜在的风险和故障发生的可能性。

最后，GB/T 36558—2023 的实施不仅促进了电化学储能技术的规范化发展，还为相关产业链条的完善和市场的健康发展提供了有力支撑。通过遵循这一标准，企业可以更加高效地开发和生产储能产品，而用户也能更加放心地使用这些产品。它不仅为行业提供了统一的技术规范，还推动了技术的创新和发展，为电化学储能系统的广泛应用和产业的可持续发展奠定了坚实基础。

第8章 锂离子电池储能测评总结与展望

本书探讨了锂离子电池在电力储能领域的应用、测试与评价方法，及其在全球能源转型中的关键作用。从基本概念到国内外测试标准，尽可能全面地覆盖锂离子电池储能系统测试与评价的各个方面。本章旨在总结全书内容并对未来的发展趋势进行展望。

8.1 锂离子电池储能测评的重要性

锂离子电池储能技术，作为新能源储存的重要组成部分，已经在全球范围内得到广泛应用。从便携式电子产品到大规模电网储能系统，锂离子电池以其高效及可靠的性能赢得市场的青睐。然而，随着技术的快速发展和市场需求的不断增长，锂离子电池储能技术的安全性和性能评估问题也日益凸显，使得储能测评显得尤为重要。

锂离子电池储能测评是确保电池安全性的关键手段。由于锂离子电池具有高能量密度，若在使用过程中出现短路、过充电、过放电或温度过高等异常情况，可能引发火灾甚至爆炸等安全事故。因此，通过储能测评对电池在各种极端条件下（如高温、低温、过充电、过放电、过载等）的性能进行测试，可以及时发现潜在的安全隐患，并采取相应的预防措施，从而确保电池在使用过程中的安全性。

锂离子电池储能测评对于评估锂离子电池的电性能至关重要。锂离子电池的电性能包括充放电容量、能量密度、充放电效率、循环寿命等多个方面。储能测评可以全面了解电池在各项性能指标上的表现，为电池的优化设计和生产提供有力的数据支持。同时，测评结果还可以为用户提供客观、公正的采购及使用参考，帮助他们选择性能更优的锂离子电池产品。

锂离子电池储能测评还有助于推动锂离子电池储能技术的持续创新和发展。通过对新型锂离子电池进行全面的性能测试和安全评估，可以及时发现并解决新技术在应用中存在的问题，从而推动技术的不断完善和进步。同时，锂离子电池储能测评还可以为政府、企业和研究机构提供有力的技术支撑和决策依据，促进整个行业的健康发展。

综上所述，锂离子电池储能测评在确保电池安全性和电性能评估方面发挥着至关重要的作用。随着锂离子电池储能技术的不断发展和市场需求的持续增长，应更加重视锂离子电池储能测评工作，不断提升测评技术的水平和准确性，为推动锂离子电池储能技术的可持续发展做出积极贡献。

8.2　锂离子电池储能测评技术小结

本书对锂离子电池储能测评的多个层面进行了深入分析。测评体系涵盖从微观的电池单体性能测试到宏观的储能电站整体运行评价，以确保锂离子电池储能技术的安全性能达到最优。通过本书，读者可以全面了解锂离子电池储能技术的测评方法和标准，为相关领域的研究和应用提供有力支持。

电化学性能测试是本书讨论的核心部分，详细阐述了包括充放电性能、容量性能、倍率性能和高低温性能在内的关键测试指标。这些测试为评估电池的能量效率、功率输出和环境适应性提供了科学依据，是电池性能优化和系统设计的关键步骤。

安全性能测试进一步强化了电池测评的安全性要求。从电气、机械、环境和热安全等多个维度出发，探讨电池在极端条件下的行为和反应。这些测试方法和要求对于预防和减轻潜在的安全风险至关重要，确保电池系统在各种工作条件下的稳定性和可靠性。

在标准分析方面，本书对比了国内外的锂离子电池检测标准，提供了一个全球化的测评视角。这些标准的深入分析帮助读者理解不同市场和技术背景下的测评要求，促进了锂离子电池技术的国际交流和合作。

此外，本书还涵盖电池管理系统、储能变流器、移动式电化学储能系统及电化学储能电站的测试与评价。这些内容构成储能技术评估的全面框架，确保从电池单元到整个储能系统的每个组成部分都能达到预定的安全和性能标准。电池管理系统作为电池安全和性能的关键监管者，其测试与评价着重于数据采集、通信、报警和保护功能，以及绝缘电阻监测等多个方面，确保电池在各种工作条件下的稳定性和可靠性。储能变流器的测试则关注其电气性能、安全性能和电磁兼容性，这些测试对于保障储能变流器在电力系统中的高效运行至关重要。移动式电化学储能系统的评价则侧重于其在移动应用中的适应性和可靠性，包括基本功能、电气性能和环境适应性等方面的测试。电化学储能电站的评价则更为宏观，涉及电站运行指标的建立和评价方法，为电站的运行管理和性能优化提供指导。这些综合的测试与评价方法为储能技术的商业化应用和规模化部署提供坚实的技术支撑，推动储能行业的发展和创新。

综上所述，锂离子电池储能测评技术涵盖从电池单体到整个储能系统及储能电站的各个层面。这些测评技术不仅为锂离子电池产品的质量提供有力保障，也为储能系统及储能电站的优化和持续改进提供重要支持。通过全面、系统的测评，研发人员可以更好地了解锂离子电池储能技术的性能表现，推动其向更高效、更安全的方向发展。

8.3 面临的主要挑战与解决方案

锂离子电池储能测评技术在不断进步的同时，也面临着一系列挑战。这些挑战主要来自于技术标准的不统一、测试方法的局限性以及市场需求的多样化。

（1）技术标准的不统一是当前面临的一个重要问题。目前，锂离子电池储能测评的技术标准在全球范围内尚未完全统一。不同的国家、地区或行业可能采用不同的测试方法和评价标准，导致测评结果之间的不一致性和难以比较。这种局面亟待通过国际合作与交流来推动测评标准的统一。

（2）现有测试方法存在一定的局限性，可能无法全面反映锂离子电池在实际应用中的性能表现。测试条件与实际运行环境之间的差异，以及锂离子电池技术的迅速发展，都对测试方法提出了更高的要求。因此，需要不断改进和创新测试技术，开发更先进的测试设备，优化测试流程，并关注电池在实际使用中的性能表现，以更真实地评估其性能。

（3）市场需求的多样化也增加测评的复杂性。随着锂离子电池储能技术的广泛应用，市场对电池性能的需求日益多样化。不同的应用场景对电池的容量、功率、循环寿命、安全性等方面提出了不同的要求。为了满足这些多样化的市场需求，需要制定灵活的测评标准和方法，通过深入市场调研，了解不同应用场景下电池性能的具体需求，并根据这些需求制定相应的测评项目。

综上所述，要解决锂离子电池储能测评面临的挑战，需要从标准化建设、测试技术水平提升和满足多样化市场需求等多个方面入手。通过国际合作与交流、技术创新和市场调研等手段，可以不断完善锂离子电池储能测评体系，推动锂离子电池储能技术的持续发展和进步。

8.4 展望与建议

随着全球能源结构的转型和对清洁能源需求的日益增长，锂离子电池储能技术的未来发展前景广阔。为了保持这一技术的领先地位并解决随之而来的挑战，必须采取一系列策略措施，以推动测评技术的持续进步和创新。

首先，需要加大对智能化测评技术的研发投入。利用人工智能、大数据分析和云计算等先进技术，可以提高测评过程的自动化及智能化水平，实现对电池电性能和安全状态的实时监控和精准预测。通过智能化的数据分析，可以更准确地识别潜在的风险点，提前采取预防措施，从而提高储能系统的安全性和可靠性。

其次，精准化的测评技术对于提升电池性能至关重要。需要发展更为精细的测试方法，以评估电池在极端条件下的表现，如高温、低温、高湿和高海拔环境。此外，精准化还意味着对电池材料和制造工艺的深入理解，以便开发出更高性能的电池产品。

系统化是测评技术的另一个重要发展方向。储能系统是一个复杂的整体，涉及电池、管理系统、变流器等多个组件。因此，需要建立一个全面的测评体系，不仅评估单个组件的性能，还要考察整个系统在不同工况下的表现。这种系统化的测评方法有助于我们更好地理解储能系统的整体性能，优化系统设计，提高能源利用效率。

为了实现这些目标，跨学科合作显得尤为重要。材料科学、电气工程、计算机科学和环境科学等领域的专家需要协作，共同研究和解决储能技术面临的复杂问题。通过跨学科的知识融合和技术创新，期待可以开发出更高效、更环保的储能技术解决方案。

为促进锂离子电池储能测评技术的持续进步和行业的蓬勃发展，政府、企业和研究机构需要共同努力。政府应加大对锂离子电池储能测评技术研发的支持力度，制定更加完善的法规和标准，并建立严格的监管机制，确保测评结果的公正性和准确性。企业应始终把产品质量和安全性放在首位，积极参与测评技术的研发和应用，与测评机构和研究机构紧密合作，共同推动技术创新。同时，倡导并践行行业自律，共同维护锂离子电池储能行业的健康发展。研究机构则应加强与产业界的合作，推动测评技术的创新和成果转化，并积极参与国际测评技术的交流与合作，引进国外先进的测评技术和经验，以推动我国锂离子电池储能测评技术的国际化发展。

展望未来，相信通过各方的共同努力，锂离子电池储能测评技术将更加成熟和可靠，为全球能源转型和可持续发展做出更大的贡献！让我们携手共创一个更清洁、更高效、更安全的绿色能源未来！